职业教育机电类专业课程改革创新规划教材

机械制图与机械基础

丛书主编　李乃夫

主　　编　陈贵荣

副 主 编　金黎明　郭欣欣

参　　编　高华燕　曾小梅　周海鹰　刘芳文

电子工业出版社

Publishing House of Electronics Industry

北京 · BEIJING

内 容 简 介

本教材共有 13 个学习项目，其中机械制图部分包括 8 个项目，机械基础部分包括 5 个项目，内容为绘制平面图形、绘制基本体三视图、绘制组合体三视图、绘制轴测图、机件的表达、识读机械图样的特殊表示法、识读零件图、识读装配图、机械工程常用材料、机械连接、支承零部件、常用机构、机械传动。每个项目包括几个具体的学习任务，每个学习任务后面有相应的练习题，因此使用本教材无须配套其他习题册。

本教材适合机械类专业及非机械类专业中职学生使用。

图书在版编目（CIP）数据

机械制图与机械基础 / 陈贵荣主编. —北京：电子工业出版社，2016.1
职业教育机电类专业课程改革创新规划教材
ISBN 978-7-121-27827-3

Ⅰ. ①机… Ⅱ. ①陈… Ⅲ. ①机械学—中等专业学校—教材②机械制图—中等专业学校—教材
Ⅳ. ①TH11 ②TH126

中国版本图书馆 CIP 数据核字（2015）第 300511 号

策划编辑：张 凌
责任编辑：靳 平
印　　刷：北京虎彩文化传播有限公司
装　　订：北京虎彩文化传播有限公司
出版发行：电子工业出版社
　　　　　北京市海淀区万寿路 173 信箱　邮编：100036
开　　本：787×1 092　1/16 印张：21.25　字数：544 千字
版　　次：2016 年 1 月第 1 版
印　　次：2023 年 6 月第 10 次印刷
定　　价：42.00 元

凡所购买电子工业出版社图书有缺损问题，请向购买书店调换。若书店售缺，请与本社发行部联系，联系及邮购电话：（010）88254888，88258888。

质量投诉请发邮件至 zlts@phei.com.cn，盗版侵权举报请发邮件至 dbqq@phei.com.cn。

本书咨询联系方式：（010）88254583，zling@phei.com.cn。

前　　言

　　本教材是为了适应中等职业教育机械类专业建设和课程改革的需要、体现新的课程理念而编写的，是教学改革的成果。

　　本教材以就业为导向，以学生"会用、实用、够用"为原则，精心选择了13个学习项目，内容包括绘制平面图形、绘制基本体三视图、绘制组合体三视图、绘制轴测图、机件的表达、识读机械图样的特殊表示法、识读零件图、识读装配图、机械工程常用材料、机械连接、支承零部件、常用机构、机械传动。

　　本教材的特点：

　　1. 本教材采用任务驱动式的教学理念，以任务为载体，以任务实施的过程为主线，将知识点融入其中，并通过拓展任务加强技能训练，实现了教材与习题的完美整合。因此本教材基本解决了"学什么"的问题，还提供了"怎么学"的方法。

　　2. 针对中职教育特点和一体化课程改革需求，贯彻以基础理论够用为原则，以培养能力为本位。

　　3. 在编写过程中，作者参阅了很多有关教材和资料，广泛听取一线教师和企业技术工人的意见，在选题内容、顺序、难度和类型方面力求结合中职学生特点，适应当前课程改革的需要。

　　4. 本教材语言通俗，图文并茂，直观性强，所选图例紧密结合专业需求。

　　5. 本教材采用了我国颁布的"技术制图"和"机械制图"最新国家标准。

　　本书由陈贵荣担任主编，金黎明、郭欣欣担任副主编，高华燕、曾小梅、周海鹰、刘芳文参与了部分编写工作。

　　由于作者水平有限，书中不妥之处在所难免，恳请读者批评指正。

编　者

目 录

上 篇

下　篇

绪 论

一、图样的内容和作用

根据投影的原理、标准或有关规定，用以表示工程对象并有必要的技术说明的图称为图样。机械制造业中所使用的图样称为机械图样。机械制图就是研究机械图样的一门课程。在制造机器或部件时，要根据零件图加工零件，再按装配图把零件装配成机器或部件。

如图 0-1 所示，齿轮油泵是机器润滑、供油系统中的一个部件，用来为机器输送润滑油，是液压系统中的动力元件。图 0-2 是其装配图，从装配图中的序号和明细表，对照齿轮油泵装配轴测图可以看出，齿轮油泵由泵体，左、右端盖，传动齿轮轴和齿轮轴等 15 种零件装配而成。图 0-3 是齿轮油泵中泵体零件图。

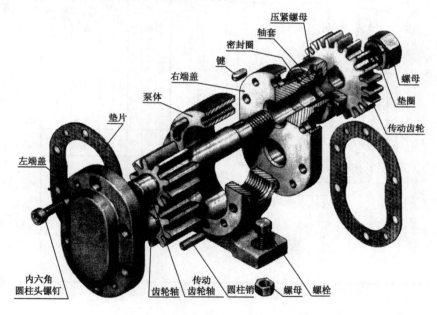

图 0-1 齿轮油泵装配轴测图

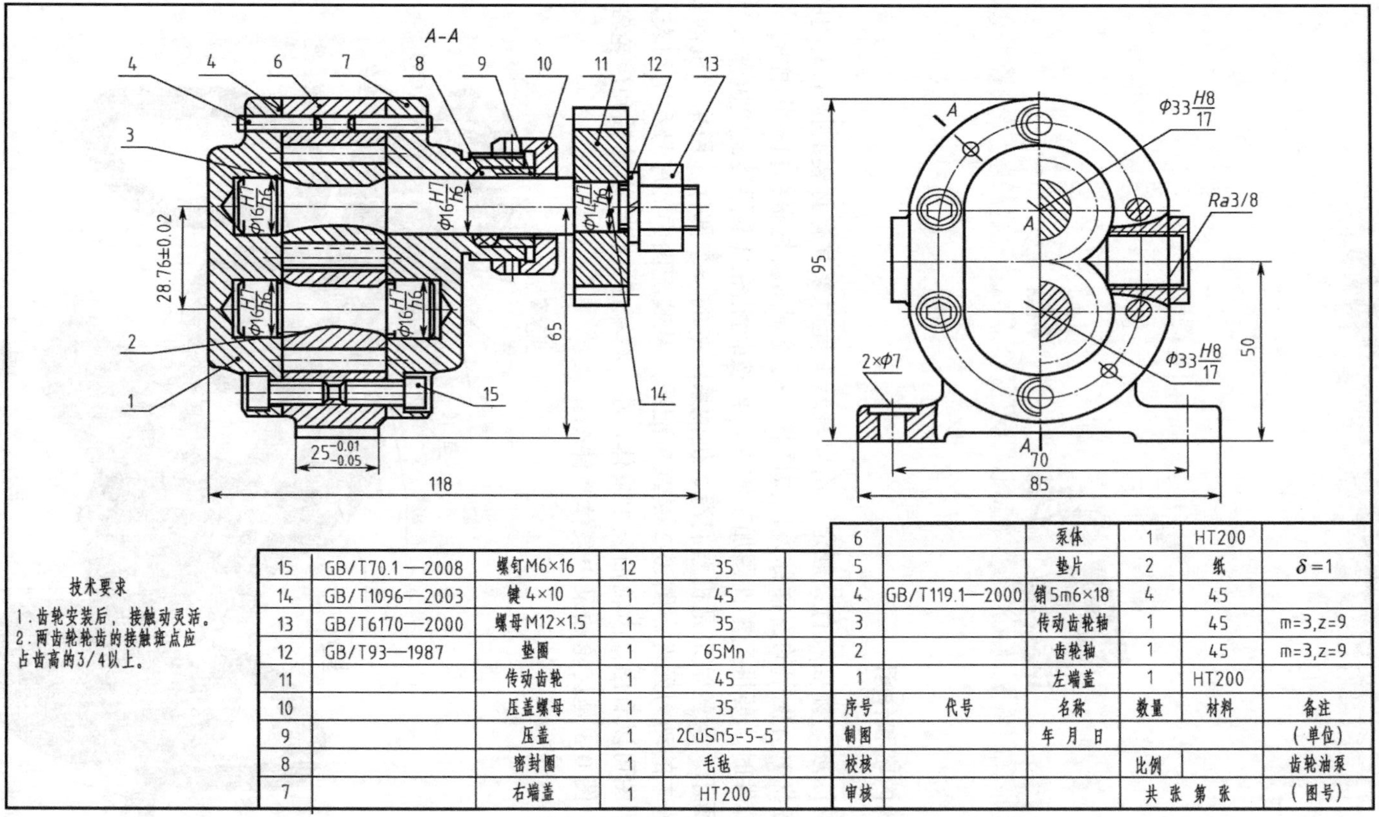

图 0-2 齿轮油泵装配图

技术要求
1. 齿轮装配后，装转动灵活。
2. 两齿轮齿的啮合接触点应占齿高的3/4以上。

6		泵体	1	HT200	
5		垫片	2	纸	
4	GB/T119.1—2000	销5m6×18	4	45	
3		传动齿轮轴	1	45	m=3,z=9
2		齿轮轴	1	45	m=3,z=9
1		左端盖	1	HT200	
序号	代号	名称	数量	材料	备注
制图		年 月 日	比例	δ=1	（单位）
校核					齿轮油泵
审核			共 张 第 张		（图号）

15	GB/T70.1—2008	螺钉M6×16	12	35
14	GB/T1096—2003	键4×10	1	45
13	GB/T6170—2000	螺母M12×1.5	1	35
12	GB/T93—1987	垫圈	1	65Mn
11		传动齿轮	1	45
10		压盖螺母	1	35
9		压盖	1	2CuSn5-5-5
8		密封圈	1	毛毡
7		右端盖	1	HT200

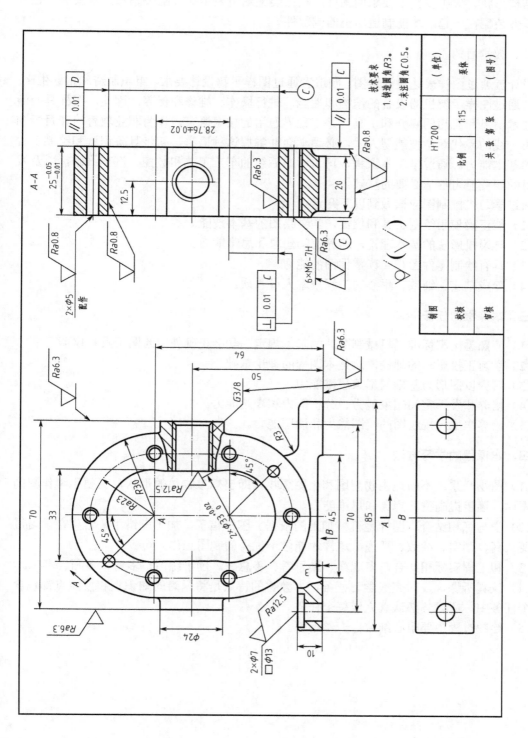

图 0-3　泵体零件图

装配图是表示组成机器或部件各零件间的连接方式和装配关系的图样。零件图是表达零件结构形状、大小及技术要求的图样。根据装配图所表示的装配关系和技术要求，把合格的零件装配在一起，才能制造出机器或部件。

二、教学目的

设计者通过图样表达设计意图；制造者通过图样了解设计要求、组织制造和指导生产；使用者通过图样了解机器设备的结构和性能，进行操作、维修和保养。因此，图样是交流传递技术信息和思想的媒介和工具，是工程界通用的技术语言。作为职业教育培养目标的生产第一线的现代新型技能型人才，必须学会并掌握这种语言，初步具备识读和绘制工程图样的基本能力。通过学习本课程，可为学习后续的车工工艺和数控、汽车维修，以及发展自身的职业能力打下必要的基础。

通过学习机械制图应该做到以下几点。

（1）能正确使用绘图工具和仪器，学会绘图的基本技能。

（2）学习投影法的基本理论，培养空间想象和思维能力。

（3）具有绘制零件图和阅读零件图的能力。

（4）养成踏实、细致、耐心的工程技术人员素质。

三、本课程的任务

（1）应熟悉国家标准《机械制图》的基本规定，学会正确使用绘图工具和仪器。

（2）学习正投影法的理论，这是本课程的理论基础。

（3）培养以图形为基础的形象思维能力。

（4）培养和发挥空间想象能力、分析能力和表达能力。

（5）培养学生尺规绘图的绘图能力和读图能力。

四、本课程的学习方法

（1）图物联系：不断地由物想图和由图想物，即要想象物体的形状，又要思考作图的投影规律，逐步提高空间想象和思维能力。

（2）学与练相结合。图样是机械加工的依据。图样错了，加工就错了，希望在学习过程中要认真、踏实、细致、严谨，这样才能做个优秀的制图工作人员。

（3）和工程实际相结合，多观察、勤思考、善总结。勤于练习，多看、多画、多想。

（4）认真听课，及时完成学习任务，本教材的特点是将学习的知识点和技能点都包含在各个任务中，所以务必认真完成每个任务。

（5）绘图过程中要耐心细致、一丝不苟。

项目 一 绘制平面图形

项目目标

（1）理解制图国家标准的作用与基本规定。

（2）能运用制图基本规定绘制平面图形。

（3）能运用所学知识完成综合练习。

项目描述

工程图样是现代工业生产中必不可少的技术资料，每个工程技术人员均应熟悉和掌握有关制图的基本知识与技能。本项目精心设置了绘制圆内接正五边形、绘制斜度和锥度图形、绘制椭圆、绘制手柄平面图形、绘制扳手平面图形 5 个学习任务，遵循了学生的认知规律，将制图国家标准与基本规定融入各个学习任务中，使同学们在做中学、学中做，充分体现了现代职业教育理念。

任务1 绘制圆内接正五边形

任务目标

（1）能正确使用绘图工具。

（2）会运用制图国家标准绘制圆内接正五边形。

任务呈现

绘制如图 1-1-1 所示的圆内接正五边形。

 知识准备

要完成圆内接正五边形绘制，首先要具备绘图工具使用、

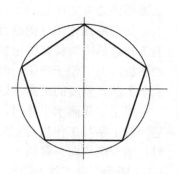

图 1-1-1　圆内接正五边形

图线画法等知识。

一、绘图工具及使用

正确使用制图工具对提高制图速度和图面质量起着重要的作用，熟练掌握制图工具的使用方法是一名工程技术人员必备的基本素质。常用的制图工具有图板、丁字尺、三角板、圆规、分规、比例尺、曲线板、擦图片、绘图铅笔、绘图橡皮、胶带纸、削笔刀等。

1. 铅笔和铅芯

在绘制工程图样时要选择专用的绘图铅笔，一般要准备以下几种型号的绘图铅笔。

B 或 HB——用来画粗实线。

HB——用来画细实线、点画线、双点画线、虚线和写字。

H 或 2H——用来画底稿。

H 前的数字越大，铅芯越硬，画出来的图线就越淡；B 前的数字越大，铅芯越软，画出来的图线就越黑。由于圆规画圆时不便用力，因此圆规上使用的铅芯一般要比绘图铅笔软一级。用于画粗实线的铅笔和铅芯应磨成矩形断面，其余的磨成圆锥形，铅笔的削法如图 1-1-2 所示。铅笔应从无硬度标记的一端削起。

画线时，铅笔在前后方向应与纸面垂直，而且向画线前进方向倾斜约30°，用丁字尺画水平线如图 1-1-3 所示。当画粗实线时，因用力较大，倾斜角度可小一些。画线时用力要均匀，匀速前进。

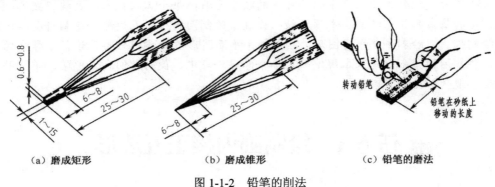

（a）磨成矩形　　　　　（b）磨成锥形　　　　　（c）铅笔的磨法

图 1-1-2　铅笔的削法

2. 图板、丁字尺和三角板

图板根据大小有多种型号，图板的短边为导边；丁字尺是用来画水平线的，丁字尺的上面那条边为工作边。

如采用预先印好图框及标题栏的图纸进行绘图，则应使图纸的水平图框线对准丁字尺的工作边后，再将其固定在图板上，以保证图上的所有水平线与图框线平行。如采用较大的图板，为了便于画图，图纸应尽量固定在图板的左下方，但须保证图纸与图板底边有稍大于丁字尺宽度的距离，以保证绘制图纸上最下面的水平线时的准确性。

用丁字尺画水平线时，用左手握住尺头，使其紧靠图板的左侧导边上下移动，右手执笔，沿丁字尺工作边自左向右画线。当画较长的水平线时，左手应按住丁字尺尺身。画线时，笔杆应稍向外倾斜，尽量使笔尖贴靠尺边，如图 1-1-3 所示。画垂直线时，手法如图 1-1-4 所示，自下往上画线。

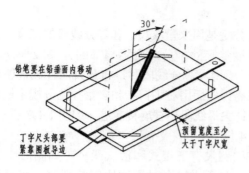

图 1-1-3 用丁字尺画水平线

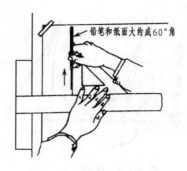

图 1-1-4 用丁字尺画垂直线

三角板有45°和30°/60°两种。三角板与丁字尺配合使用可画垂直线及15°倍角的斜线，如图 1-1-5（a）所示；或用两块三角板配合画任意角度的平行线，如图 1-1-5（b）所示。

3. 圆规和分规

1）圆规

圆规是画圆和圆弧的工具。画图前，圆规固定腿上的钢针（带有台阶的一端）应调整到比铅芯稍长一些，以便在画圆或圆弧时，将针尖插入圆心中。钢针的另一端作为分规使用，如图 1-1-6 所示。

在画粗实线圆时，圆规的铅芯应比画相应粗直线的铅笔芯软一号；同理，画细实线圆时，也应使用比画相应细直线软一号的铅芯。

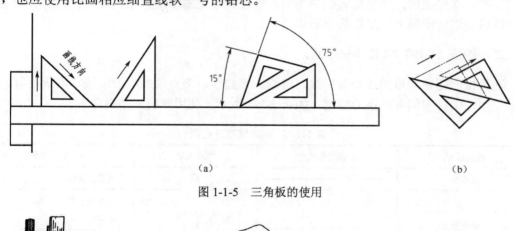

（a）   （b）

图 1-1-5 三角板的使用

图 1-1-6 圆规钢针、铅芯及位置调整、圆规的使用

使用圆规时，应尽可能使钢针和铅芯插腿垂直于纸面，画小圆时可用点（弹性）圆规；画大圆时，可用延伸杆来扩大其直径。

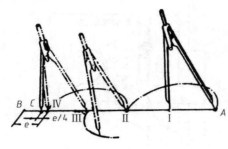

图 1-1-7　分规的使用

2）分规

分规是用来量取尺寸和等分线段的工具。为了准确地度量尺寸，分规两腿端部的针尖应平齐，如图 1-1-7 所示。等分线段时，将分规两针尖调整到所需的距离，然后用右手拇指和食指捏住分规手柄，使分规两针尖沿线段交替旋转前进，如图 1-1-7 所示。

4. 比例尺

比例尺有三棱式和板式两种，如图 1-1-8（a）所示，尺面上有各种不同比例的刻度。在用不同比例绘制图样时，只要在比例尺上的相应比例刻度上直接量取，省去了麻烦的计算，加快了绘图速度，如图 1-1-8（b）所示。

（a）　　　　　　　　　　　　　（b）

图 1-1-8　比例尺及使用方法

另外，在绘图时，还要准备削铅笔刀、橡皮、固定图纸用的塑料透明胶纸、磨铅笔用的砂纸以及清除图画上橡皮屑的小刷等。

二、图线（GB/T 4457.4—2002）

在机械制图中常用的线型有实线、虚线、点画线、双点画线、波浪线、双折线等，它们的使用在国标中都有严格的规定，如表 1-1-1 所示，使用时应严格遵守。

表 1-1-1　基本线型及应用

图线名称	图线形式	图线宽度	一般应用举例
粗实线	——————————	粗	可见轮廓线
细实线	——————————	细	尺寸线及尺寸界线 剖面线 重合断面的轮廓线 过渡线
细虚线	— — — — — — —	细	不可见轮廓线
细点画线	—·—·—·—·—·—	细	轴线 对称中心线
粗点画线	—·—·—·—·—·—	粗	限定范围表示线
细双点画线	—··—··—··—··—	细	相邻辅助零件的轮廓线 轨迹线 极限位置的轮廓线 中断线

续表

图线名称	图线形式	图线宽度	一般应用举例
波浪线	～～～～～～	细	断裂处的边界线 视图与剖视的分界线
双折线	─╱╲╱╲─	细	断裂处的边界线 视图与剖视的分界线
粗虚线	▬ ▬ ▬ ▬ ▬ ▬	粗	允许表面处理的表示线

在机械图样中采用粗细两种线宽，它们之间的比例为 2∶1，粗线宽度优先采用 0.5mm 或 0.7mm。在同一图样中，同类图线的宽度应一致。

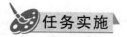 任务实施

圆内接正五边形的画图步骤如表 1-1-2 所示。

表 1-1-2　圆内接正五边形的画图步骤

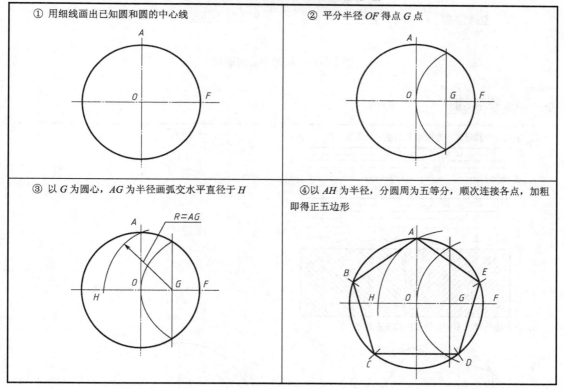

任务拓展

（1）画正六边形。

可用 30°和 60°三角板与丁字尺配合，也可作圆内接正六边形或外切正六边形，如图 1-1-9 所示。

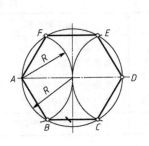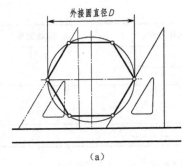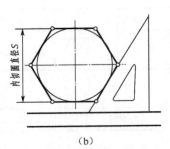

图 1-1-9　圆内接正六边形

（2）圆的中心线画法如图 1-1-10 所示。

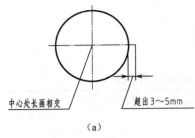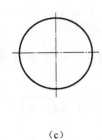

图 1-1-10　圆的中心线画法

任务巩固

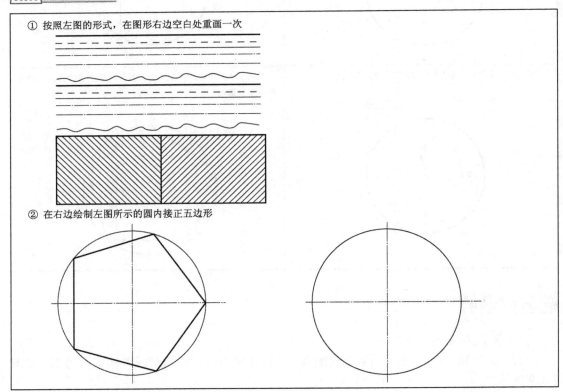

① 按照左图的形式，在图形右边空白处重画一次

② 在右边绘制左图所示的圆内接正五边形

任务 2 绘制斜度和锥度图形

任务目标

（1）能正确使用绘图工具和作图方法，绘制带斜度的图形。
（2）能正确使用绘图工具和作图方法，绘制带锥度的图形。

任务呈现

（1）绘制如图 1-2-1 所示的图形，斜度为 1：4。
（2）绘制如图 1-2-2 所示的图形，锥度为 1：3。

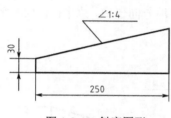

图 1-2-1 斜度图形

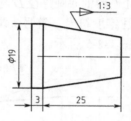

图 1-2-2 锥度图形

知识准备

一、等分已知线段

已知线段 AB，现将其 5 等分，画图过程如下。
（1）过 AB 线段的一个端点 A（或 B）作一与其成一定角度的斜线 AC。
（2）从 A 点开始用分规在 AC 上截取 5 等分点。
（3）将最后的等分点 5 与 B 相连。
（4）过各等分点画"$5B$"的平行线，与 AB 的交点即为线段 AB 的 5 等分点，如图 1-2-3 所示。

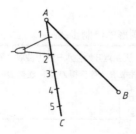
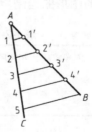

图 1-2-3 线段 AB5 等分

二、斜度的概念

斜度是指一直线（或平面）对另一直线（或平面）的倾斜程度，其大小用两直线（或平面）夹角的正切来表示，通常以 $1:n$ 的形式标注。标注斜度时，在数字前应加注符号"∠"，符号"∠"的指向应与直线或平面倾斜的方向一致，如图 1-2-1 所示。斜度画法及斜度符号如图 1-2-4 所示。

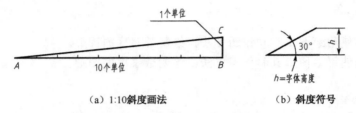

（a）1:10斜度画法　　　　（b）斜度符号

图 1-2-4　斜度画法与斜度符号

三、锥度的概念

锥度是指正圆锥的底圆直径 D 与该圆锥高度 L 之比；锥度在图样上的标注形式为 $1:n$，且在此之前加注锥度符号，符号尖端方向应与锥顶方向一致，如图 1-2-5 所示。锥度画法与锥度符号如图 1-2-5 所示。

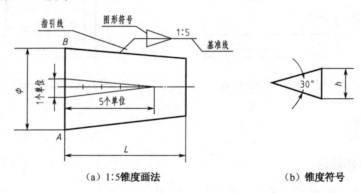

（a）1:5锥度画法　　　　（b）锥度符号

图 1-2-5　锥度画法与锥度符号

任务实施

（1）绘制图 1-2-1 所示斜度为 1:4 的图形。

斜度为 1:4 的图形的绘制步骤如表 1-2-1 所示。

表 1-2-1　斜度为 1:4 的图形的绘制步骤

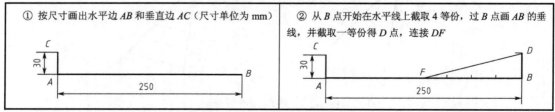

① 按尺寸画出水平边 AB 和垂直边 AC（尺寸单位为 mm）	② 从 B 点开始在水平线上截取 4 等份，过 B 点画 AB 的垂线，并截取一等份得 D 点，连接 DF

续表

③ 过 C 点画 FD 的平行线与 BD 交于 E 点	④ 加粗轮廓线并标注，完成作图
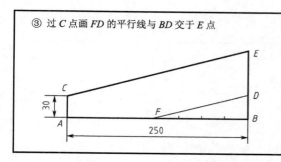	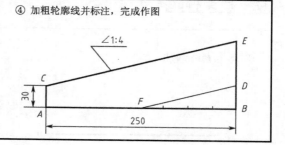

（2）绘制图 1-2-2 所示锥度为 1∶3 的图形。

锥度为 1∶3 的图形的绘制步骤如表 1-2-2 所示。

表 1-2-2　锥度为 1∶3 的图形的绘制步骤

① 按尺寸画出形体左边的长方形和中心线	② 从中心线 O 点向右截取 3 等分得 S 点，从 O 点向上、向下分别截取半等分得 A 点和 B 点，连接 AS 和 BS
③ 从 O 点在轴线方向量取 25mm 得 G 点，过 G 点作轴线的垂直线，过 C、D 点分别作 AS 和 BS 的平行线交于 E 点和 F 点	④ 加粗轮廓线并标注，完成作图

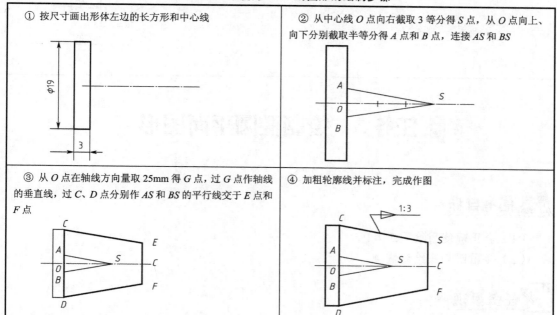

任务拓展

如图 1-2-6 所示，若已知圆周半径为 R，作圆内接正 n 边形，则作图步骤（设作正七边形）如下。

（1）将直径 AN 7 等分。

（2）以 N 为圆心、NA 为半径作圆弧并相交于水平中心线的延长线上 M 点。

（3）自 M 与 AN 上的奇数或偶数点（如 2、4、6 点）连接并延长，与圆周相交得 B、C、D 点，再作它们的对称点，依顺序连接即得正七边形。

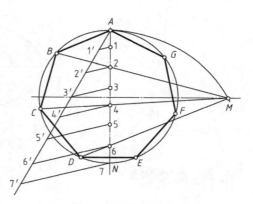

图 1-2-6　圆内接正七边形

任务巩固

① 将 AB 线段 7 等分

A ———————————————— B

② 参照小图样，按给定尺寸画出 1∶8 锥度的图形

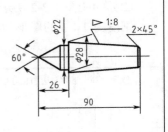

任务 3　绘制椭圆平面图形

任务目标

（1）会正确使用绘图工具。

（2）会用四心法绘制椭圆。

任务呈现

绘制如图 1-3-1 所示的椭圆平面图形。

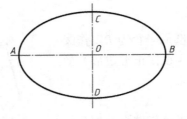

图 1-3-1　椭圆平面图形

任务分析

椭圆有长轴（如图 1-3-1 中的 AB）和短轴（如图 1-3-1 中的 CD），椭圆形状由对称的

四段圆弧构成，只要确定四段圆弧的圆心就可以画出椭圆，我们常称四心法作椭圆。

任务实施

椭圆的四心画法如表 1-3-1 所示。

表 1-3-1 四心法画椭圆

① 画出长轴 AB 和短轴 CD，以 C 为圆心，长半轴与短半轴之差为半径画弧交 AC 于 E 点 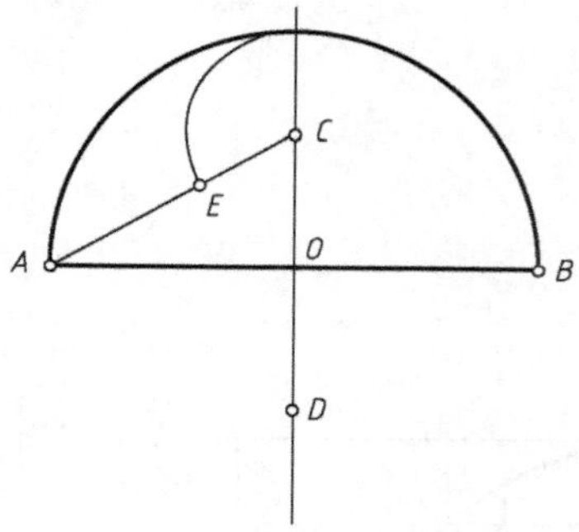	② 作中垂线与长、短轴交于 O_3、O_1 点，并作出其对称点 O_4、O_2 点 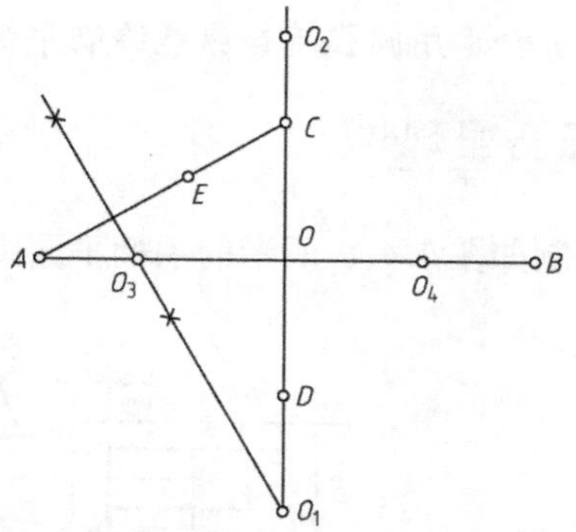
③ 分别以 O_1、O_2 为圆心，O_1C 为半径画大弧，以 O_3、O_4 为圆心，O_2A 为半径画小弧；（大小弧的切点 K 在相应的连线上），即得椭圆 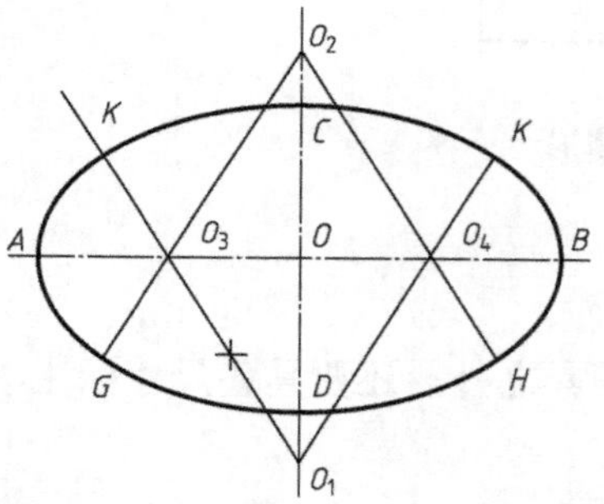	④ 擦去作图辅助线，加粗 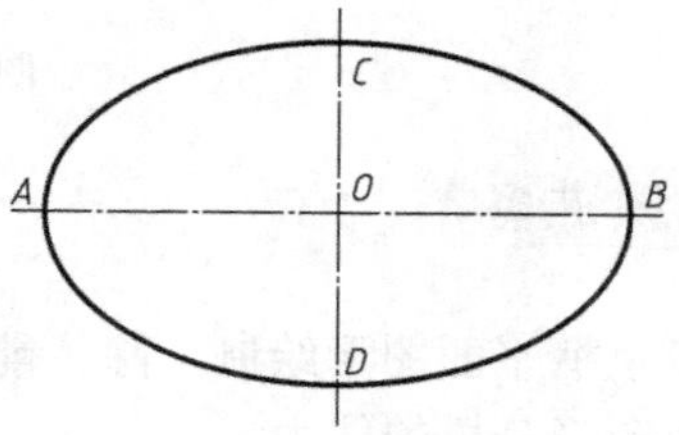

任务巩固

参照小图样，按给定长、短轴用四心法画近似椭圆（中心线自定）。

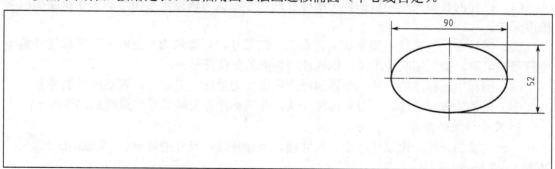

任务4 绘制手柄平面图形

任务目标

（1）能理解圆弧连接原理。
（2）会运用圆弧连接原理绘制手柄平面图形。

任务呈现

绘制如图 1-4-1 所示的手柄平面图形。

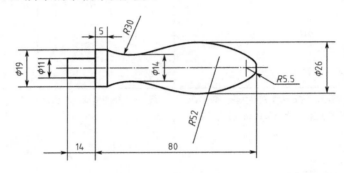

图 1-4-1 手柄平面图形

知识准备

完成手柄平面图形绘制，除了能正确使用绘图工具之外，还要具备尺寸标注、圆弧连接及平面图形分析的能力。

一、尺寸标注

国家标准 GB/T 4458.4—2003 中规定了标注尺寸的规则和方法。绘图时必须严格遵守。

1. 基本规则

（1）机件的真实大小应以图样中所标注的尺寸数值为依据，与图形的大小及绘图的准确度无关。

（2）图样中（包括技术要求和其他说明）的尺寸，以毫米为单位时，不需标注计量单位符号或名称，如采用其他单位，则应注明相应的单位符号。

（3）图样中所标注的尺寸，为该图样所示机件的最后完工尺寸，否则应另加说明。

（4）机件的每一尺寸，一般只标注一次，并应标注在反映该结构最清晰的图形上。

2. 尺寸标注的组成

一个完整的尺寸，由尺寸数字、尺寸线、尺寸界线和尺寸的终端（箭头或斜线）组成，如图 1-4-2 所示。

（1）尺寸界线　尺寸界线用细实线绘制，并应由图形的轮廓线、轴线或对称中心线处引出。也可利用轮廓线、轴线或对称中心线作尺寸界线。尺寸界线一般应与尺寸线垂直，必要时允许倾斜，如图 1-4-2（a）所示。

（2）尺寸线　尺寸线表明尺寸度量的方向，必须单独用细实线绘制，不能用其他图线代替，也不得与其他图线重合或画在其延长线上。标注线性尺寸时，尺寸线必须与所标注的线段平行。在同一图样中，尺寸线与轮廓线及尺寸线与尺寸线之间的距离应大致相当，一般以不小于 5 mm 为宜，如图 1-4-2（a）所示。尺寸线的终端可以用两种形式，如图 1-4-3 所示。机械图样一般用箭头，其尖端应与尺寸界线接触，箭头长度约为粗实线宽度的 6 倍。土建图一般用 45° 斜线，斜线的高度应与尺寸数字的高度相等。

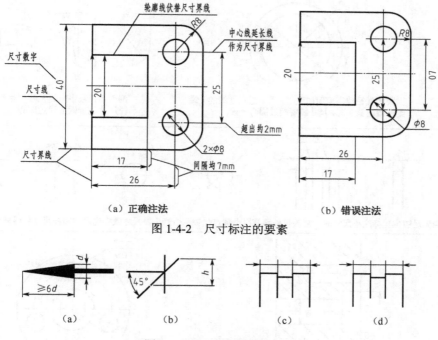

图 1-4-2　尺寸标注的要素

图 1-4-3　尺寸线终端的形式

（3）尺寸数字　线性尺寸的数字一般应注写在尺寸线的上方，或注写在尺寸线的中断处，尺寸数字不可被任何图线所穿过，如图 1-4-2 所示。常见尺寸的注法如表 1-4-1 所示。

表 1-4-1　常用尺寸的注法

内容	图例及说明
线性尺寸数字方向	当尺寸线在力图示30°范围内时，可采用右边几种形式标注，同一张图样中标注形式要统一

内容	图例及说明
线性尺寸	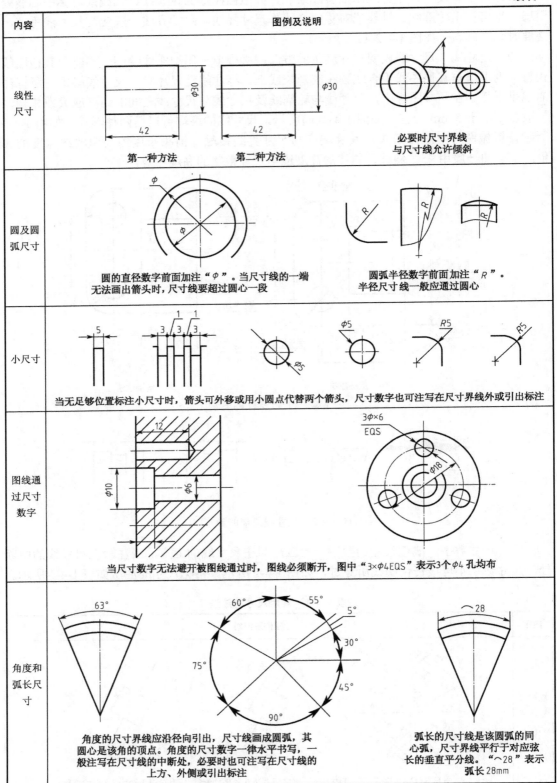
圆及圆弧尺寸	
小尺寸	
图线通过尺寸数字	
角度和弧长尺寸	

第一种方法　　第二种方法　　必要时尺寸界线与尺寸线允许倾斜

圆的直径数字前面加注"φ"。当尺寸线的一端无法画出箭头时,尺寸线要超过圆心一段

圆弧半径数字前面加注"R"。半径尺寸线一般应通过圆心

当无足够位置标注小尺寸时,箭头可外移或用小圆点代替两个箭头,尺寸数字也可注写在尺寸界线外或引出标注

当尺寸数字无法避免被图线通过时,图线必须断开,图中"3×φ4EQS"表示3个φ4孔均布

角度的尺寸界线应沿径向引出,尺寸线画成圆弧,其圆心是该角的顶点。角度的尺寸数字一律水平书写,一般注写在尺寸线的中断处,必要时也可注写在尺寸线的上方、外侧或引出标注

弧长的尺寸线是该圆弧的同心弧,尺寸界线平行于对应弦长的垂直平分线。"⌒28"表示弧长28mm

续表

内容	图例及说明
对称机件尺寸	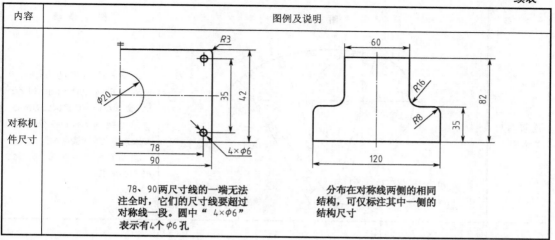 78、90两尺寸线的一端无法注全时，它们的尺寸线要超过对称线一段。圆中"4×φ6"表示有4个φ6孔　　　　分布在对称线两侧的相同结构，可仅标注其中一侧的结构尺寸

二、 圆弧连接

工程图样中的大多数图形是由直线与圆弧、圆弧与圆弧连接而成的。圆弧连接，就是用已知半径的圆弧去光滑地连接两已知线段（直线或圆弧）。其中，起连接作用的圆弧称为连接弧。这里讲的连接，指圆弧与直线或圆弧和圆弧的连接处是相切的。因此，在作图时，必须根据连接弧的几何性质，准确求出连接弧的圆心和切点的位置。圆弧连接如表 1-4-2 所示。

表1-4-2 圆弧连接

类 型	图 例	作 图 步 骤
圆弧连接两已知直线	（a）　　　（b）	① 作直线 Ⅰ 和 Ⅱ 分别与 L_1 和 L_2 平行，且距离为 R，直线 Ⅰ 和 Ⅱ 的交点 O 即为连接圆弧的圆心 ② 过圆心 O 分别画 L_1 和 L_2 的垂线，其垂足 a 和 b 即为连接点（即切点） ③ 以 O 为圆心，R 为半径画圆弧 ab
圆弧外连接两已知圆弧		① 分别以 O_1 和 O_2 为圆心，$R+R_1$ 和 $R+R_2$ 为半径画弧相交于 O，交点 O 即为连接圆弧的圆心 ② 连接 O_1O 和 O_2O 分别与已知圆弧相交得连接点 a 和 b ③ 以 O 为圆心、R 为半径画弧 ab 即为所求

续表

类　型	图　例	作图步骤
圆弧内连接两已知圆弧	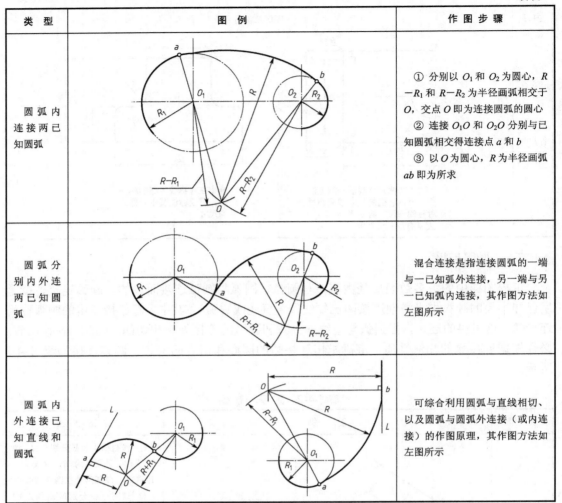	① 分别以 O_1 和 O_2 为圆心，$R-R_1$ 和 $R-R_2$ 为半径画弧相交于 O，交点 O 即为连接圆弧的圆心 ② 连接 O_1O 和 O_2O 分别与已知弧相交得连接点 a 和 b ③ 以 O 为圆心，R 为半径画弧 ab 即为所求
圆弧分别内外连两已知圆弧		混合连接是指连接圆弧的一端与一已知弧外连接，另一端与另一已知弧内连接，其作图方法如左图所示
圆弧内外连接已知直线和圆弧		可综合利用圆弧与直线相切、以及圆弧与圆弧外连接（或内连接）的作图原理，其作图方法如左图所示

![任务实施]

　　平面图形一般包含一个或多个封闭图形，而每个封闭图形又由若干线段（直线、圆弧或曲线）组成，故只有首先对平面图形的尺寸和线段进行分析，才能正确地绘制图形。

　　尺寸按其在平面图形中所起的作用，可分为定形尺寸和定位尺寸两类。现对图 1-4-1 所示的图形进行分析。

一、尺寸分析

　　（1）定形尺寸　确定平面图形中几何元素大小的尺寸称为定形尺寸，如直线的长短、圆弧的直径或半径及角度的大小等。如图 1-4-1 所示中的 $\phi11$、$\phi19$、$\phi26$ 和 $R52$ 等。

　　（2）定位尺寸　确定平面图形中几何元素间相对位置的尺寸称为定位尺寸，如图 1-4-1 中的 80。

　　（3）尺寸基准　基准就是标注尺寸的起点。对平面图形来说，常用的基准是：对称图形的对称线，圆的中心线，左、右端面，上、下顶（底）面等，如图 1-4-1 中的中心线。

二、线段分析

平面图形中的线段（直线或圆弧）按所标注尺寸的不同可分为三类，如图 1-4-4 所示。

（1）已知线段　有足够的定形尺寸和定位尺寸，能直接画出的线段，如图 1-4-1 中的直线段 14、R5.5 圆弧等。

（2）中间线段　有定形尺寸，但缺少一个定位尺寸，必须依靠其与一端相邻线段的连接关系才能画出的线段，如图 1-4-1 中的线段 R52。

（3）连接线段　只有定形尺寸，而无定位尺寸（或不标任何尺寸，如公切线）的线段，也必须依靠其余两端线段的连接关系才能确定画出，如图 1-4-1 中的线段 R30。

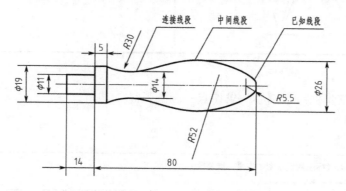

图 1-4-4　手柄尺寸分析

三、手柄平面图形绘制步骤（如表 1-4-3 所示）

表 1-4-3　手柄平面图形绘制步骤

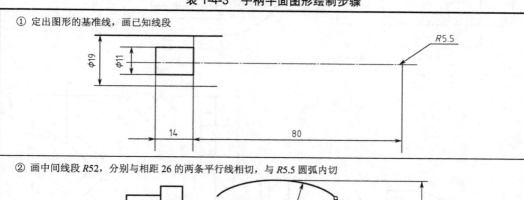

③ 画连接线段 R30，分别与相距 14 的两条平行线相切，与 R52 圆弧外切	④ 擦去多余的作图线，按线型要求加深图线，完成全图
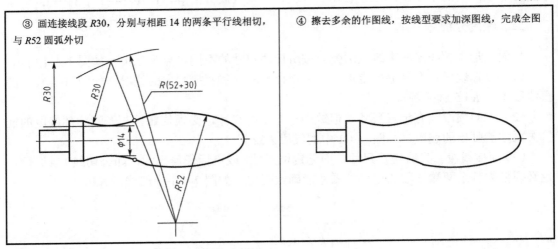	

【要点提示】

圆弧连接的三步曲：求圆心—求切点—画圆弧。

任务巩固

① 尺寸标注基础练习（标注数值从图中度量，取整数）

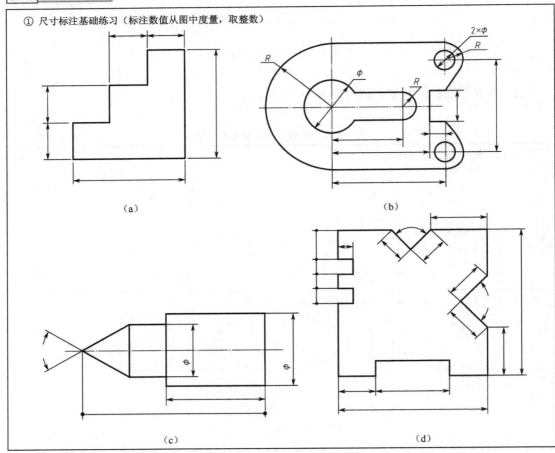

（a）

（b）

（c）

（d）

② 按图上所注尺寸，以1：1比例完成下面图形的线段连接

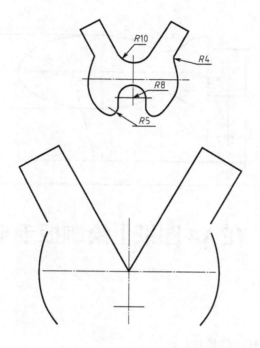

③ 按图上所注尺寸，以1：1比例完成下面图形的线段连接

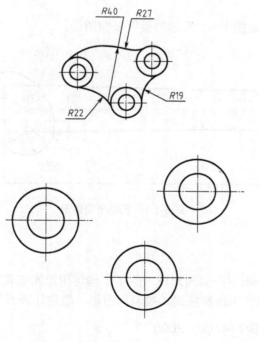

④ 在 A4 纸上绘制如图手柄图形（比例为 2∶1）。

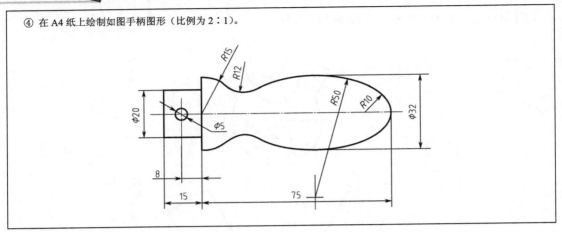

任务 5　在 A4 图纸上绘制扳手平面图形

任务目标

（1）能正确选择边框和标题栏。

（2）能运用制图国家标准在 A4 图纸上绘制扳手平面图。

任务呈现

在 A4 图纸上绘制如图 1-5-1 所示的扳手平面图形。

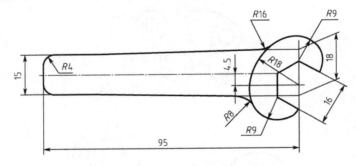

图 1-5-1　扳手平面图形

知识准备

在 A4 图纸上绘制扳手平面图形图，除了正确运用绘图工具和圆弧连接知识外，还要按制图国家标准选择图纸幅面和格式、绘制标题栏、确定比例和字体书写等。

一、图纸幅面（GB/T14689—2008）

绘制图样时，应优先采用表 1-5-1 中规定的图纸幅面尺寸。幅面代号分别为 A0、A1、

A2、A3、A4 五种幅面。

表 1-5-1　图 纸 幅 面

幅面代号	A0	A1	A2	A3	A4
$B×L$	841×1189	594×841	420×594	297×420	210×297
a	25				
c	10			5	
e	20		10		

二、图框格式（GB/T 14689—2008）

图纸上有图框，图框用粗实线绘出，图样绘制在图框内部，格式分为留装订边和不留装订边两种，如图 1-5-2、图 1-5-3 所示。

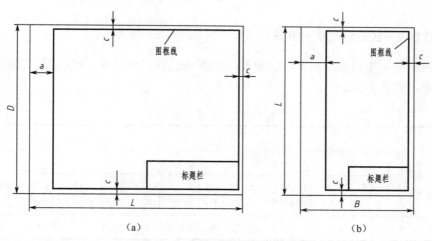

图 1-5-2　留装订边的图框格式

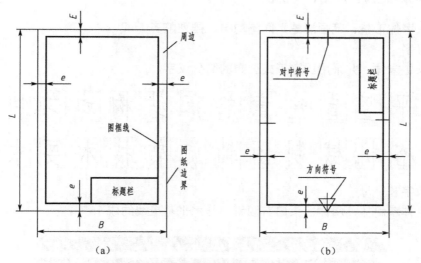

图 1-5-3　不留装订边的图框格式及对中方向符号

三、标题栏（GB/T 10609.1—2008）

每张图纸上都必须有标题栏，标题栏位于图纸的右下角，其格式和尺寸要遵守国标的规定，根据教学过程中的实际需求，教学常采用简化标题栏，如图1-5-4所示。

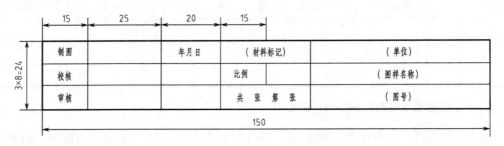

图1-5-4　简化标题栏

四、比例（GB/T 14690—1993）

图样的比例是指图样中图形与实物相应要素的线性尺寸之比，线性尺寸是指能用直线表达的尺寸，如表1-5-2所示。

表1-5-2　比 例 系 列

种　类	比　例
原值比例	$1:1$
缩小比例	$(1:1.5)$　$1:2$　$(1:2.5)$　$(1:3)$　$(1:4)$　$1:5$　$(1:6)$　$1:1×10^n$　$(1:1.5×10^n)$　$1:2×10^n$ $(1:2.5×10^n)$　$(1:3×10^n)$　$(1:4×10^n)$　$1:5×10^n$　$(1:6×10^n)$
放大比例	$2:1$　$(2.5:1)$　$(4:1)$　$5:1$　$1×10^n:1$　$2×10^n:1$　$(2.5×10^n:1)$　$(4×10^n:1)$　$5×10^n:1$

五、字体（GB/T 14691—1993）

要求：字体工整、笔画清楚、间隔均匀、排列整齐。

（1）汉字

采用长仿宋体，并采用国家正式公布的简化汉字。

横 平 竖 直 注 意 起 落 结 构 均 匀 填 满

方 格 机 械 制 图 轴 旋 转 技 术 要 求 键

（2）数字和字母

写成直体或斜体，斜体字头向右倾斜，与水平基准线约成75°。

ABCDEFGHIJKLMN
OPQRSTUVWXYZ

abcdefghijklmn
opqrstuvwxyz

I II III IV V VI VII VIII IX X

1 2 3 4 5 6 7 8 9 0

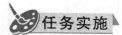 任务实施

在 A4 图纸上绘制扳手平面图形的具体操作说明如下。

一、画图前的准备工作

（1）准备好绘图工具。

（2）确定图形采用的比例和图纸边框。

（3）将 A4 图纸固定在图板的适当位置，使绘图时三角板和丁字尺移动自如。

（4）画出图框和标题栏。

（5）确定画图顺序，确定图形的布局。

二、画图步骤

（1）图形分析　扳手钳口是正六边形的四条边。扳手弯头形状由 $R18$ 和两个 $R9$ 圆弧组成，扳手尾部由两个 $R4$ 圆弧连接两已知直线，$R16$、$R8$、$R4$ 均为连接圆弧。

（2）画图步骤。如表 1-5-3 所示。

表 1-5-3　在 A4 纸上绘制扳手平面图形

① 分析尺寸，确定图纸边框、比例，画出标题栏

制图		年月日	（材料标记）	（单位）
校核			比例 1:1	扳手
审核			共 张第 张	（图号）

② 根据已知尺寸画扳手轴线、和中心线及手柄的轮廓

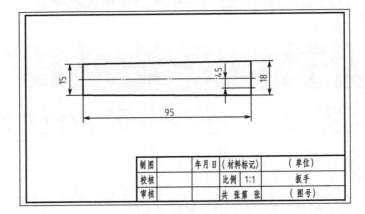

制图		年月日	(材料标记)	(单位)
校核		比例	1:1	扳手
审核		共 张第 张		(图号)

③ 根据尺寸 R16 画正六边形，再由 R18 和两个 R9 圆弧画出扳手头部弯头的图形，圆弧连接点是 1 和 2

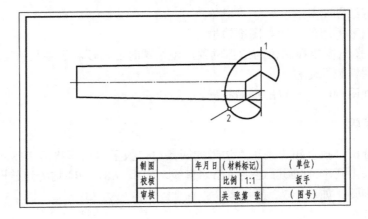

制图		年月日	(材料标记)	(单位)
校核		比例	1:1	扳手
审核		共 张第 张		(图号)

④ 作连接圆弧 R16 的圆心并画 R16 圆弧，点 3、4 为切点。R8 和 R4 的圆心求法相同

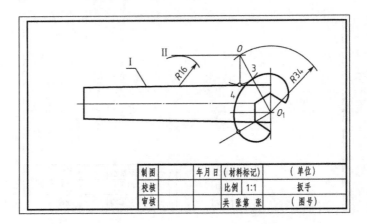

制图		年月日	(材料标记)	(单位)
校核		比例	1:1	扳手
审核		共 张第 张		(图号)

续表

⑤ 描深、标注尺寸

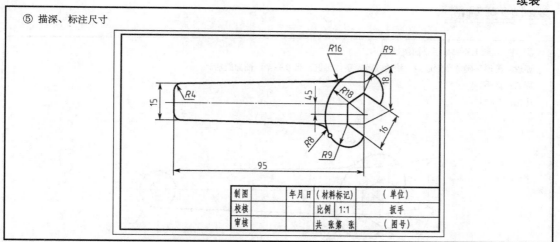

制图		年月日	（材料标记）		（单位）
校核		比例	1:1		扳手
审核		共 张第 张			（图号）

【要点提示】

（1）初步计算图形的总长和总高有利于布图和选择比例。

（2）正确进行图形分析，找出已知线段、连接线段和中间线段是确定画图步骤的关键。

任务拓展

常见平面图形尺寸标注如图 1-5-5 所示。

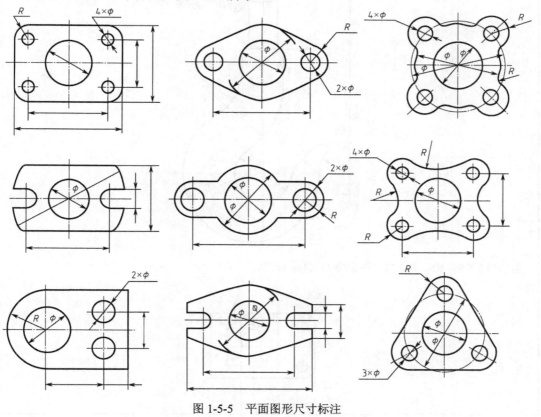

图 1-5-5 平面图形尺寸标注

任务巩固

① 在 A4 纸上绘制扳手平面图形。

要求：图形正确，布置适当，线性规范，字体工整，尺寸齐全，图面整洁。

图名：扳手。

比例：2∶1。

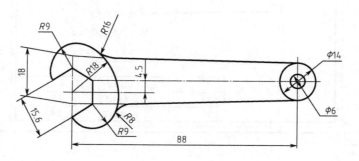

② 在 A4 纸上绘制起重钩平面图形。

要求：图形正确，布置适当，线性规范，字体工整，尺寸齐全，图面整洁。

图名：起重钩。

比例：自定。

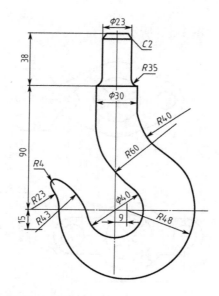

③ 参照下图所示图形，用 1∶2 比例画出图形，并标注尺寸。

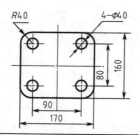

项目总结

　　本项目以 5 个典型任务为载体，通过本项目的学习，使同学们逐渐熟悉图幅、图框格式、常用比例、字体、图线、尺寸标注等制图国家标准及基本规定，并通过配套的练习，达到知识巩固和掌握的目的。

项目二　绘制基本体三视图

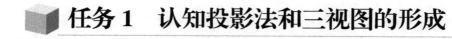

项目目标

（1）认识投影法的分类，掌握正投影法及投影规律。

（2）掌握投影的基本方法，能利用投影规律准确求解物体基本元素（点、线、面）的投影。

（3）理解基本体的分类和特点，能准确绘制出基本体的三视图。

项目描述

正投影法能准确地表达物体的形状，且量度性好、作图方便，是工程上常使用的投影方法。机械图样主要是用正投影法绘制。

本项目通过对投影法的学习，使学生掌握投影的基本方法、投影规律和投影特性，以准确绘制出基本体的三视图。

任务1　认知投影法和三视图的形成

任务目标

（1）认识投影法的分类，知道机械制图中常用的是正投影法。

（2）理解三视图的形成。

（3）掌握三视图的投影规律。

任务呈现

识读如图 2-1-1 所示的长方体轴测图。长方体长为 30mm，宽为 20mm，高为 10mm。

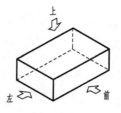

图 2-1-1　长方体轴测图

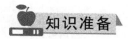

知识准备

物体在光线的照射下，会在相应的平面上产生影子，根据这种自然现象，人们抽象总结形成了投影法。

1. 中心投影法

投射线交汇投射中心的投影方法称为中心投影法，如图 2-1-2 所示。S 为投射中心，平面 P 为投影面，SA、SB、SC 为投射线，空间平面 ABC 在平面 P 上的投影为三角形 abc。

生活中，照相、放电影、工程的效果图（透视图）等都是中心投影的实例。

2. 平行投影法

投射线相互平行的投影法称为平行投影法。投射线与投影面垂直的平行投影称为正投影，如图 2-1-3 所示。投射线与投影面不垂直的平行投影称为斜投影，如图 2-1-4 所示。

工程上，常用平行投影法得到物体的视图和轴测图。

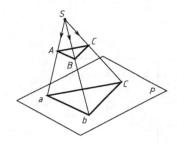
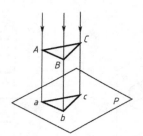
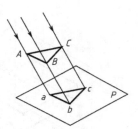

图 2-1-2　中心投影法　　　图 2-1-3　正投影法　　　图 2-1-4　斜投影法

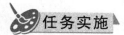

任务实施

一、三投影面体系与三视图

用正投影法，把物体按照指定的方向分别投射到三个投影面上，便得到物体的三个视图。三个投影面分别为正面（V）、水平面（H）、侧面（W），三个投影面在空间相互垂直，构成了三投影面体系，如图 2-1-5 所示。

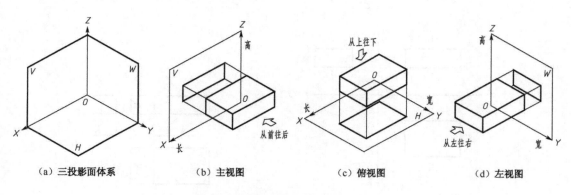

（a）三投影面体系　　（b）主视图　　（c）俯视图　　（d）左视图

图 2-1-5　三投影面体系与三个视图

（1）将物体从前往后投射到正面（V），得到主视图。

（2）将物体从上往下投射到水平面（H），得到俯视图。

（3）将物体从左往右投射到侧面（W），得到左视图。

二、三视图的方位对应关系

V 面、H 面和 W 面构成了三投影面体系，形成了 OX、OY 和 OZ 三根投影轴，$OX \perp OY \perp OZ$。OX 轴表示长度方向，OY 轴表示宽度方向，OZ 轴表示高度方向。因此，如图 2-1-5 所示，主视图上反映的是物体的长、高；俯视图上反映的是物体的长、宽；左视图上反映的是物体的宽、高。

为使三个视图处在同一平面内，将三投影面体系展开。展开方法：把 OY 轴一分为二，在 H 面上的为 OY_h 轴，在 W 面上的为 OY_w 轴；V 面不动，将 W 面围绕着 OZ 轴向右旋转 90°；将 H 面围绕着 OX 轴向下旋转 90°。三投影面体系展开如图 2-1-6 所示。此时，三个视图在同一平面内。

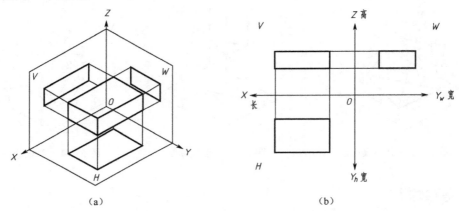

(a)   (b)

图 2-1-6　三投影面体系展开

OX 轴正方向为左，负方向为右；OY 轴正方向为前，负方向为后；OZ 轴正方向为上，负方向为下。因此，主视图反应物体的左右上下方向；俯视图反应物体的左右前后方向；左视图反应物体的上下前后方向。三视图对应方位关系如图 2-1-7 所示。三视图的投影规律如图 2-1-8 所示。

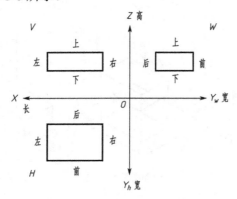 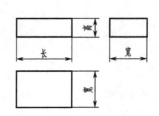

图 2-1-7　三视图对应方位关系   图 2-1-8　三视图的投影规律

三、三视图的投影规律

（1）主视图与俯视图长对正。
（2）主视图与左视图高平齐。
（3）俯视图与左视图宽相等。
"长对正、高平齐、宽相等"是三视图的重要特性，也是绘图和读图时的重要依据。

任务2　利用投影规律求解点、线、面的投影

点、直线、平面是组成形体的基本几何元素。在已知两个投影的情况下，利用投影规律，能正确地求解出任何复杂形状的第三个投影。根据三个投影的形状，也能分析出点、直线、平面在空间的位置关系。

任务目标

（1）理解正投影法的基本性质：实行性、积聚性、类似性。
（2）能利用投影规律求解点、线、面的第三个投影。

任务呈现

（1）已知空间平面 *ABC* 的两个投影，补画第三个投影，如图 2-2-1（a）所示。
（2）已知空间平面 *DEFGHJ* 的两个投影，补画第三个投影，如图 2-2-1（b）所示。

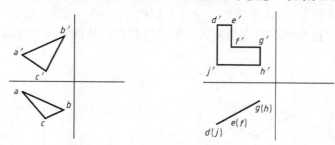

（a）空间平面*ABC*的两个投影　　　（b）空间平面*DEFGHJ*的两个投影

图 2-2-1　补画第三个投影

知识准备

一、正投影法的基本性质

1. 实形性
物体上的平面 *P* 平行于投影面 *V*，其投影反映实行；平面 *P* 内的所有线段也平行于投

影面 V，其投影反映实长，如 $a'b'=AB$；$b'c'=BC$ 等，如图 2-2-2（a）所示。

2. 积聚性

物体上的平面 P 垂直于投影面 H，其投影积聚成一条直线；垂直于投影面 H 的线段 AE，其投影积聚成一点 a（e），线段 CD 同理，如图 2-2-2（b）所示。

3. 类似性

物体上的平面 Q 倾斜于投影面 W，其投影 q'' 是原图形的类似形（类似形指的是两图形相应的线段间保持定比关系，即边数、平行关系、凹凸关系不变）；倾斜于投影面 W 的线段 AB，其投影 $a''b''$ 比实长短，即 $a''b''<AB$，如图 2-2-2（c）所示。

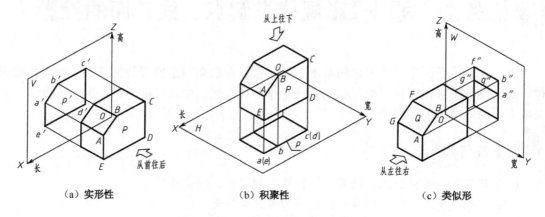

（a）实形性　　　　　　　（b）积聚性　　　　　　　（c）类似形

图 2-2-2　正投影法的基本性质

二、点的空间位置关系与投影

1. 点的坐标与投影关系

如图 2-2-3 所示，空间有一个点 S，坐标为（20,15,30），若将点 S 分别向三个投影面投射，得到的投影分别为 s（水平投影）、s'（正面投影）、s''（侧面投影）。通常空间点用大写字母表示，对应的投影用小写字母表示。展开投影面，从投影图中可看出投影与空间位置对应的关系如下。

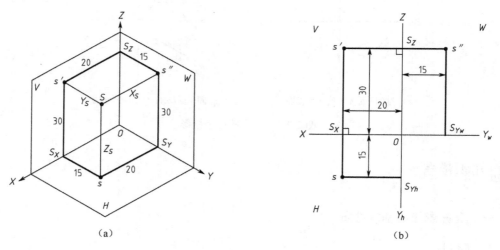

（a）　　　　　　　　　　　　　　　（b）

图 2-2-3　点的坐标和投影关系

（1）点 S 到 H 面的距离为 $Z_S=30$，即坐标中的高。

（2）点 S 到 V 面的距离为 $Y_S=15$，即坐标中的宽。

（3）点 S 到 W 面的距离为 $X_S=20$，即坐标中的长。

三个投影符合投影规律，s 和 s' 长对正，其连线与 X 轴垂直，交于点 S_X；s' 和 s'' 高平齐，其连线与 Z 轴垂直，交于点 S_Z；s 和 s'' 宽相等，即 $S_{Yh}=S_{Yw}$，也可通过一条 45° 的辅助线对齐。

由此可知，若已知空间点的两个投影，则能根据投影规律，求出第三个投影。

例 2-1：如图 2-2-4 所示，已知点 A 的 V 面投影 a' 和 H 面投影 a，求 W 面投影 a''。

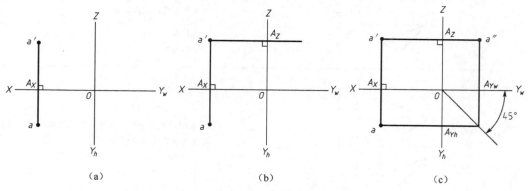

图 2-2-4　例 2-1 图

2. 点的可见性

若空间点 A 下方有另一空间点 B，则在 H 面上该两点的投影重合，称为重影，如图 2-2-5 所示。根据投影原理，A 点在上方，因此投影 a 可见；B 点在下方，因此投影 b 不可见。通常不可见的投影点的符号外加括号表示。

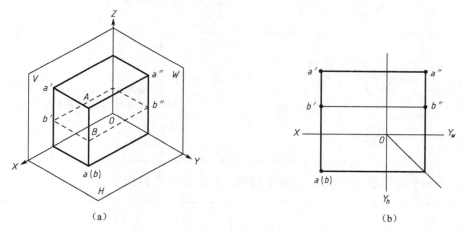

图 2-2-5　重影点的投影

任务分析

两个点确定一条直线，三个点确定一个平面。求解平面 ABC 的第三个投影，只需利用投影规律，分别确定 A、B、C 三个点的投影位置，依次连接，便可得到。同理，可得到平面 $DEFGHJ$ 的第三个投影。

任务实施

（1）已知空间平面 *ABC* 的两个投影，补画第三个投影。

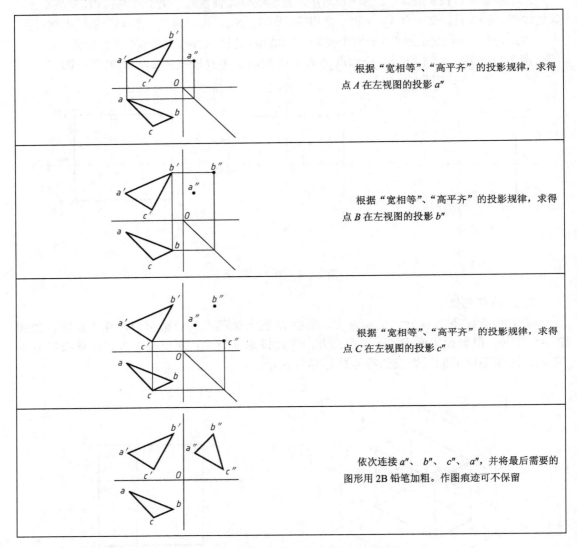

根据"宽相等"、"高平齐"的投影规律，求得点 *A* 在左视图的投影 *a″*

根据"宽相等"、"高平齐"的投影规律，求得点 *B* 在左视图的投影 *b″*

根据"宽相等"、"高平齐"的投影规律，求得点 *C* 在左视图的投影 *c″*

依次连接 *a″*、 *b″*、 *c″*、 *a″*，并将最后需要的图形用 2B 铅笔加粗。作图痕迹可不保留

（2）已知空间平面 *DEFGHJ* 的两个投影，补画第三个投影。

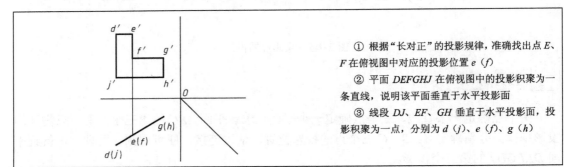

① 根据"长对正"的投影规律，准确找出点 *E*、*F* 在俯视图中对应的投影位置 *e*（*f*）

② 平面 *DEFGHJ* 在俯视图中的投影积聚为一条直线，说明该平面垂直于水平投影面

③ 线段 *DJ*、*EF*、*GH* 垂直于水平投影面，投影积聚为一点，分别为 *d*（*j*）、*e*（*f*）、*g*（*h*）

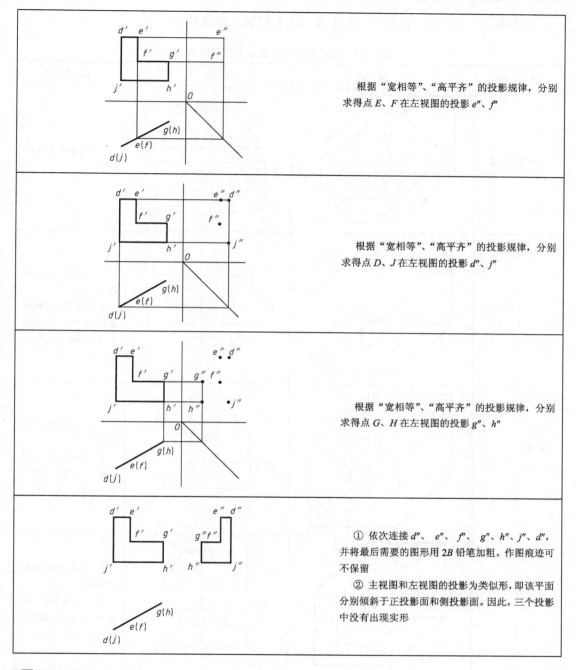

根据"宽相等"、"高平齐"的投影规律，分别求得点 E、F 在左视图的投影 e''、f''

根据"宽相等"、"高平齐"的投影规律，分别求得点 D、J 在左视图的投影 d''、j''

根据"宽相等"、"高平齐"的投影规律，分别求得点 G、H 在左视图的投影 g''、h''

① 依次连接 d''、e''、f''、g''、h''、j''、d''，并将最后需要的图形用 $2B$ 铅笔加粗。作图痕迹可不保留

② 主视图和左视图的投影为类似形，即该平面分别倾斜于正投影面和侧投影面。因此，三个投影中没有出现实形

![任务拓展]

利用投影规律，能正确地求解出点、线、面的第三个投影。利用上述正投影法的基本性质，能分析出线、面在空间的各种位置关系，如表 2-2-1 和表 2-2-2 所示。

直线相对于投影面的位置有垂直、平行和倾斜三种情况。根据直线与投影面的相对位置不同，可分为投影面垂直线、投影面平行线和一般位置直线三种。不平行任何一个投影面的直线，称为一般位置直线；平行于一个投影面的直线，称为投影面的平行线；垂直于一个投影面（平行于两个投影面）的直线，称为投影面的垂直线。

表 2-2-1　空间各种位置直线的投影特性

名　称		立　体　图	投　影　图	平面投影特性
一般位置直线		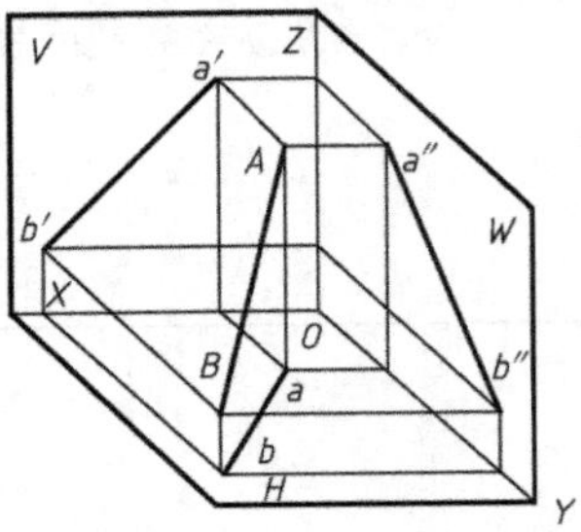	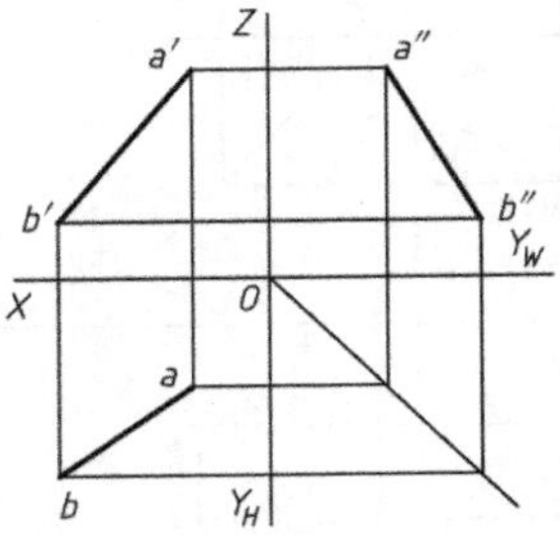	三面投影都具有类似性
平行线	水平线	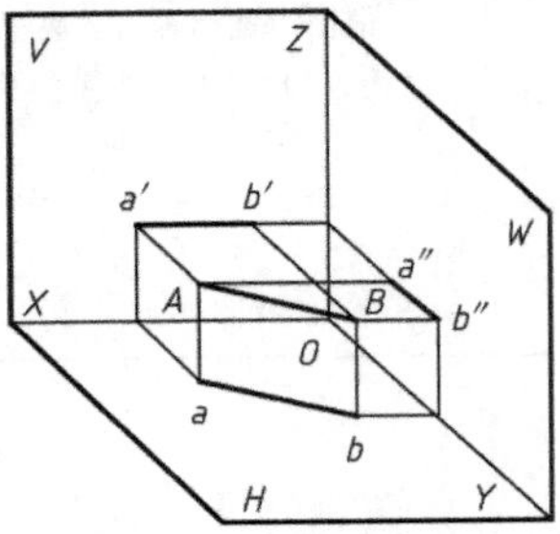	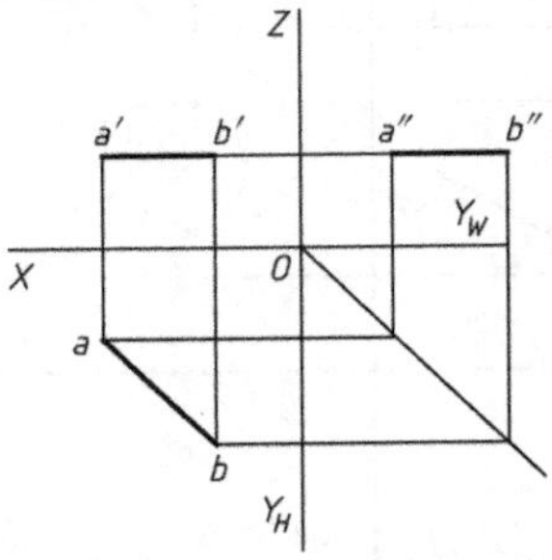	① 直线的水平投影反映实长 ② 正面投影和侧面投影小于实长，且分别平行于 OX、OY_W 轴
	正平线	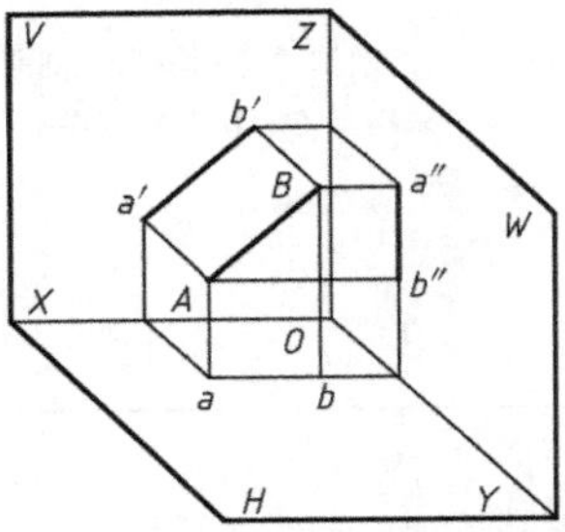	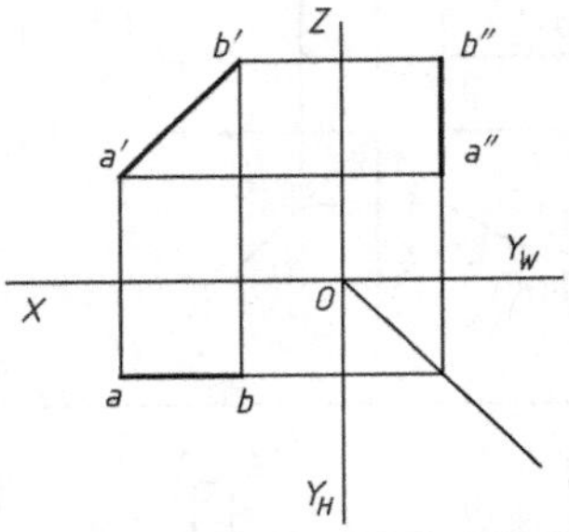	① 直线的正面投影反映实长 ② 水平投影和侧面投影小于实长，且分别平行于 OX、OZ 轴
	侧平线	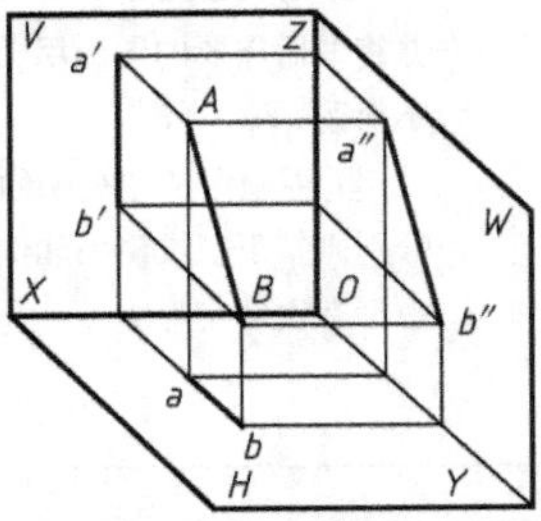	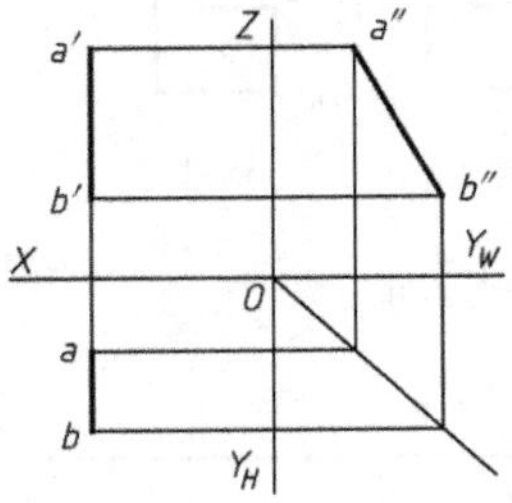	① 直线的侧面投影反映实长 ② 正面投影和水平投影小于实长，且分别平行于 OZ、OY_H 轴
垂直线	铅垂线	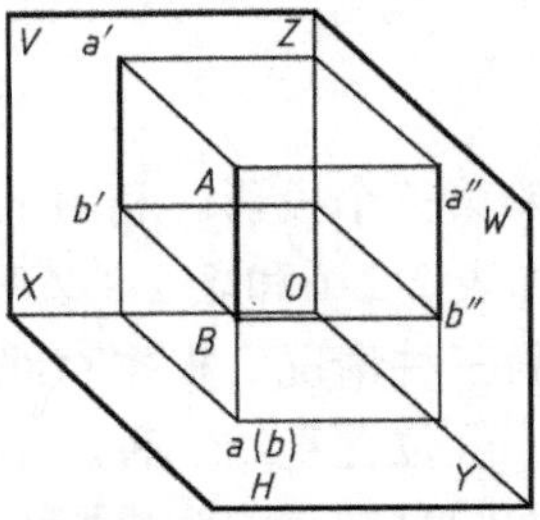	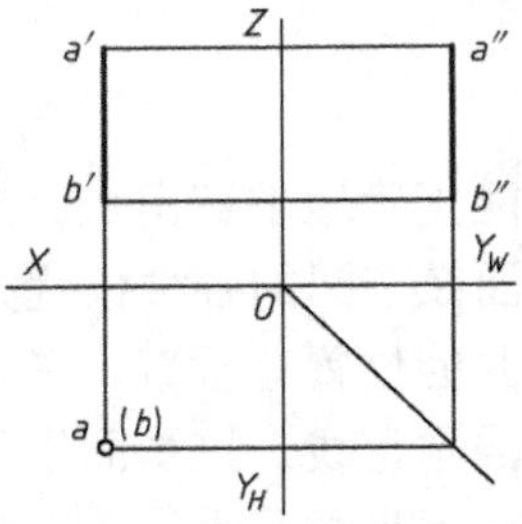	① 直线的水平投影积聚成一点 ② 正面投影和侧面投影反映实长，且分别垂直于 OX、OY_W 轴

续表

名　称		立 体 图	投 影 图	平面投影特性
垂直线	正垂线			① 直线的正面投影积聚成一点 ② 水平投影和侧面投影反映实长，且分别垂直于 OX、OZ 轴
	侧垂线			① 直线的侧面投影积聚成一点 ② 正面投影和水平投影反映实长，且分别垂直于 OX、OY_H 轴

平面对投影面的相对位置关系有三种：一般位置平面、投影面平行面、投影面垂直面。与三个投影面都倾斜的平面，称为一般位置平面；只垂直于一个投影面（倾斜于另外两个投影面）的平面，称为投影面的垂直面；平行于一个投影面的平面，称为投影面的平行面。

表 2-2-2　空间各种位置平面的投影特性

名　称		立 体 图	投 影 图	平面投影特性
一般位置平面				三面投影都具有类似性
垂直面	铅垂面			① 水平面投影积聚成一直线 ② 正面投影和侧面投影为类似形

名　　称		立 体 图	投 影 图	平面投影特性
垂直面	正垂面	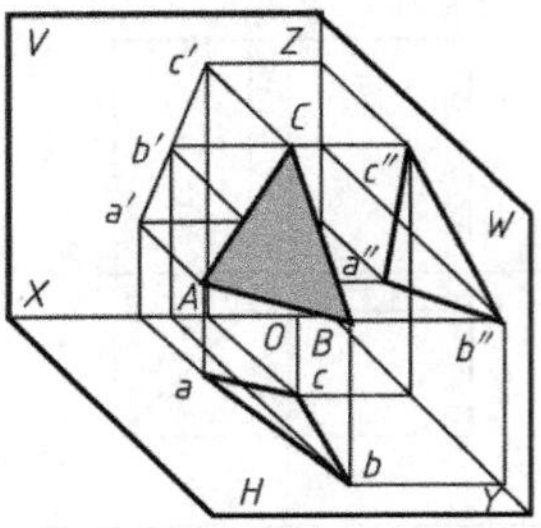	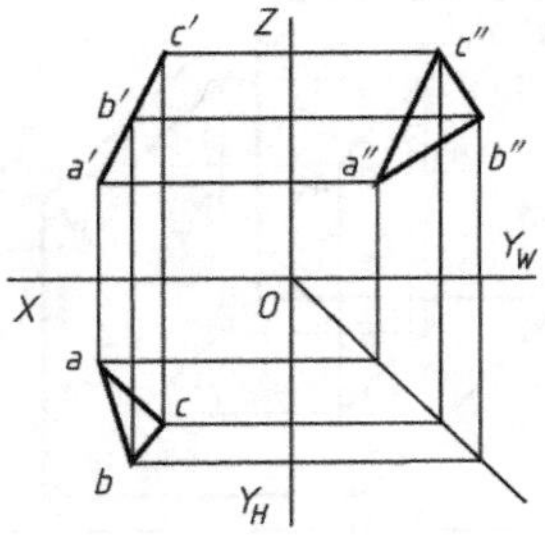	① 正面投影积聚成一直线 ② 水平面投影和侧面投影为类似形
	侧垂面	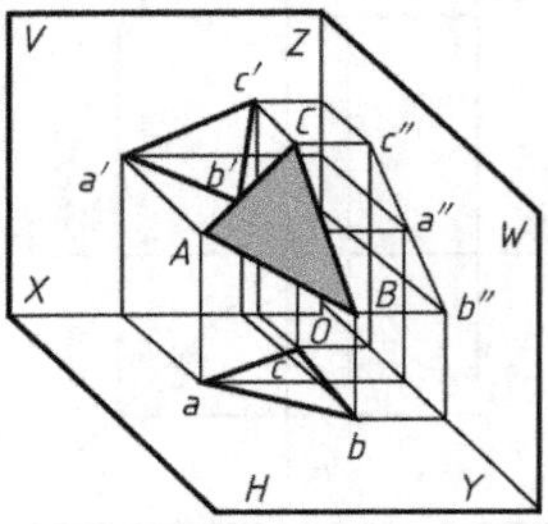	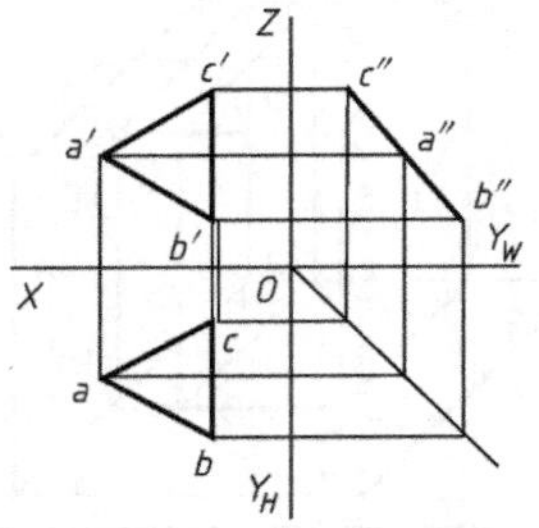	① 侧面投影积聚成一直线 ② 正面投影和水平面投影为类似形
平行面	水平面	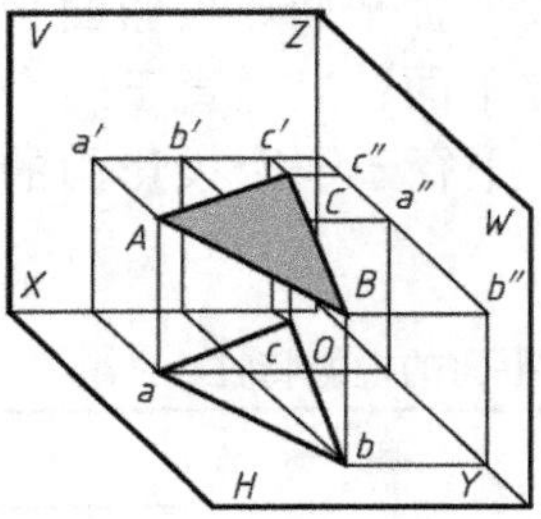	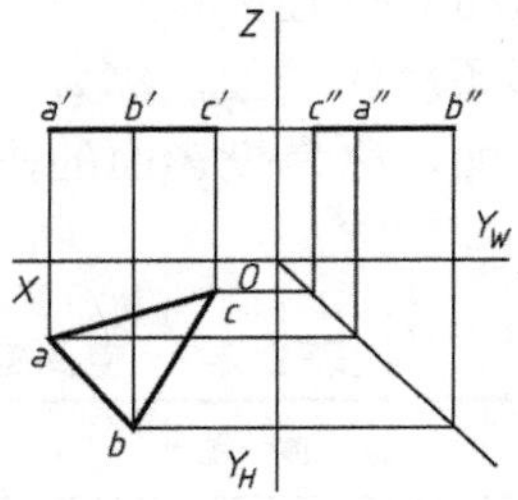	① 水平投影反映实长 ② 正面投影和侧面投影均积聚成直线 ③ 正面投影平行于 OX 轴，侧面投影平行于 OY_W 轴
	正平面	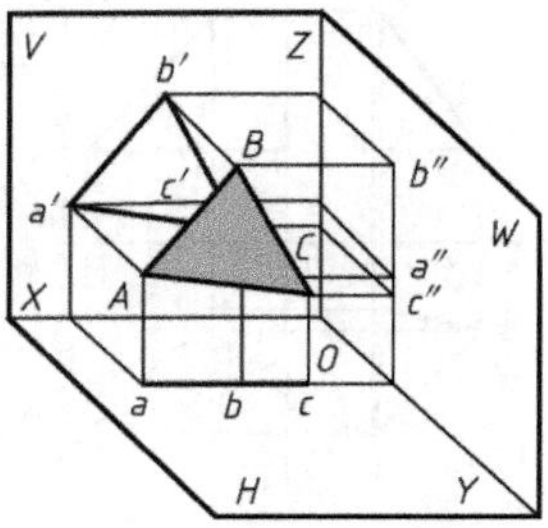	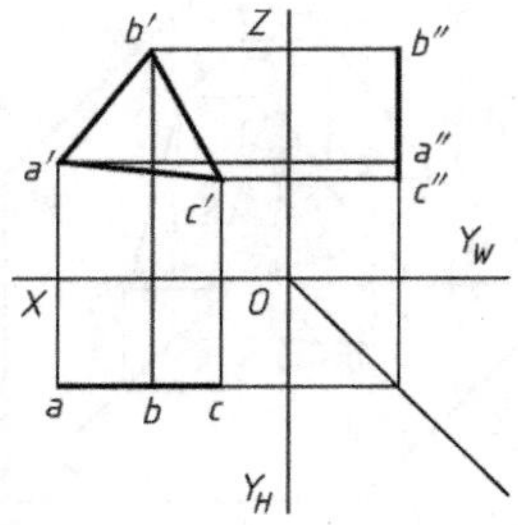	① 正面投影反映实长 ② 水平投影和侧面投影均积聚成直线 ③ 水平投影平行于 OX 轴，侧面投影平行于 OZ 轴
	侧平面	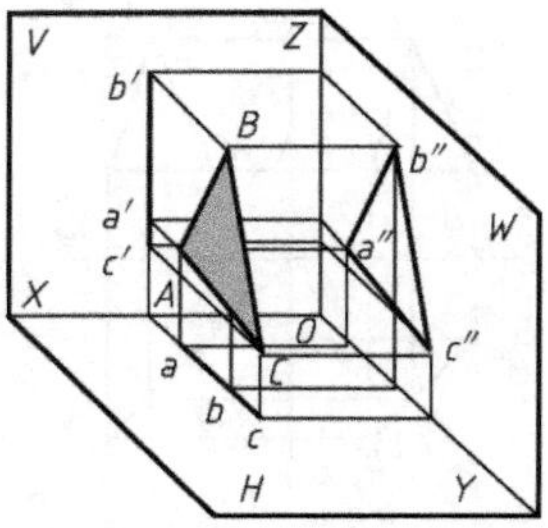	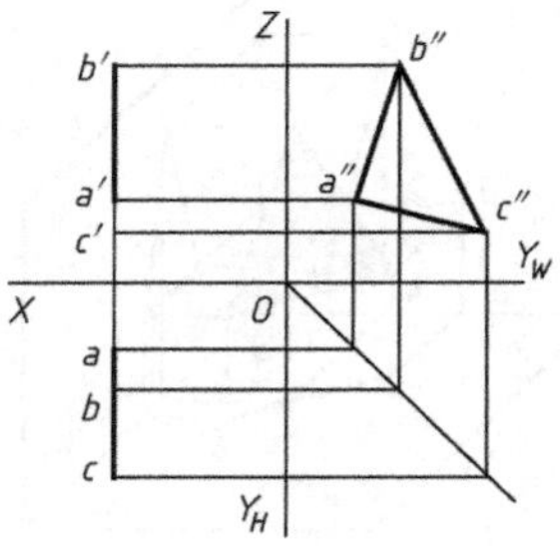	① 侧面投影反映实长 ② 正面投影和水平投影均积聚成直线 ③ 正面投影平行于 OZ 轴，侧面投影平行于 OY_H 轴

任务 3　绘制平面基本体三视图

任何物体均可看作是由若干基本体组合而成。基本体包括平面体和曲面体两大类。平面体的每个表面都是平面，如棱柱、棱锥等。

任务目标

（1）了解各种类型的平面基本体。

（2）掌握平面基本体的三视图的画法。

任务呈现

（1）绘制如图 2-3-1 所示的正六棱柱的三视图。

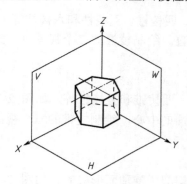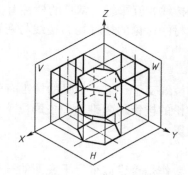

图 2-3-1　正六棱柱

（2）绘制如图 2-3-2 所示的正四棱锥的三视图。

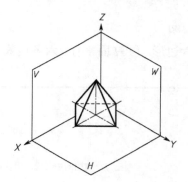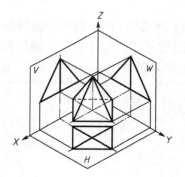

图 2-3-2　正四棱锥

（3）绘制如图 2-3-3 所示的正三棱台的三视图。

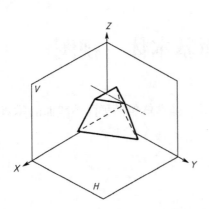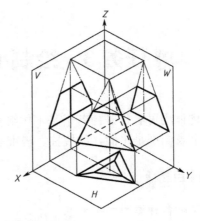

图 2-3-3　正三棱台

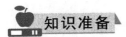 知识准备

平面体的每个表面都是平面，如棱柱、棱锥和棱台等。

1. 棱柱

棱柱的棱线相互平行，常见的棱柱有三棱柱、四棱柱、五棱柱和六棱柱等，如图 2-3-1 所示。本教材中讨论的棱柱均为棱线与两端面垂直。绘制棱柱的三个视图时，先绘制端面的投影。

2. 棱锥

棱锥的棱线交于一点，常见的棱锥有三棱锥、四棱锥和五棱锥等，如图 2-3-2 所示。本教材中讨论的棱锥均为锥顶的投影位于棱锥底面的中心。绘制棱锥的三个视图时，先绘制底面的投影。

3. 棱台

棱台可看作是棱锥被平行于底面的一个平面切削了锥顶而形成的，如图 2-3-3 所示。绘制棱台的三个视图时，先绘制两个底面的投影。

任务实施

（1）绘制如图 2-3-1 所示的正六棱柱的三视图。

空间位置分析：正六棱柱的上下端面为正六边形，与 H 面平行；六条棱线与 H 面垂直，其中两个棱面与 V 面平行。

画出三个视图的中心线，用以定位

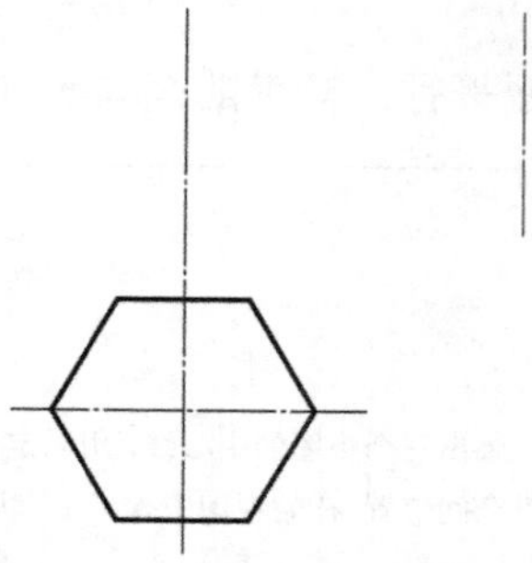

首先画出端面的正六边形的投影，按照空间位置，为俯视图

图中的正六边形为六个棱面和六条棱线的积聚性投影

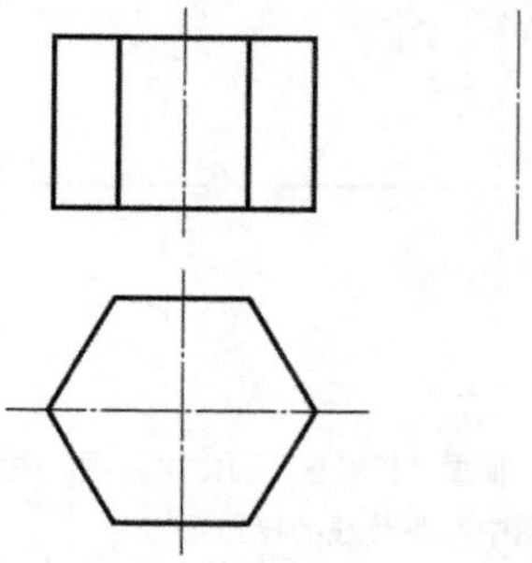

根据"长对正"画出主视图，注意各条棱线的可见性

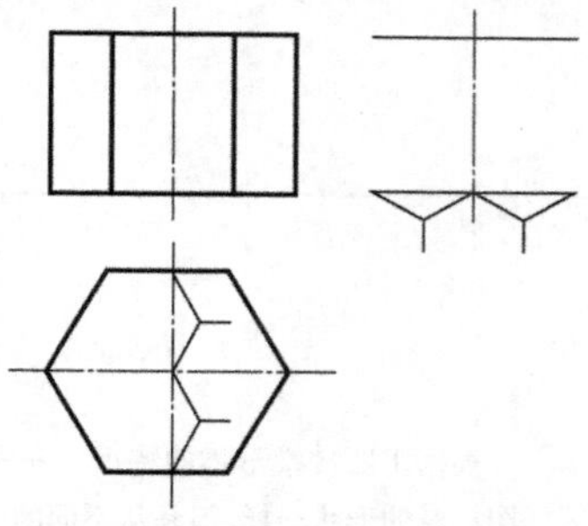

根据"高平齐"、"宽相等"确定左视图的尺寸

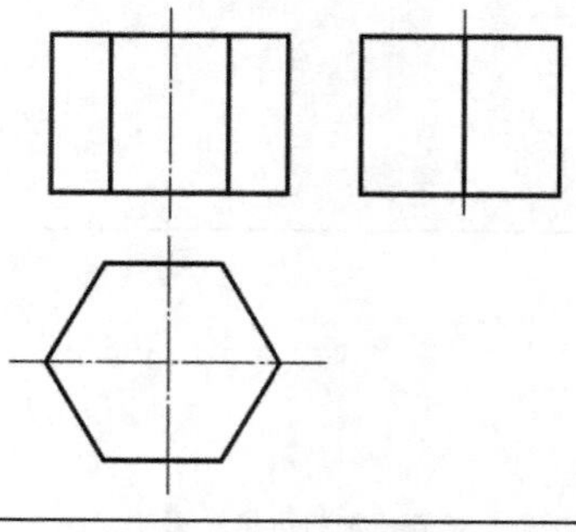

注意左视图中各条棱线的可见性，以及投影位置

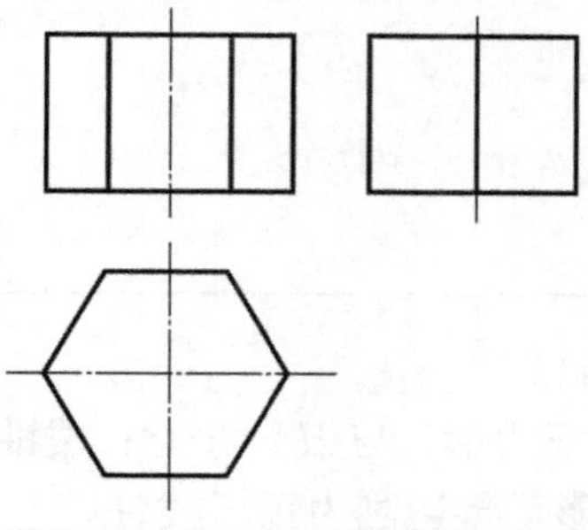

检查，加粗可见轮廓

（2）绘制如图 2-3-2 所示的正四棱锥的三视图。

空间位置分析：正四棱锥的底面为正方形，与 H 面平行；棱锥的高与 H 面垂直。

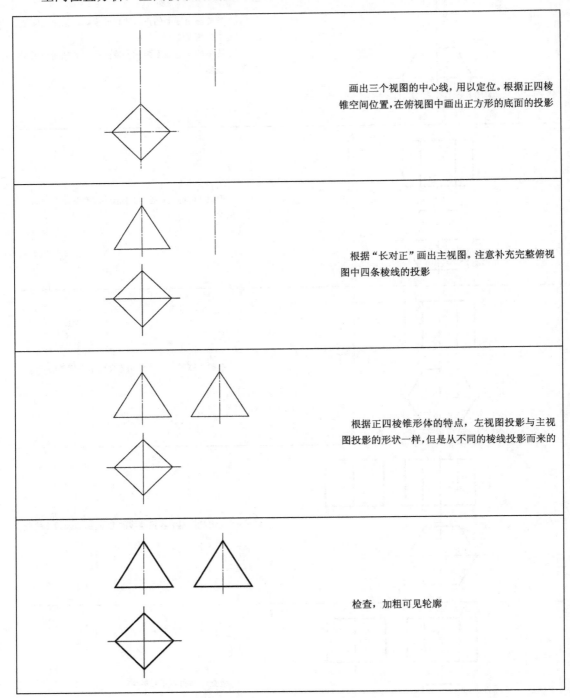

画出三个视图的中心线，用以定位。根据正四棱锥空间位置，在俯视图中画出正方形的底面的投影

根据"长对正"画出主视图。注意补充完整俯视图中四条棱线的投影

根据正四棱锥形体的特点，左视图投影与主视图投影的形状一样，但是从不同的棱线投影而来的

检查，加粗可见轮廓

（3）绘制如图 2-3-3 所示的正三棱台的三视图。

空间位置分析：正三棱台的上下底面均为等边三角形，与 H 面平行；棱锥的高与 H 面垂直。如图 2-3-3 所示，首先按照正三棱锥进行投影，再切割为正三棱台。

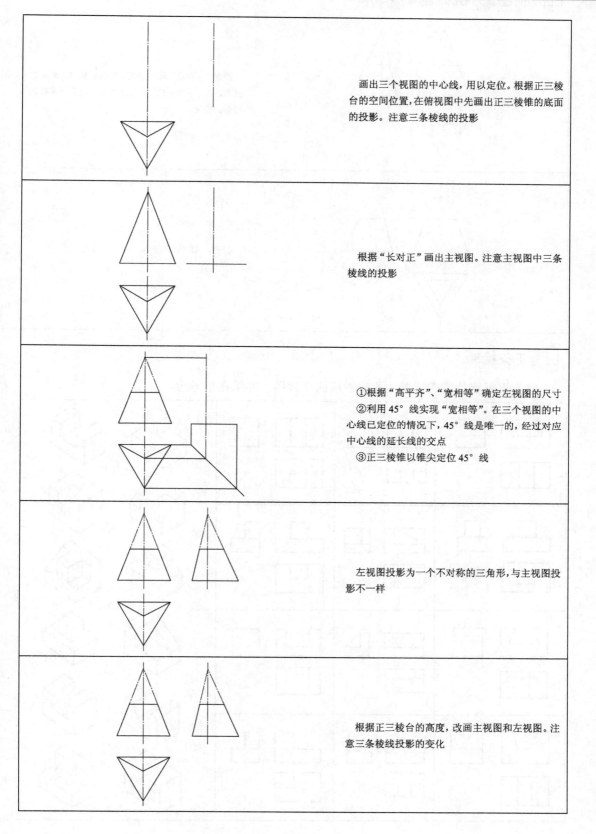

画出三个视图的中心线,用以定位。根据正三棱台的空间位置,在俯视图中先画出正三棱锥的底面的投影。注意三条棱线的投影

根据"长对正"画出主视图。注意主视图中三条棱线的投影

①根据"高平齐"、"宽相等"确定左视图的尺寸
②利用 45°线实现"宽相等"。在三个视图的中心线已定位的情况下,45°线是唯一的,经过对应中心线的延长线的交点
③正三棱锥以锥尖定位 45°线

左视图投影为一个不对称的三角形,与主视图投影不一样

根据正三棱台的高度,改画主视图和左视图。注意三条棱线投影的变化

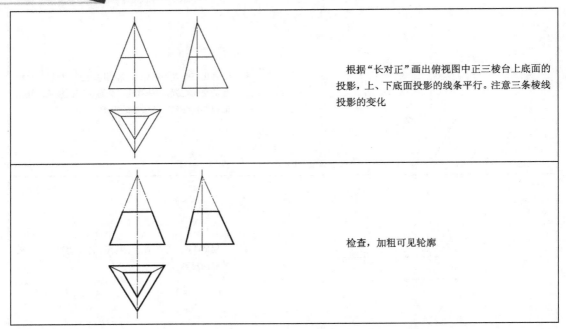

根据"长对正"画出俯视图中正三棱台上底面的投影，上、下底面投影的线条平行。注意三条棱线投影的变化

检查，加粗可见轮廓

任务检验

（1）根据物体的三视图，找出对应的立体图，并填在括号内。

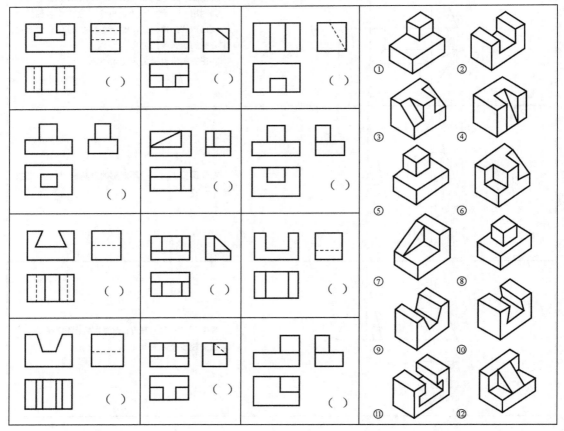

（2）参照立体图，补画三视图中漏画的线，并按要求标注和填空。

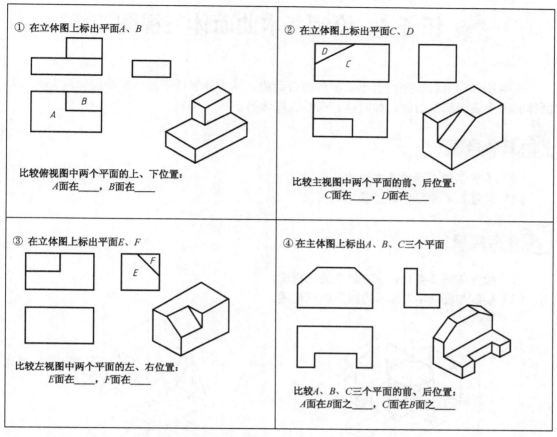

① 在立体图上标出平面A、B

比较俯视图中两个平面的上、下位置：
A面在____，B面在____

② 在立体图上标出平面C、D

比较主视图中两个平面的前、后位置：
C面在____，D面在____

③ 在立体图上标出平面E、F

比较左视图中两个平面的左、右位置：
E面在____，F面在____

④ 在主体图上标出A、B、C三个平面

比较A、B、C三个平面的前、后位置：
A面在B面之____，C面在B面之____

（3）根据基本体的两视图补画第三视图，并写出基本体名称。

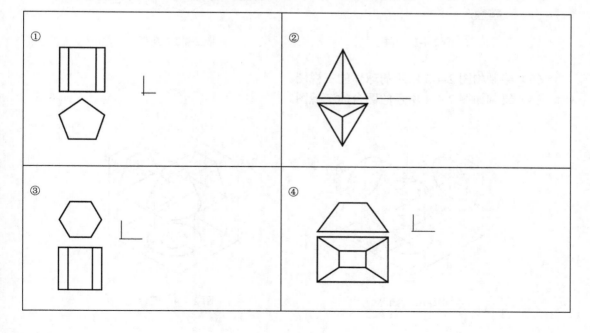

①

②

③

④

任务4 绘制基本曲面体三视图

任何物体均可看作是由若干基本体组合而成。基本体包括平面体和曲面体两大类。曲面体的每个表面都是曲面,如圆柱、圆锥、球体等。

任务目标

(1)了解各种类型的基本曲面体。

(2)掌握基本曲面体的三视图的画法。

任务呈现

(1)绘制如图 2-4-1 所示的圆柱的三视图。

(2)绘制如图 2-4-2 所示的圆锥的三视图。

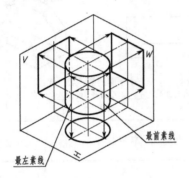

图 2-4-1 圆柱

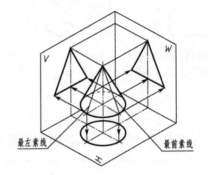

图 2-4-2 圆锥

(3)绘制如图 2-4-3 所示的球体的三视图。

(4)绘制如图 2-4-4 所示的圆台的三视图。

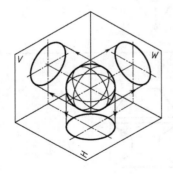

图 2-4-3 圆球

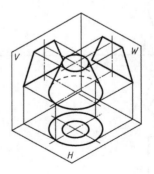

图 2-4-4 圆台

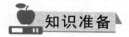

知识准备

曲面体至少有一个表面是曲面，如圆柱、圆锥、圆球等。由于这些形体都是由一条母线绕着某一直线回转而成的，因此也称为回转体。每个回转体中都有中轴线。

1. 圆柱

圆柱是由圆柱面与上、下两端面所围成。圆柱面可看做是由一条直母线绕与其平行的轴线回转而成。圆柱面上任意一条平行于轴线的直线，称为圆柱面的素线，如图 2-4-1 所示。绘制圆柱的三个视图时，先绘制端面的投影。

2. 圆锥

圆锥是由圆锥面和底面所围成。圆锥面可看做是有一条直母线绕与其相交的轴线回转而成。圆锥面上每条从锥尖到底面的连线，称为圆锥面的素线，如图 2-4-2 所示。绘制圆锥的三个视图时，先绘制底面的投影。

3. 圆球

圆球的表面可看做是由一条圆母线绕其直径回转而成。球体的三个投影都是等径圆，如图 2-4-3 所示。

4. 圆台

用一个平行于圆锥底面的平面把圆锥锥尖切削后，形成了圆台。圆台的上、下底面分别为直径不相同的两个圆，如图 2-4-4 所示。绘制圆台的三个视图时，先绘制上、下底面的投影。

任务实施

（1）绘制如图 2-4-1 所示的圆柱的三视图。

空间位置分析：圆柱上、下两端面平行于 H 面。

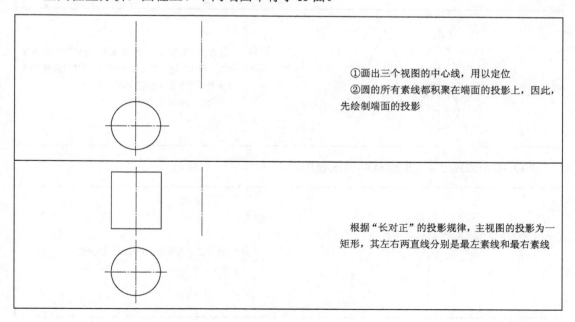

①画出三个视图的中心线，用以定位
②圆的所有素线都积聚在端面的投影上，因此，先绘制端面的投影

根据"长对正"的投影规律，主视图的投影为一矩形，其左右两直线分别是最左素线和最右素线

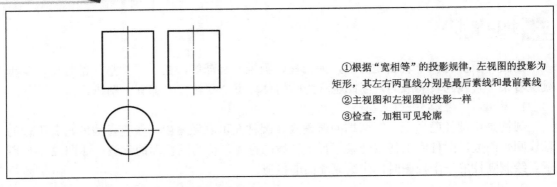

①根据"宽相等"的投影规律，左视图的投影为矩形，其左右两直线分别是最后素线和最前素线
②主视图和左视图的投影一样
③检查，加粗可见轮廓

（2）绘制如图 2-4-2 所示的圆锥的三视图。

空间位置分析：圆锥端面平行于 H 面。

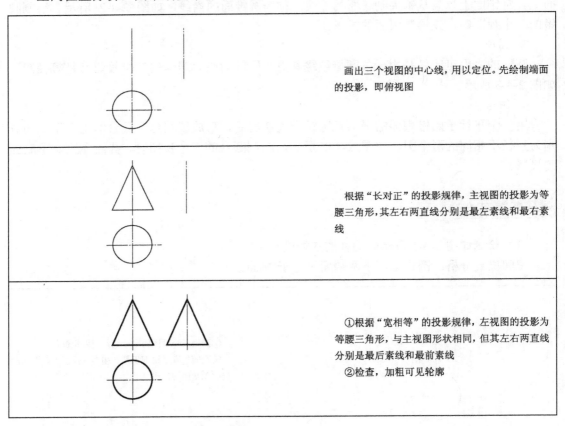

画出三个视图的中心线，用以定位。先绘制端面的投影，即俯视图

根据"长对正"的投影规律，主视图的投影为等腰三角形，其左右两直线分别是最左素线和最右素线

①根据"宽相等"的投影规律，左视图的投影为等腰三角形，与主视图形状相同，但其左右两直线分别是最后素线和最前素线
②检查，加粗可见轮廓

（3）绘制如图 2-4-3 所示球体的三视图。

画出三个视图的中心线，用以定位

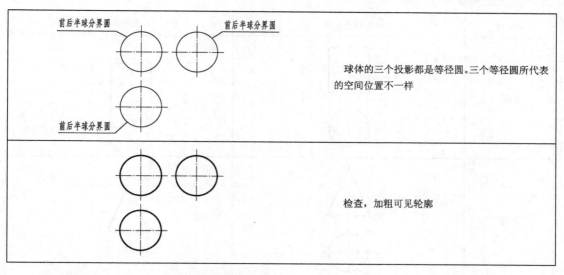

球体的三个投影都是等径圆。三个等径圆所代表的空间位置不一样

检查，加粗可见轮廓

（4）绘制如图 2-4-4 所示的圆台的三视图。

空间位置分析：圆台上、下两端面平行于 H 面。

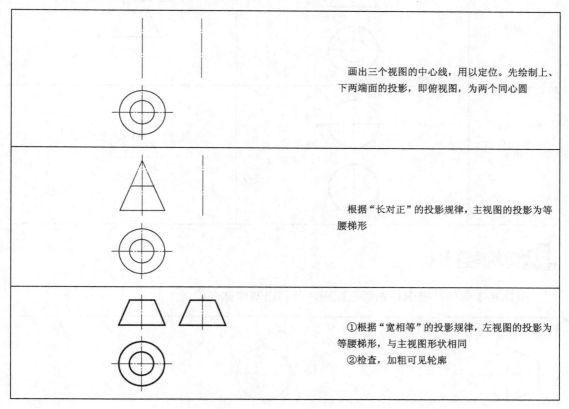

画出三个视图的中心线，用以定位。先绘制上、下两端面的投影，即俯视图，为两个同心圆

根据"长对正"的投影规律，主视图的投影为等腰梯形

①根据"宽相等"的投影规律，左视图的投影为等腰梯形，与主视图形状相同
②检查，加粗可见轮廓

知识拓展

表达圆柱、圆锥、圆台和圆球等回转体时，有时不一定要画出三个投影。若只是表达其形状，不标注尺寸，则绘制主、俯两个视图即可；若标注尺寸，则仅用一个视图即可。

回转体	不标注尺寸	标注尺寸
圆柱		24, φ20
圆锥		24, φ20
圆台		φ11, 12, φ20
圆球		Sφ20

任务检验

根据基本体的两视图补画第三视图，并写出基本体名称。

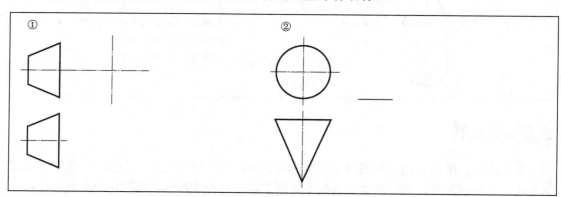

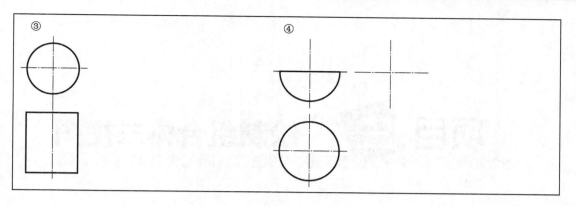

项目总结

（1）在两两垂直的三投影面体系中正放物体，分别由前向后、由左向右、由上向下投影得主视图、左视图和俯视图。

（2）主视图反映物体上、下、左、右方位；左视图反映物体的前、后、上、下方位；俯视图反映物体的前、后、左、右方位。

（3）绘制物体三视图要按照"长对正，宽相等，高平齐"的投影规律绘制，绘制时不能遗漏线条或添加线条。

（4）三视图的投影规律有两个：三等关系和方位关系。看、画图过程缺一不可。

（5）主、俯视图及主、左视图的对应关系比较直观，易于理解和掌握，而难点在于左、俯视图的宽相等和前后方位的理解和判断，可通过画45°线来对应。

项目三 绘制组合体三视图

项目目标

（1）熟悉特殊位置平面对基本几何体的截交线的形状判断和投影作图。

（2）会对两圆柱相贯线投影进行分析与作图。

（3）能用形体分析的方法绘制组合体的三视图并标注尺寸。

项目描述

本项目设置了绘制平面切割体三视图、绘制曲面切割体三视图、绘制圆柱正交三视图、绘制叠加型组合体三视图、绘制切割型组合体三视图、识读组合体尺寸标注6个学习任务，遵循了学生的认知规律，将组合体各种类型的绘制方法融入到各个学习任务中，使学生在"做中学"、"学中做"。

任务1 绘制平面切割体三视图

任务目标

（1）会绘制正六棱柱和正四棱锥切割体的三视图。

（2）能完成平面切割体三视图综合练习。

任务呈现

（1）绘制如图 3-1-1 所示的正六棱柱被截切的左视图。

（2）绘制如图 3-1-2 所示的正四棱锥被截切的左视图。

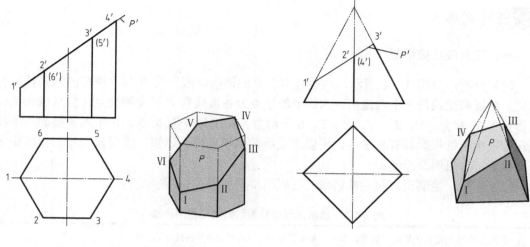

图 3-1-1　平面切割正六棱柱　　　　　　图 3-1-2　平面切割正四棱锥

知识准备

一、截交线

平面与立体表面相交，可以认为是立体被平面截切，此平面通常称为截平面，截平面与立体表面的交线称为截交线。平面与立体表面交线如图 3-1-3 所示。

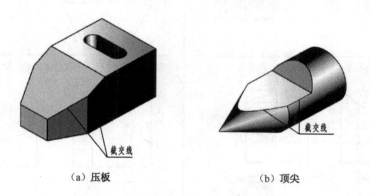

（a）压板　　　　　　　　　　　　（b）顶尖

图 3-1-3　平面与立体表面交线

二、截交线的性质

（1）截交线一定是一个封闭的平面图形。

（2）截交线既在截平面上，又在立体表面上，截交线是截平面和立体表面的共有线。截交线上的点都是截平面与立体表面上的共有点。

因为截交线是截平面与立体表面的共有线，所以求作截交线的实质，就是求出截平面与立体表面的共有点。平面切割平面体的截交线是多边形。

一、正六棱柱被切割

（1）分析：如图 3-1-1 所示，六棱柱被正垂面切割，截平面 P 与六棱柱的六条棱线都相交，所以截交线是一个六边形，六边形的顶点为各棱线与 P 平面的交点。截交线的正面投影积聚在 P' 上，$1'$、$2'$、$3'$、$4'$、$5'$、$6'$ 分别为各棱线与 P' 的交点。由于六棱柱的六条棱线在俯视图上的投影具有积聚性，所以截交线的水平投影为已知。根据截交线的正面和水平面投影可作出侧面投影。

（2）作图：绘制正六棱柱被切割的三视图步骤如表 3-1-1 所示。

表 3-1-1　绘制正六棱柱被切割的三视图步骤

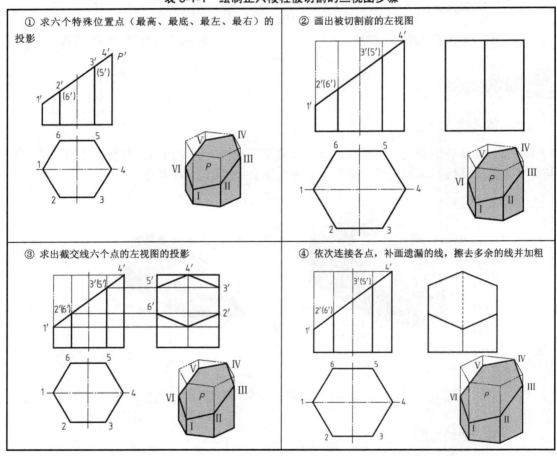

① 求六个特殊位置点（最高、最底、最左、最右）的投影	② 画出被切割前的左视图
③ 求出截交线六个点的左视图的投影	④ 依次连接各点，补画遗漏的线，擦去多余的线并加粗

二、正四棱锥被切割

（1）分析：截平面与棱锥的四条棱线相交，可判定截交线是四边形，其四个顶点分别是四条棱线与截平面的交点。因此，只要求出截交线的四个顶点在各投影面上的投影，然后依次连接顶点的同名投影，即得到截交线及投影。

（2）作图：绘制正四棱锥被切割的三视图步骤如表 3-1-2 所示。

表 3-1-2　绘制正四棱锥被切割的三视图步骤

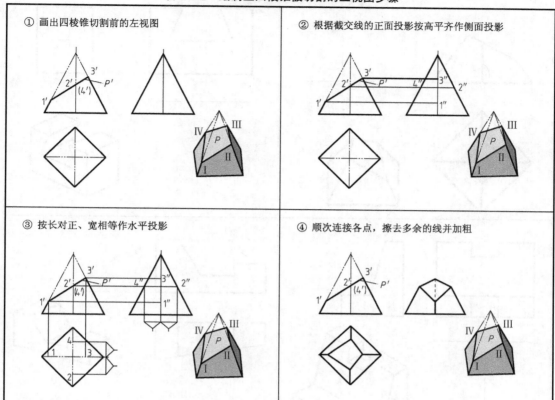

① 画出四棱锥切割前的左视图

② 根据截交线的正面投影按高平齐作侧面投影

③ 按长对正、宽相等作水平投影

④ 顺次连接各点，擦去多余的线并加粗

任务检验

（1）参照立体图，补画平面切割体的第三视图。

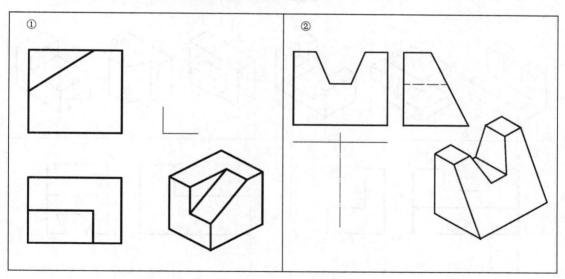

① ②

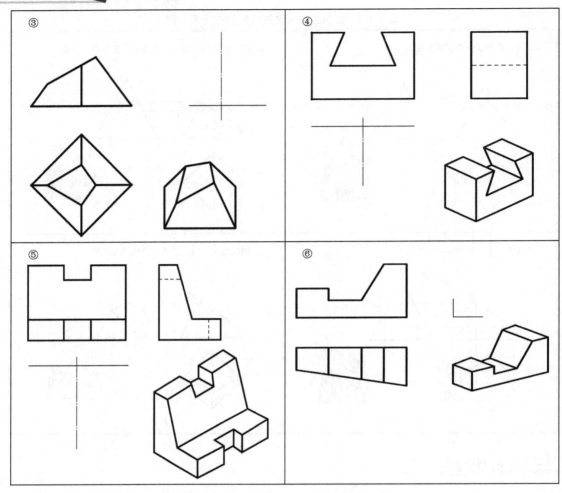

（2）参照立体图，辨认其相应的两视图，并补画第三视图。

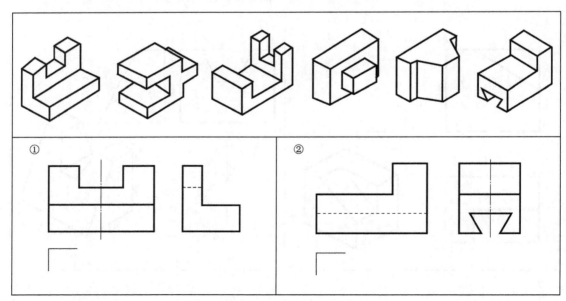

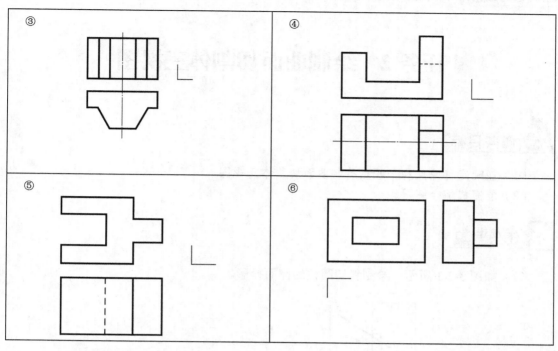

（3）根据轴测图绘制三视图。

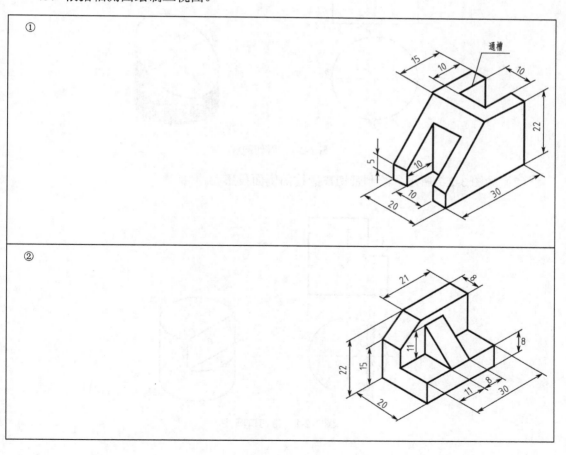

任务 2　绘制曲面切割体三视图

任务目标

（1）能确定特殊点和一般点绘制曲面切割体三视图。

（2）能完成综合练习。

任务呈现

（1）如图 3-2-1 所示，绘制斜切圆柱的侧面投影。

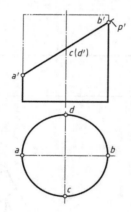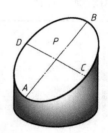

图 3-2-1　斜切圆柱

（2）如图 3-2-2 所示，绘制带切口圆柱的侧面投影。

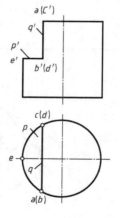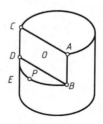

图 3-2-2　带切口圆柱

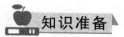

知识准备

平面切割曲面体时，截交线的形状取决于曲面体表面的形状及截平面与曲面体的相对位置。当截平面与曲面体相交时，截交线的形状如表 3-2-1 所示。

表 3-2-1　截交线的形状

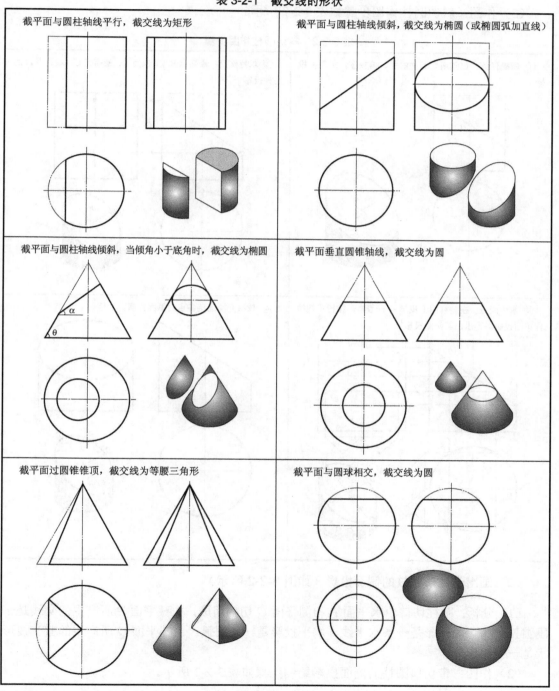

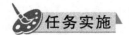任务实施

一、画出圆柱被斜切的侧面投影（见图3-2-1）

（1）分析：圆柱被正垂面切割，截平面P与圆柱的轴线倾斜，截交线为椭圆。

（2）作图：斜切圆柱作图步骤如表3-2-2所示。

表3-2-2　斜切圆柱作图步骤

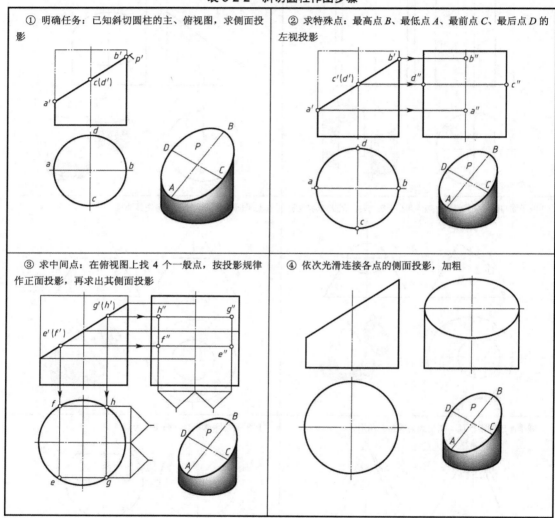

二、画出带切口圆柱的侧面投影（如图3-2-2所示）

（1）分析：圆柱切口由水平面P和侧平面Q切割而成，由截平面P所产生的交线是一段圆弧，其正面投影是一条水平线，水平投影是一段圆弧。由截平面Q所产生的截交线形状是一个矩形。

（2）作图：带切口圆柱的侧面投影绘制步骤如表3-2-3所示。

表 3-2-3 带切口圆柱的侧面投影绘制步骤

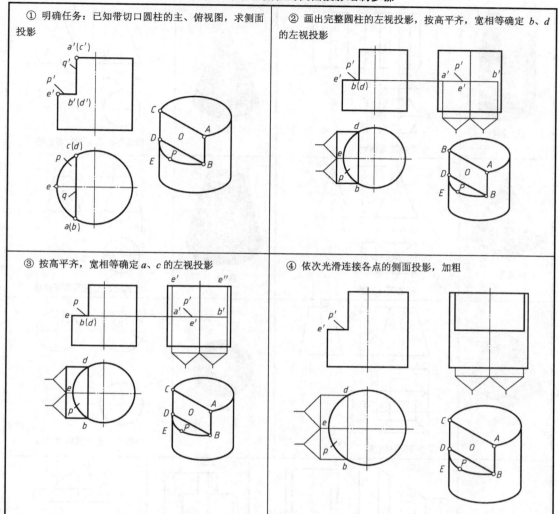

① 明确任务:已知带切口圆柱的主、俯视图,求侧面投影	② 画出完整圆柱的左视投影,按高平齐,宽相等确定 b、d 的左视投影
③ 按高平齐,宽相等确定 a、c 的左视投影	④ 依次光滑连接各点的侧面投影,加粗

任务拓展

常见平面基本体及切割体尺寸标注如表 3-2-4 所示。

表 3-2-4 常见平面基本体及切割体尺寸标注

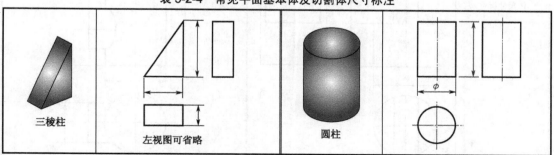

三棱柱	左视图可省略	圆柱	

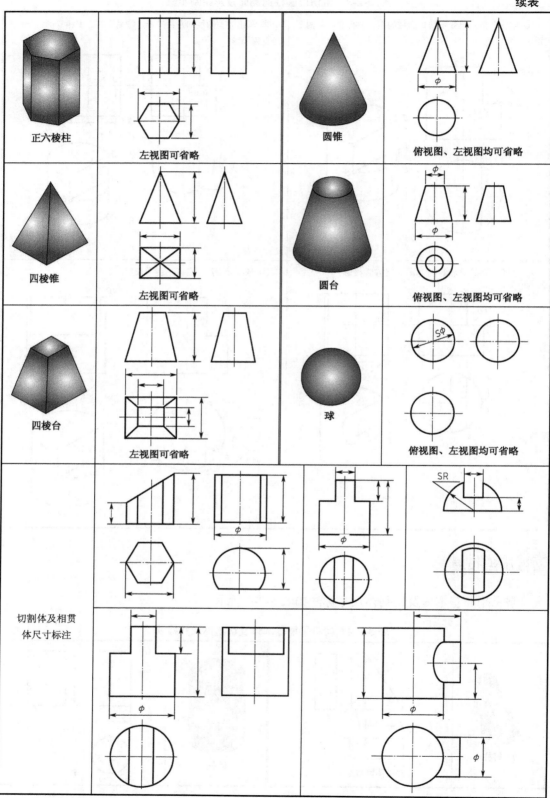

正六棱柱　　左视图可省略

圆锥　　俯视图、左视图均可省略

四棱锥　　左视图可省略

圆台　　俯视图、左视图均可省略

四棱台　　左视图可省略

球　　俯视图、左视图均可省略

切割体及相贯体尺寸标注

任务巩固

分析形体的已知视图，补画第三视图。

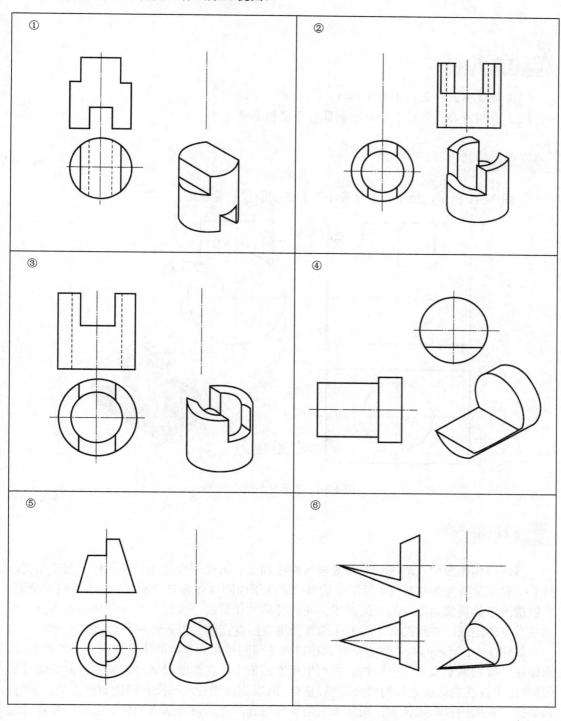

任务3 绘制圆柱正交三视图

任务目标

（1）能说出圆柱正交相贯线形状。
（2）会用投影法及简化画法绘制圆柱正交相贯线。

任务呈现

如图 3-3-1 所示，绘制两个直径不等的正交圆柱的主视图。

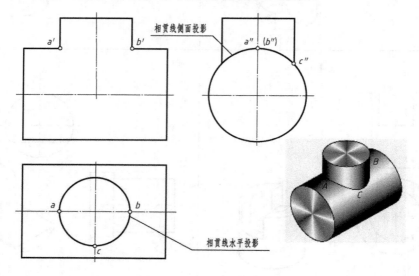

相贯线侧面投影

相贯线水平投影

图 3-3-1 不等径两圆柱正交

知识准备

两回转体相交中，最常见的是圆柱与圆柱相交、圆锥与圆柱相交及圆柱与圆球相交，两立体表面交线称为相贯线。相贯线的形状取决于两回转体各自的形状、大小和相对位置，一般情况下相贯线为闭合的空间曲线。两回转体的相贯线，实际上是两回转体表面上一系列共有点的连线，求作共有点的方法通常采用表面取点法（积聚性法）和辅助平面法。

如图 3-3-1 所示两圆柱体正交时，相贯线是两圆柱面的分界线也是两圆柱面的共有线，因此相贯线的水平投影与小圆柱面的水平投影圆重合，其侧面投影与大圆柱面的侧面投影（包含在小圆柱轮廓线之间的部分圆弧）重合，所以相贯线的水平投影和侧面投影是已知的，只需按三视图的投影规律求出相贯线上的特殊位置的点，再在适当的位置选取一般点，求出点的未知投影，光滑连接各点即得相贯线的未知投影。

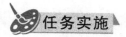

不等径两正交圆柱相贯线的画法如表 3-3-1 所示。

表 3-3-1　不等径两正交圆柱相贯线的画法

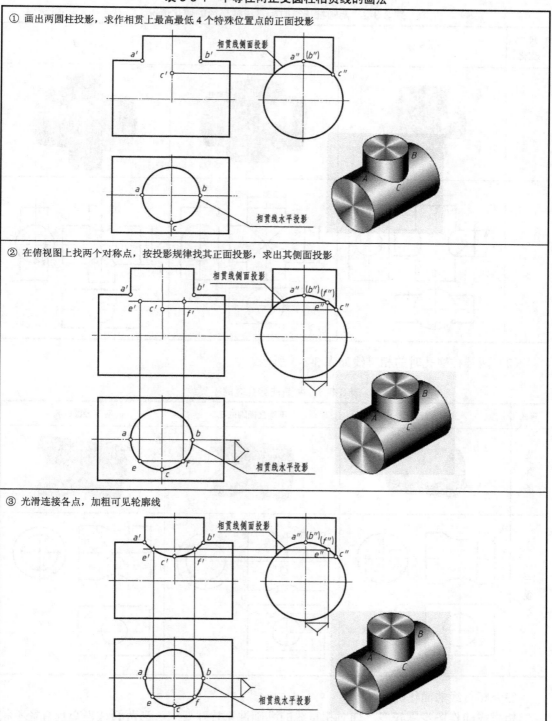

① 画出两圆柱投影，求作相贯上最高最低 4 个特殊位置点的正面投影

② 在俯视图上找两个对称点，按投影规律找其正面投影，求出其侧面投影

③ 光滑连接各点，加粗可见轮廓线

任务拓展

（1）两圆柱正交时相贯线随半径的变化情况如表 3-3-2 所示。

表 3-3-2　两圆柱正交时相贯线随半径的变化情况

尺寸变化	$d_1 > d_2$	$d_1 = d_2$	$d_1 < d_2$
立体图	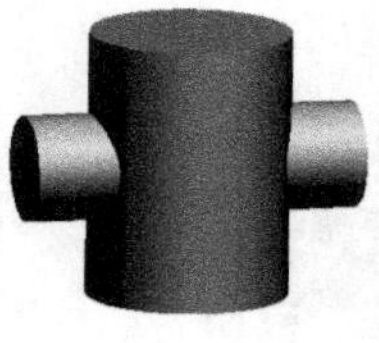		
三视图	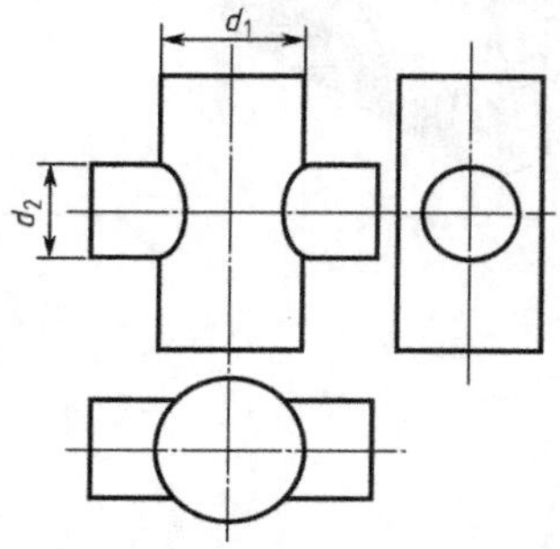	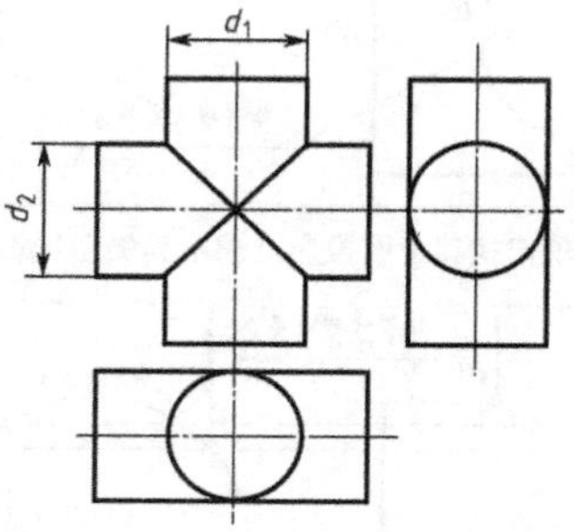	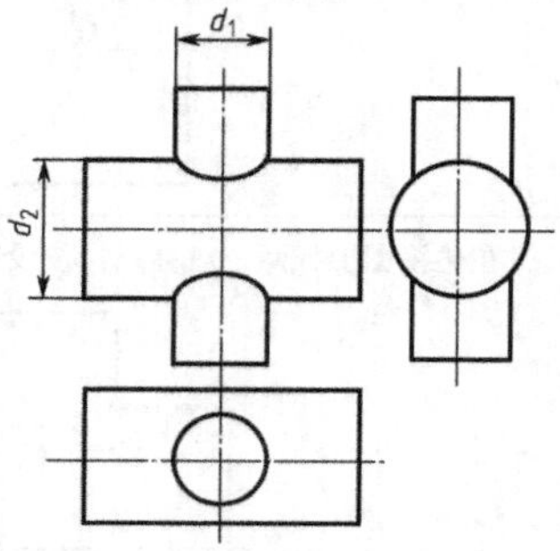

（2）两圆柱穿孔时的相贯线如表 3-3-3 所示。

表 3-3-3　两圆柱穿孔时的相贯线

形式	轴上圆柱孔	不等直径圆柱孔	等直径圆柱孔
立体图		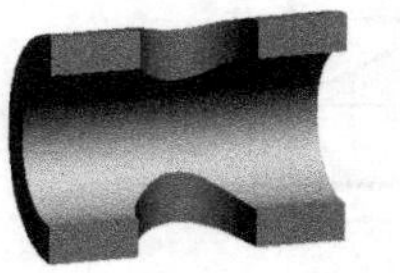	
三视图	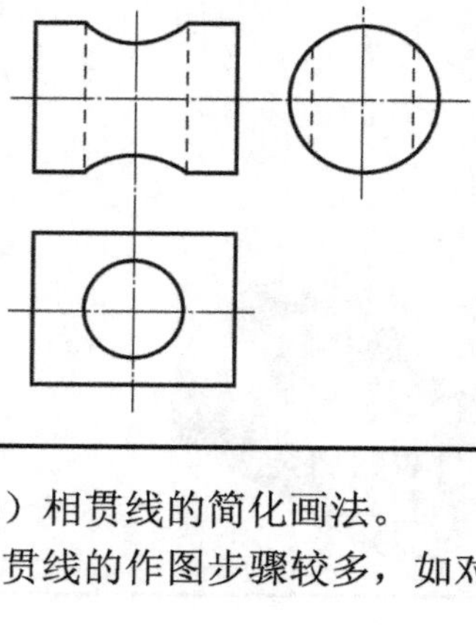	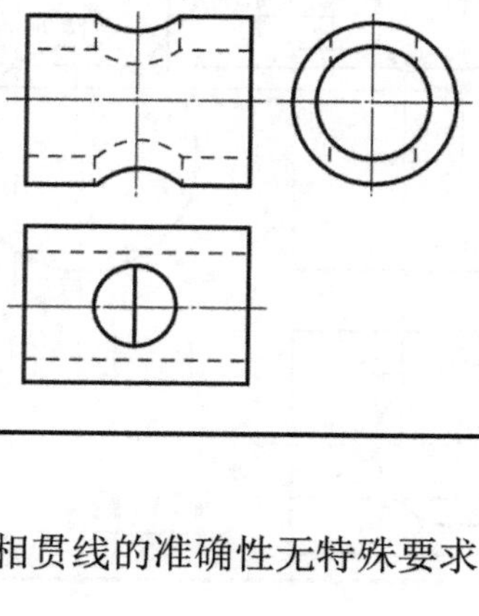	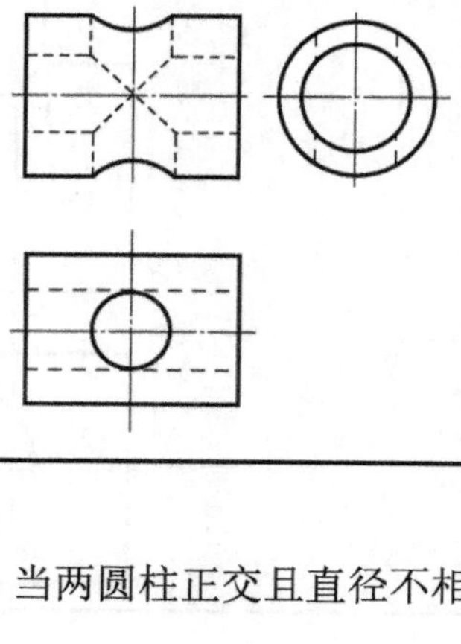

（3）相贯线的简化画法。

相贯线的作图步骤较多，如对相贯线的准确性无特殊要求，当两圆柱正交且直径不相等时，垂直正交两圆柱的相贯线可用大圆柱的 $D/2$ 为半径作圆弧来代替。相贯线的简化画法如图 3-3-2 所示。

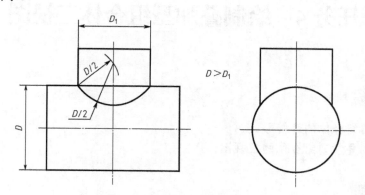

图 3-3-2　相贯线的简化画法

任务巩固

补画图中所缺的线。

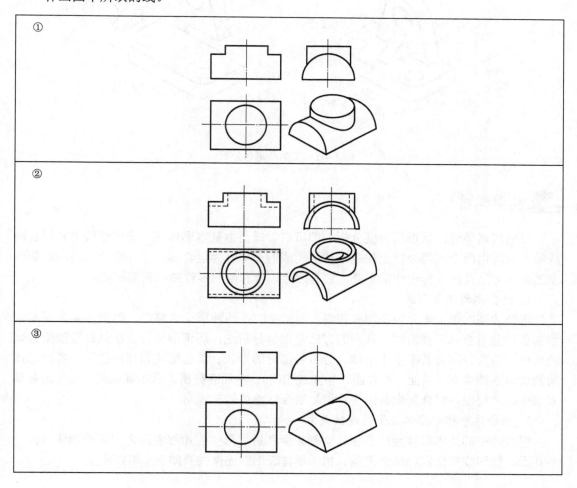

任务4 绘制叠加型组合体三视图

任务目标

（1）能理解组合体的连接形式。
（2）会绘制叠加型组合体的三视图。

任务呈现

绘制支座的三视图如图 3-4-1 所示。

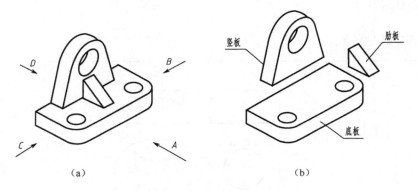

图 3-4-1 支架及形体分析

知识准备

任何机器零件，从形体角度分析，都可以看成是由基本形体按一定的连接方式组合而成的。这种由两个或两个以上的基本体所构成的形体称为组合体。学会组合体的画图和读图的基本方法及尺寸标注非常重要，它是后续识读和绘制零件图的重要基础。

1. 组合体的组合形式

组合的基本形式可分为叠加和切割，而常见的是两种形式的综合，如图 3-4-2 所示。绘制叠加型组合体三视图时，常用的方法是形体分析法。所谓形体分析法就是按照组合体的功用，将其分解为若干基本形体，分析各部分的形状、组合形式和相对位置，判断形体间的表面连接关系（共面、不共面、相交或相切），从而有分析、有步骤地画（读）出各基本形体的三视图，综合起来画出（看懂）组合体整体的三视图。

2. 组合体中相邻形体表面的连接关系

组合体中的基本形体经过叠加、切割或穿孔后，形体的相邻表面之间可能形成共面、不共面、相切或相交四种结合关系。相邻形体表面的连接关系如表 3-4-1 所示。

（a）叠加型

（b）切割型

（c）综合型

图 3-4-2 组合体的组合形式

表 3-4-1 相邻形体表面的连接关系

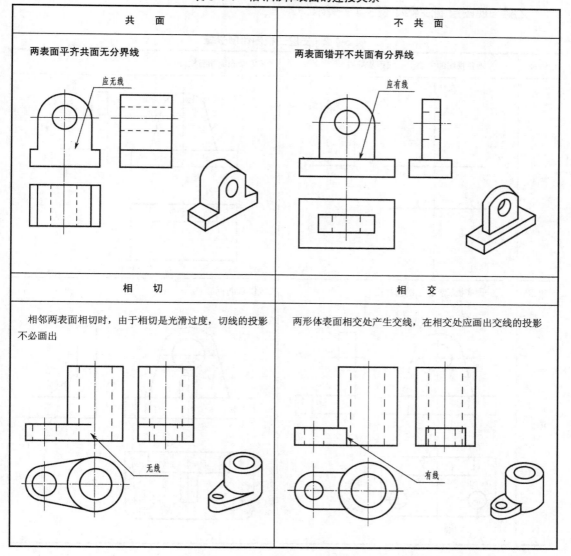

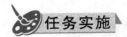

任务实施

一、形体分析

图 3-4-1（a）所示的支座可分解为图 3-4-1（b）所示的三个基本形体。它们的组合关系是：肋板的底面与底板的顶面不平齐叠合，竖板的底面与底板共面叠加。

二、选择主视图方向

如图 3-4-1（a）所示，*A* 向能清晰地反映出支座的整体形状特征及各基本体之间的相对位置，因此选 *A* 向作为主视图的投影方向。

三、绘制三视图

支座三视图绘制步骤如表 3-4-2 所示。

表 3-4-2　支座三视图绘制步骤

步骤	① 画各视图的主要中心线和基准线	② 画底板和竖板外形
图例	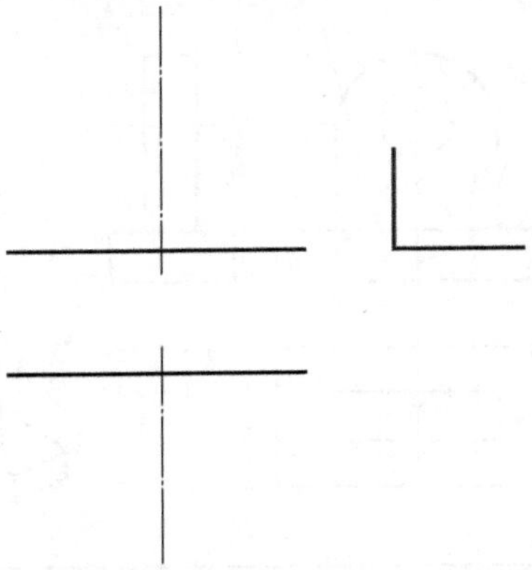	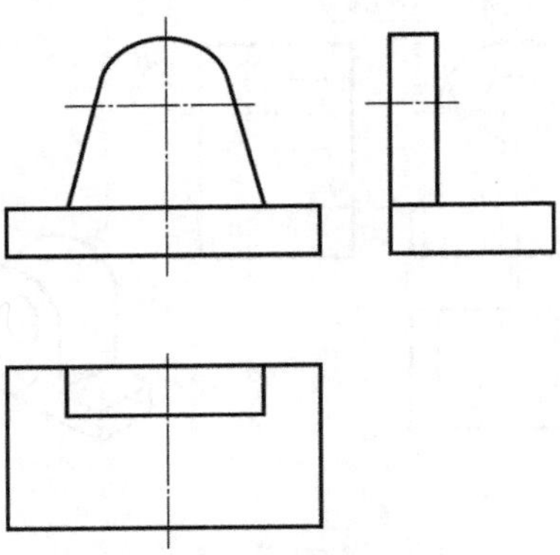
步骤	③ 画底板和竖板上的圆柱孔	④ 画肋板
图例	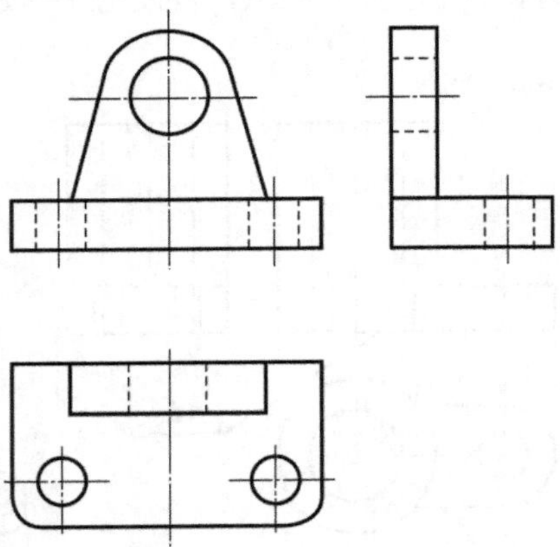	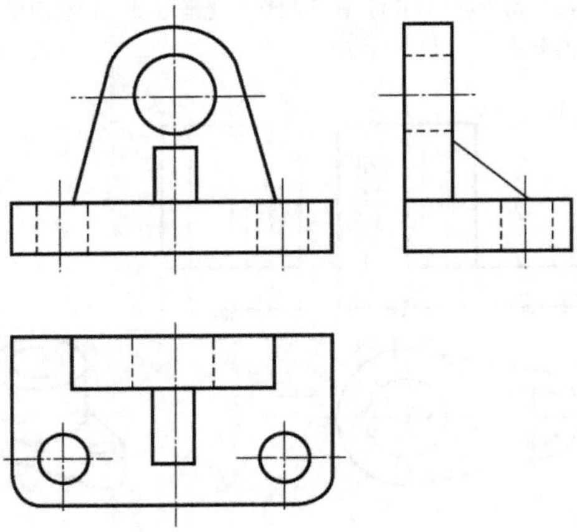

步骤	⑤ 检查、擦去多余线，加粗
图例	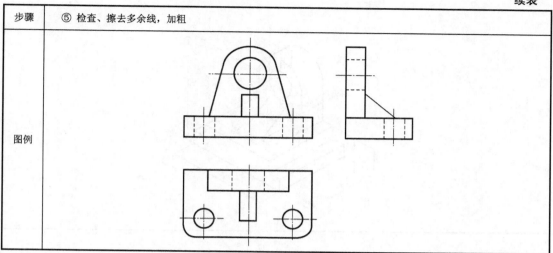

任务检验

根据轴测图，绘制组合体的三视图。

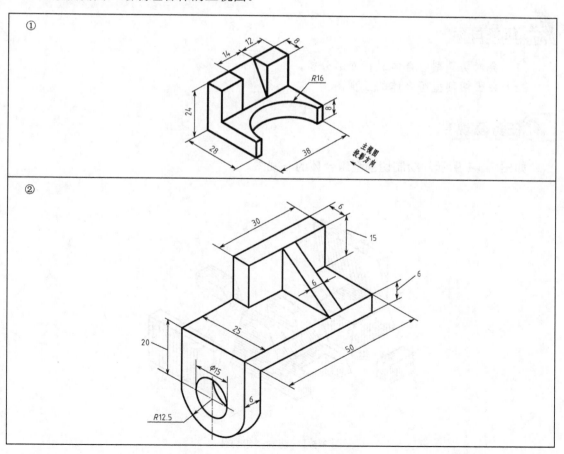

③

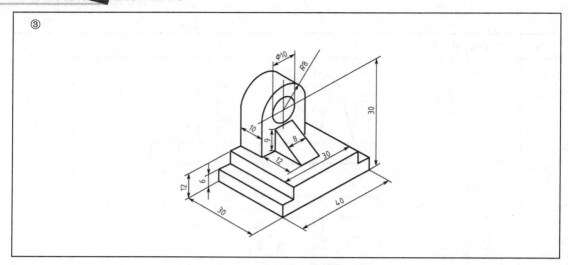

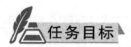任务 5　绘制切割型组合体三视图

任务目标

（1）会对切割型组合体进行面形分析。

（2）会画切割型组合体的三视图。

任务呈现

如图 3-5-1 所示，绘制切割型组合体的三视图。

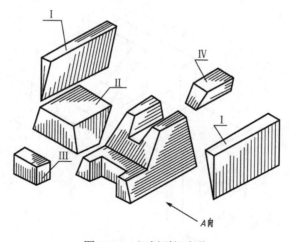

图 3-5-1　切割型组合体

任务分析

图 3-5-1 所示的支座是切割型组合体，可看成在长方体上，前后对称地切去两个三棱柱 I，左上方切去一个四棱柱 II，左边中间切去一个长方体 III 和右边中间切去一个梯形 IV 而得到的。这种切割型组合体视图的画法可在形体分析的基础上结合面形分析法作图。

任务实施

一、形面分析

图 3-5-1 所示支座是在长方体上切割得到的。依次用侧垂面切去了前后各一个三棱柱 I，左上角切去一个截面为梯形的四棱柱 II，左下方中间位置切去一个长方体 III，左上方中间切去一个梯形块 IV。

二、选择主视图方向

选择反映该形状特征最明显的 A 向为主视图方向，如图 3-5-1 所示。

三、画图注意事项

（1）画每个切口投影时，应先从反映形体特征的轮廓且具有集聚性投影的视图开始，再按投影关系画出其他视图。如第一次切割时，先画切口的左视图，再画俯视图；第二次切割时，先画主视图，再画俯视图；第三次切割时，先画俯视图，再画主视图和左视图；第四次切去右上方中间部位的梯形块时，先画左视图，再画主视图和俯视图。

（2）注意切口投影面的类似性，切割型组合体绘制步骤如表 3-5-1 所示。③中去左上角梯形块图中的斜面 P 的正面投影 p' 和水平投影 p 就是类似多边形。⑤中切去右上方中间部位的梯形块中斜面 R 的左视图和俯视图就是类似多边形。

四、绘制三视图

切割型组合体绘制步骤如表 3-5-1 所示。

表 3-5-1 切割型组合体绘制步骤

① 画长方体三视图	② 切去前后各一个三棱柱

续表

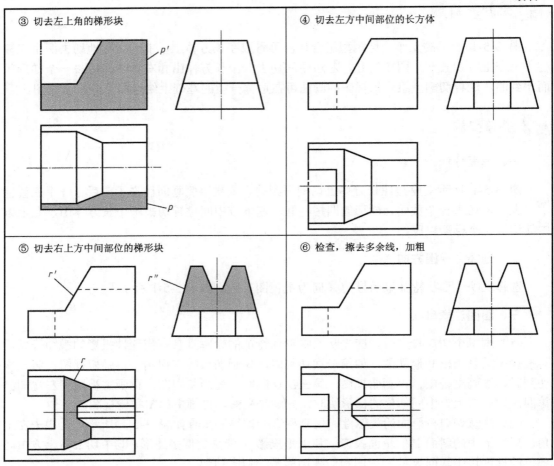

③ 切去左上角的梯形块　　④ 切去左方中间部位的长方体

⑤ 切去右上方中间部位的梯形块　　⑥ 检查，擦去多余线，加粗

任务检验

根据组合体尺寸绘制三视图。

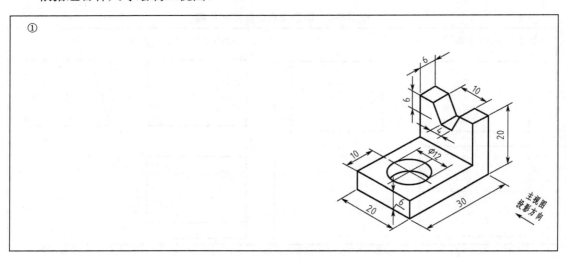

①

②

③

④

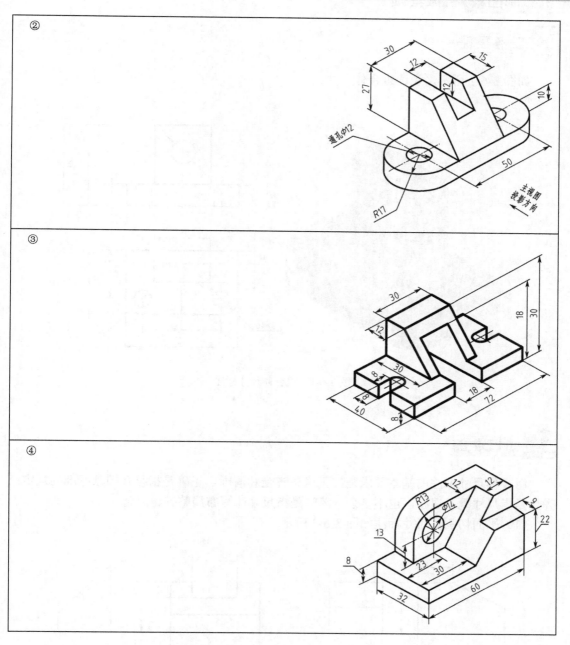

任务 6　识读组合体尺寸标注

任务目标

（1）理解组合体尺寸的组成。

（2）会标注组合体尺寸。

任务呈现

如图 3-6-1 所示，识读组合体尺寸。

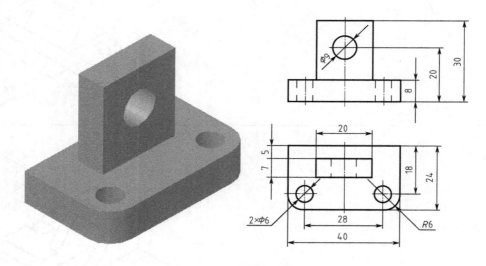

图 3-6-1　组合体尺寸标注

知识准备

组合体尺寸标注的基本要求是：正确、齐全和清晰。正确是指符合国家标准的规定；齐全是指尺寸既不遗漏，也不多余；清晰是指尺寸注写布局整齐、清楚。

（1）平面切割体尺寸标注如图 3-6-2 所示。

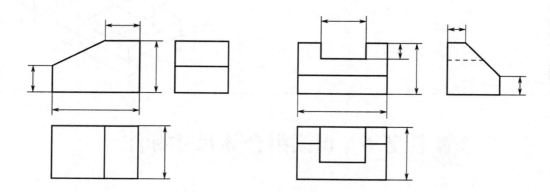

图 3-6-2　平面切割体尺寸标注

（2）曲面切割体尺寸标注如图 3-6-3 所示。

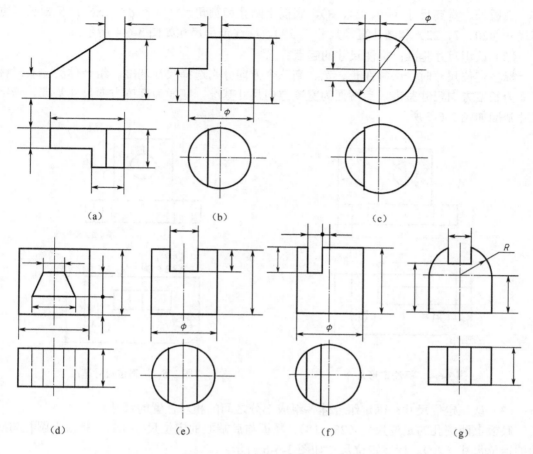

图 3-6-3　曲面切割体尺寸标注

任务实施

一、尺寸标注基本要求

（1）正确——尺寸标注要符合国家标准。

（2）完整——尺寸必须注写齐全，既不遗漏，也不重复。

（3）清晰——标注尺寸的位置要恰当，尽量注写在最明显的地方。

（4）合理——所注尺寸应符合设计、制造和装配等工艺要求。

二、标注尺寸的基本规则

（1）尺寸数值为零件的真实大小，与绘图比例及绘图准确度无关。

（2）图样中的尺寸以 mm 为单位，如采用其他单位，必须注明单位名称。

（3）图中所注尺寸为零件完工后尺寸。

（4）每个尺寸一般只标注一次。

三、识读图 3-6-1 所示组合体尺寸

（1）认识定形尺寸：确定组合体各组成部分形状大小的尺寸。

底板长、宽高尺寸（40、24、8），底板上圆孔和圆角尺寸（2×φ6、R6），竖板长、宽高尺寸（20、7、22）和圆孔直径尺寸（φ9）。标注定形尺寸如图 3-6-4 所示。

（2）认识尺寸基准：标注尺寸的起点。

标注定位尺寸时，必须在长、宽、高三个方向分别选择尺寸基准。组合体的左右对称平面为长度方向尺寸基准，后端面为宽度方向尺寸基准，底面为高度方向尺寸基准。确定尺寸基准如图 3-6-5 所示。

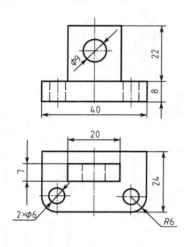

图 3-6-4　标注定形尺寸

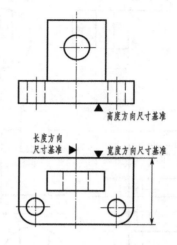

图 3-6-5　确定尺寸基准

（3）认识定位尺寸：确定组合体各组成部分之间的相对位置的尺寸。

底板上两圆孔的定位尺寸（28、18）、竖板与后端面的定位尺寸（5）、竖板上圆孔与底面的定位尺寸（20）。标注定位尺寸如图 3-6-6 所示。

（4）认识总体尺寸：确定组合体外形总长、总宽、总高的尺寸。

该组合体的总长和总宽尺寸即底板的长（40）和宽（24），不再重复标注，总高尺寸（30）应在高度方向尺寸基准注出。标注总体尺寸如图 3-6-7 所示。

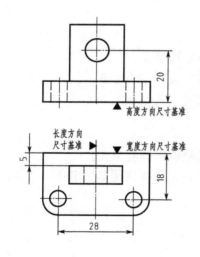

图 3-6-6　标注定位尺寸

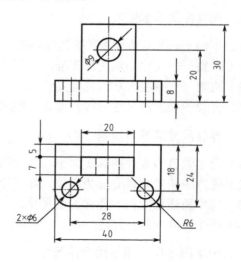

图 3-6-7　标注总体尺寸

任务检验

1. 标注形体的尺寸

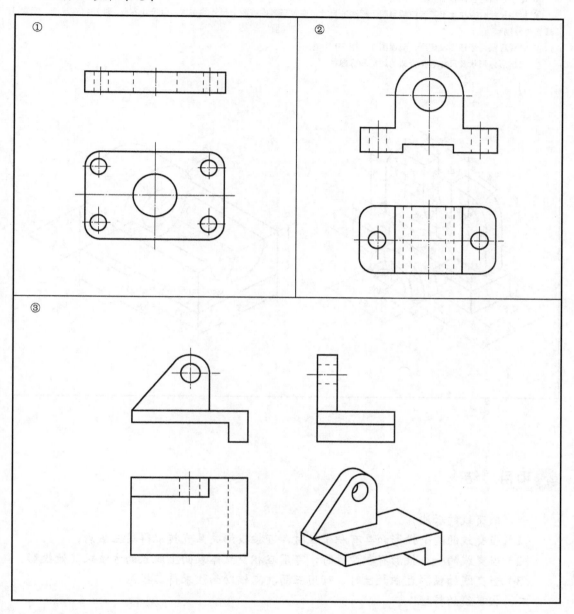

2. 综合练习

目的

进一步理解物与图的对应关系，掌握运用形体分析的方法绘制组合体的三视图

内容和要求

根据轴测图画组合体的三视图，并标注尺寸，完整地表达组合体的内外形状。标注尺寸要齐全、清晰，并符合国家标准。

图名：组合体。图幅：A4 纸，比例自定

步骤和注意事项

① 对所绘的组合体进行形体分析，选择主视图，按轴测图（孔、槽均为通孔、通槽）所注尺寸布置三个视图位置（注意视图之间预留标注尺寸的空间），画出各视图的对称中心线或其他作图基线

② 逐步画出组合体各部分的三视图

③ 标注尺寸时应注意不要参照轴测图上标注的尺寸，要重新考虑视图上尺寸的布置，以尺寸齐全、注法符合标准、配置适当为原则

④ 完成底稿，经仔细校核后，清理图面，用 2B 铅笔加粗

⑤ 根据形体形状及尺寸选择合适的边框和标题栏

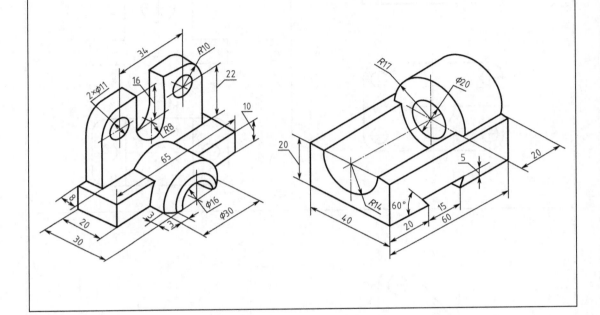

项目总结

一、截交线的求法

（1）当交线的两个投影面具有积聚性时，可按投影关系直接求得第三投影。

（2）当交线的一个投影有积聚性时，可用在相交立体表面上取点的方法求其他投影。

（3）当交线的投影无积聚性时，可用三面共点辅助面法求得其投影。

二、相贯线的特性

共有性——相贯线是两立体表面的共有线。

表面性——相贯线位于两立体表面。

封闭性——相贯线是空间封闭曲线。

（1）求相贯线的实质是求立体表面的共有点。

（2）求立体表面的共有点的方法：积聚性法和辅助平面法。

（3）两圆柱正交，相贯线的变化规律如图 3-6-8 所示。

（4）相贯线弯向大圆柱一侧；直径差越小，相贯线投影越弯曲，更趋近大圆柱轴线，如图 3-6-8 所示；两圆柱直径相等时，在与圆柱平行的投影面上为两相交直线。

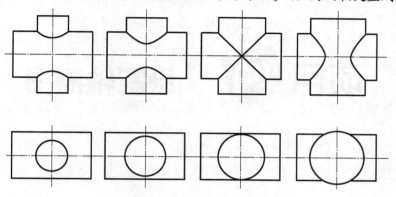

图 3-6-8　相贯线的变化规律

项目 四 绘制轴测图

项目目标

（1）理解正等轴测图与斜二轴测图画法规定。
（2）能绘制基本体及切割体的正等轴测图。
（3）能绘制曲面体的斜二轴测图。
（4）能运用所学知识完成综合练习。

项目描述

　　用正投影法绘制的三视图度量性好，能准确表达物体的形状，但图样缺乏立体感，直观性差。轴测图富有立体感，直观性强，能很好地弥补三视图的不足。工程上，轴测图常被用于在产品说明书中表示产品的外形，或用于产品拆装、使用和维修的说明。在教学中，轴测图是培养学生空间构思能力的手段之一，能帮助学生培养空间想象能力。

　　本项目设置了绘制正六棱柱的正等轴测图、圆柱的正等轴测图和圆台的斜二轴测图共三个学习任务，让学生对轴测图的画法有个初步的认识。

任务 1　绘制正六棱柱的正等轴测图

任务目标

（1）会绘制正六棱柱的正等轴测图。
（2）能完成正等轴测图综合练习。

任务呈现

根据图 4-1-1 所示的主视图和俯视图，绘制正六棱柱的正等轴测图。

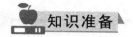

知识准备

一、轴测图的形成

轴测图是将物体在直角坐标系中，沿着不平行于任一坐标平面的方向，用平行投影法投射在单一投影影面上所得到的具有立体感的图形。轴测图的形成如图 4-1-2 所示。

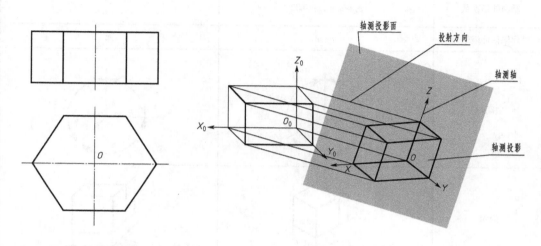

图 4-1-1　正六棱柱的主、俯视图　　　　　图 4-1-2　轴测图的形成

二、轴间角和轴向伸缩系数

在图 4-1-2 中，直角坐标轴 O_0X_0、O_0Y_0、O_0Z_0 是在轴测投影面上的投影，OX、OY、OZ 轴称为轴测轴。

在轴测投影面上，任意两根轴测轴之间的夹角都称为轴间角。

轴测轴上单位长度和相应的直角坐标轴上的单位长度的比值称为轴向伸缩系数。OX、OY、OZ 轴上的轴向伸缩系数分别用 p_1、q_1、r_1 表示。

三、轴测图的基本性质

1. 平行性

物体上互相平行的线段，得到的轴测投影仍是互相平行的线段。平行于坐标轴的线段，轴测投影仍平行于相应的坐标轴，并且同一轴向所有线段的轴向伸缩系数相同。

2. 度量性

凡物体上与轴测轴平行的线段的尺寸方可沿轴向直接量取，物体上与轴测轴倾斜的线段不能直接度量。

工程上常用的轴测图是正等轴测图和斜二轴测图两种。常用轴测图的分类（GB/T 14692—2008）如表 4-1-1 所示。

表 4-1-1　常用轴测图的分类（GB/T 14692—2008）

项目＼分类	正等轴测图	斜二轴测图
特性	投射线与轴测投影面垂直	投射线与轴测投影面倾斜
轴测类型	等测投影	二测投影
简称	正等测	斜二测
轴向伸缩系数	$p_l = q_l = r_l = 0.82$	$p_l = q_l = 1$ $r_l = 0.5$
简化轴向伸缩系数	$p = q = r = 1$	无
轴间角		
例图		

任务实施

正六棱柱的正等轴测图绘制如下。

形体分析：正六棱柱竖直放置，其前后、左右对称。设坐标原点 O_1 为顶面六边形的对称中心，X、Y 轴分别为正六边形的对称中心线，Z 轴与正六棱柱的轴线重合，这样便于直接定出顶面正六边形各定点的坐标，并从顶面开始作图。图 4-1-1 所示的正六棱柱的正等轴测图绘制步骤如表 4-1-2 所示。

表 4-1-2　正六棱柱的正等轴测图绘制步骤

步　骤	作图方法	说　明
①		选定正六棱柱顶面正六边形对称中心 O_1 为坐标原点，建立坐标系

续表

步 骤	作图方法	说 明
②	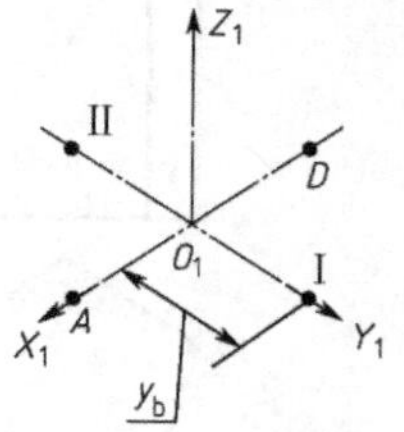	画轴测轴 X、Y，由于 a、d 和 1、2 分别在 X 和 Y 轴上，可直接量取并在轴测轴 X、Y 上定出 A、D 和 I、II
③	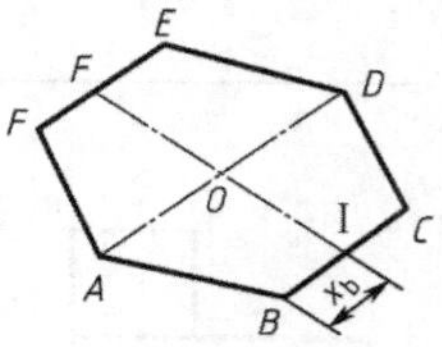	过 I 和 II 两点分别作 X 轴的平行线，在线上定出 B、C、E、F 四点，连成顶面六边形
④	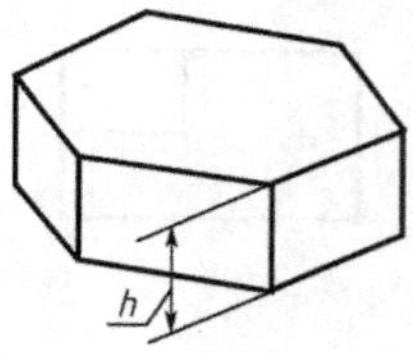	过点 A、B、C、F，沿 Z 轴方向量取高度 h，得到下底面各点，连接相关点
⑤	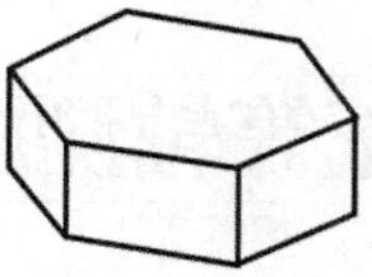	擦去多余图线，加粗，即得正六棱柱的正等轴测图。轴测图中不可见轮廓线一般不画

任务巩固

由给定视图绘制正等轴测图。

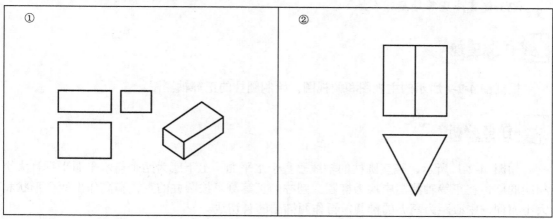

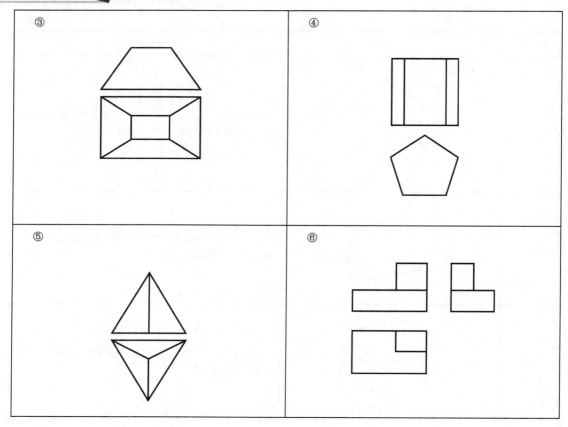

任务2　绘制圆柱的正等轴测图

任务目标

（1）会绘制圆柱的正等轴测图。
（2）能完成正等轴测综合练习。

任务呈现

根据图 4-2-1 所示的主视图和俯视图，绘制圆柱的正等轴测图。

任务分析

如图 4-2-1 所示，竖直圆柱的轴线垂直于水平面，上下底为两个与水平面平行且大小相同的圆，在正等轴测图中均为椭圆。圆柱的正等测可按圆柱的直径和高作出两个形状和大小相同，中心距为高 h 的椭圆，再作两椭圆的公切线。

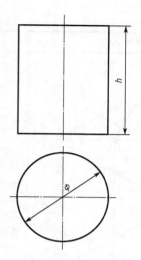

图 4-2-1 圆柱的主、俯视图

任务实施

图 4-2-1 所示的圆柱正等轴测图绘制步骤如表 3-2-1 所示。

表 4-2-1 圆柱正等轴测图绘制步骤

步 骤	作图方法	说 明
① 选定坐标轴和坐标原点		选定坐标轴的方向和原点的位置 O，画出圆柱上底圆的外切正方形，得切点 a、b、c、d
② 画出上、下两个外切正方形的轴测图		画出轴测轴，定出四个切点 A、B、C、D，过四个点分别画 X、Y 轴的平行线，得外切正方形的轴测图（菱形）。沿 Z 轴量取圆柱高度 h，用同样的方法画出下底菱形

步　骤	作图演示	说　明
③ 用四心法画椭圆	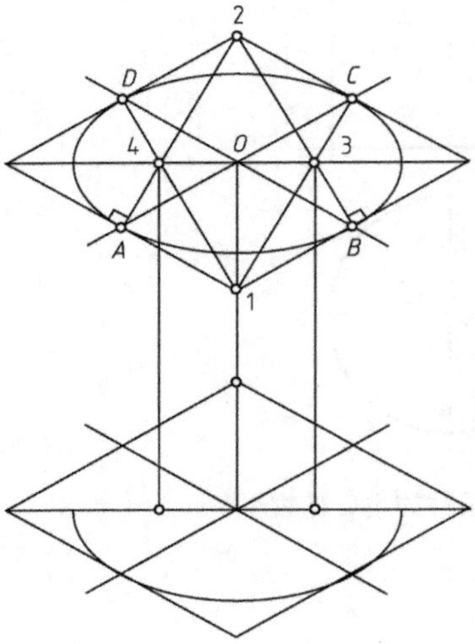	过菱形两顶点1、2连1C、2B得交点3，连1D、2A得交点4。1、2、3、4为形成近似椭圆的四段圆弧的圆心。以1、2为圆心、1C为半径画圆弧CD和AB；以3、4为圆心、3B为半径画圆弧BC和AD，得圆柱上底的轴测图（椭圆）。将椭圆的三个圆心2、3、4沿Z轴平移距离h，画出下底椭圆，不可见的椭圆不必画出
④ 作公切线及竖立圆柱体正等轴测图	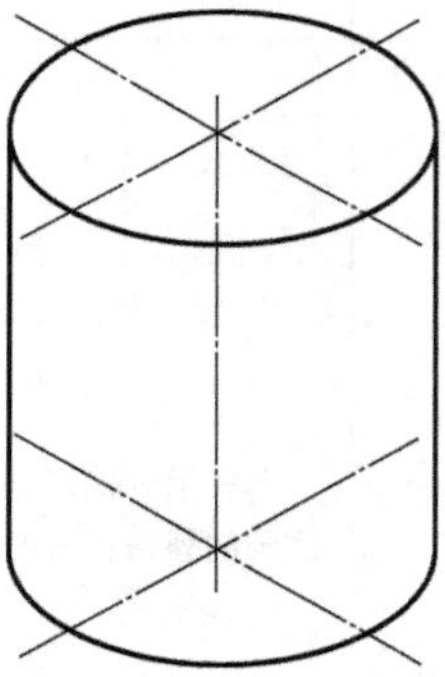	画出两椭圆的公切线，擦去多余的线条，加粗轮廓线，即得竖直放置的圆柱体的正等轴测图

任务拓展

一、圆柱轴线垂直于水平面、正面和侧面时的画法比较

当圆柱轴线垂直于正面或侧面时，轴测图的画法与轴线垂直于水平面的画法相同，只是圆平面内所含的轴测轴应分别为 X、Z 和 Y、Z。不同方向圆柱的正等轴测图如图 4-2-2 所示。

二、圆角的正等轴测图画法

分析：平行于坐标面的圆角是圆的一部分，图 4-2-3 所示为常见的 1/4 圆周的圆角，其正等轴测图恰好是上述近似椭圆的四段圆弧中的一段。

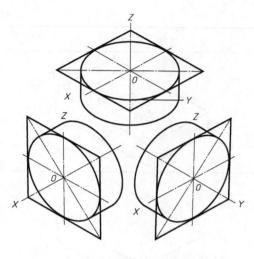

图 4-2-2　不同方向圆柱的正等轴测图

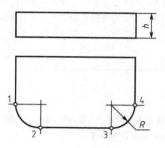

图 4-2-3　圆角的主视图、俯视图

作图：圆角的正等轴测图画法步骤如表 4-2-2 所示。

表 4-2-2　圆角的正等轴测图画法步骤

步　骤	作　图　演　示
① 画出平板的轴测图，根据圆角的半径，在平板底面相应的棱线上作出 1、2、3、4 点	
② 过切点 1、2 分别画相应棱线的垂线，得交点 O_1，过切点 3、4 分别画相应棱线的垂线，得交点 O_2	
③ 以 O_1 为圆心，以 $O_1 1$ 为半径，画圆弧 12，以 O_2 为圆心，以 $O_2 3$ 为半径画圆弧 34，即为平板上底面圆角的轴测图	

续表

步　骤	作　图　演　示
④ 将圆心 O_1、O_1 下移平板的厚度 h，再用与上圆弧相同的半径分别画两圆弧，得平板下底面圆角的轴测图，在平板右端作上、下小圆弧的公切线	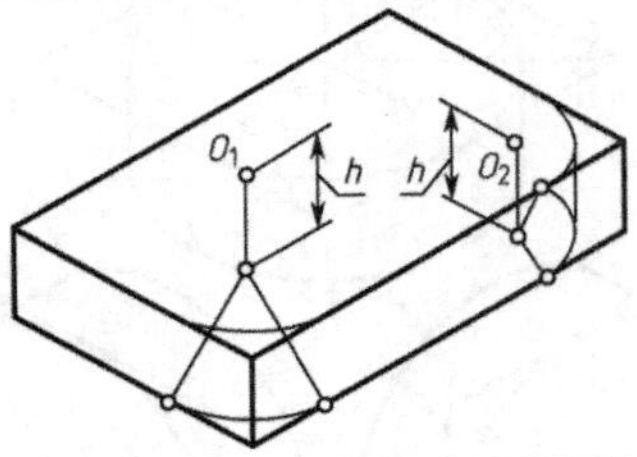
⑤ 擦去多余的线条，描深轮廓线，即得竖直放置的圆柱体的正等轴测图	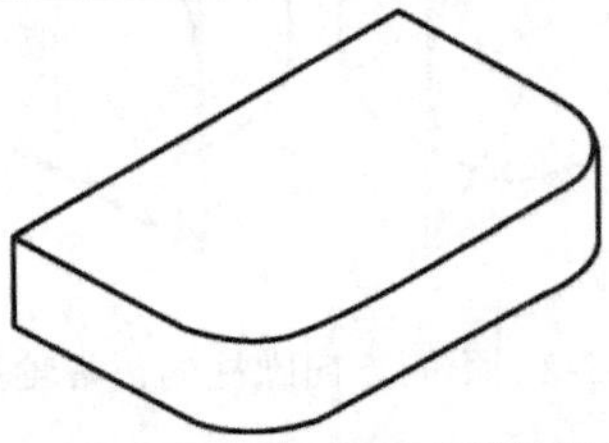

任务巩固

由给定视图绘制正等轴测图。

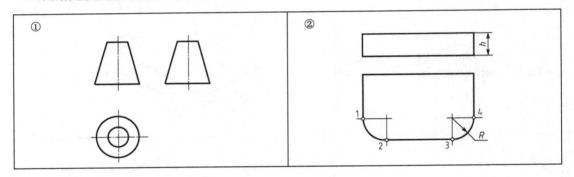

任务 3　绘制圆台的斜二轴测图

任务目标

（1）会绘制圆台的斜二轴测图。

（2）能完成斜二轴测图综合练习。

任务呈现

根据图 4-3-1 所示的主视图和俯视图，绘制圆台的斜二轴测图。

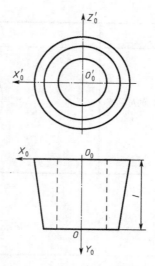

图 4-3-1 圆台的主视图和俯视图

任务分析

在斜二轴测图中，由于物体上平行于 $X_0Y_0Z_0$ 坐标面的直线或平面图形均反映实长和实形，所以当物体上有较多圆或圆弧平行于 $X_0Y_0Z_0$ 坐标面时，采用斜二轴测图作图比较方便。图 4-3-1 所示为具有同轴圆柱孔的圆台，圆台的前、后端面及孔口都是圆。因此将前、后端面平行于正面放置，使作图很方便。

任务实施

图 4-3-1 所示的圆台斜二轴测图绘制步骤如表 4-3-1 所示。

表 4-3-1 圆台斜二轴测图绘制步骤

步 骤	作 图 演 示
① 定出直角坐标轴，并作轴测轴，在 Y 轴上量取 $l/2$，定出前端面的圆心 A	
② 画出前后端面圆的轴测图	

续表

步 骤	作 图 演 示
③ 作两端面圆的公切线及前孔口和后孔口的可见部分，并加粗	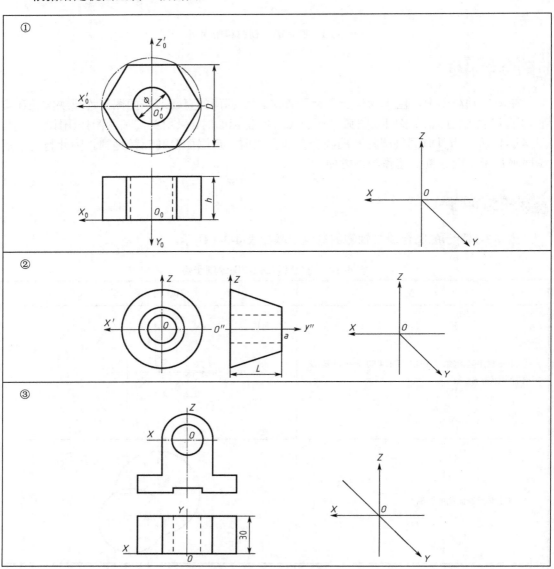

任务巩固

根据给定视图画斜二轴测图。

项目总结

本项目以三个典型任务为载体，通过对本项目的学习，使学生逐渐熟悉正等轴测图和斜二轴测图的画法。本项目的知识要点如下。

（1）轴测投影的基本概念。

（2）正等轴测投影的轴间角和伸缩系数。

（3）正等轴测图的画法。

（4）斜二轴测投影的轴间角和伸缩系数。

（5）斜二轴测图的画法。

项目 五 机件的表达

项目目标

（1）理解视图用于表达机件的外部形状。学习并掌握视图的画法，其中包括基本视图、向视图、局部视图和斜视图。

（2）理解剖视图用于表达机件的外部形状。学习并掌握剖视图的画法，其中包括全剖视图、半剖视图和局部剖视图。

（3）理解断面图用于表达机件假象切断面的形状。学习并掌握断面图的画法，其中包括移出断面图和重合断面图。

项目描述

工程实际中的机件形状是多种多样的，有的机件是复杂的，若只是用三视图表达，往往不能清晰、直观地表达机件的外部和内部形状，因此国家标准规定了视图、剖视图和断面图等基本表示法。本项目是通过学习各种表示法的画法，以灵活、准确地表达各类型机件。

任务 1 绘制机件的基本视图及向视图

任务目标

（1）掌握机件六个基本视图的画法。

（2）掌握向视图的画法。

任务呈现

（1）绘制如图 5-1-1（a）所示机件的六个基本视图。

（2）按要求绘制如图 5-1-1（b）所示机件的向视图。

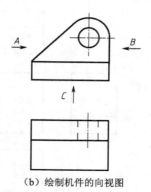

（a）绘制机件的六个基本视图　　　　　（b）绘制机件的向视图

图 5-1-1　绘制机件的六个基本视图和向视图

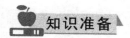

一、基本视图

将机件向基本投影面投射所得的视图称为基本视图。

表示一个机件可以有六个基本的投射方向，如图 5-1-2 所示，字母表示投射方向的代号，分别得到六个基本视图：主视图、俯视图、左视图、右视图、后视图和仰视图。基本视图是我国一直沿用的概念，指的是按第一角画法投影得到的六个按基本位置配置的视图。

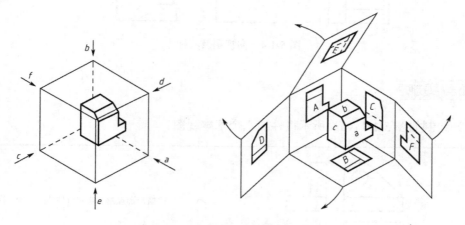

图 5-1-2　六个基本视图的形成

六个基本视图的投影方法和投影规律与之前所学的三视图完全一样。六个基本视图的配置如图 5-1-3 所示。

二、向视图

（1）向视图是可以自由配置的基本视图。向视图上方必须有表示图名的大写字母，同时在相应的视图中标注出对应的大写字母，以及表示投射方向的箭头。向视图及其标注如图 5-1-4 所示。

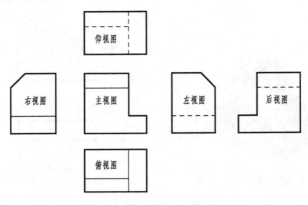

图 5-1-3　六个基本视图的配置

（2）尽可能将表示投射方向的箭头配置在主视图中，以获得相对应的向视图，表示后视图的投射箭头一般配置在左视图或右视图上。

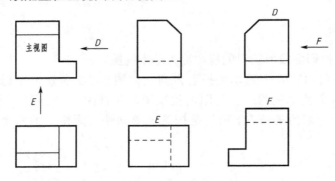

图 5-1-4　向视图及其标注

任务实施

（1）绘制如图 5-1-1（a）所示机件的六个基本视图。

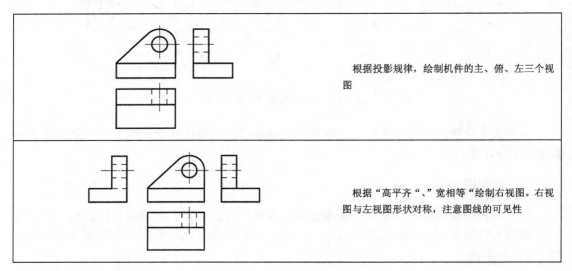

根据投影规律，绘制机件的主、俯、左三个视图

根据"高平齐"、"宽相等"绘制右视图。右视图与左视图形状对称，注意图线的可见性

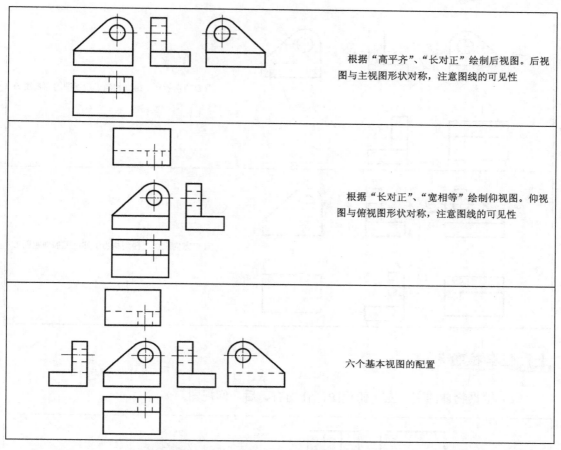

每个机件都可以绘制出六个基本视图，但完整表达一个机件并不一定要把六个视图都绘制出来。根据表达的需要和表达的方法，选择视图的数量，但主视图是必须绘制的。

（2）按要求绘制如图 5-1-1（b）所示的机件的向视图。

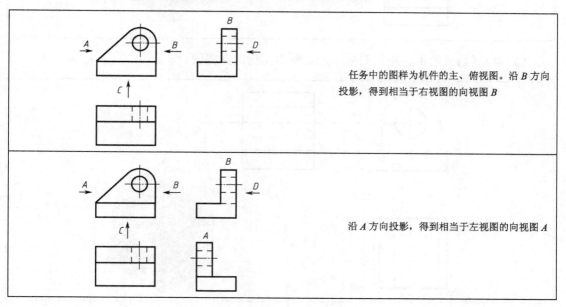

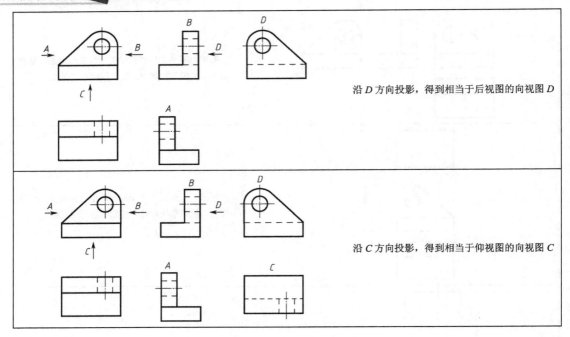

沿 D 方向投影，得到相当于后视图的向视图 D

沿 C 方向投影，得到相当于仰视图的向视图 C

任务检验

（1）根据物体的主、左、俯视图，补画右、后、仰视图。

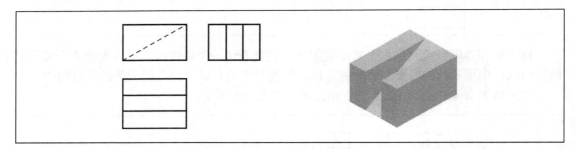

（2）根据物体的主、左、俯视图，补画出指定的向视图。

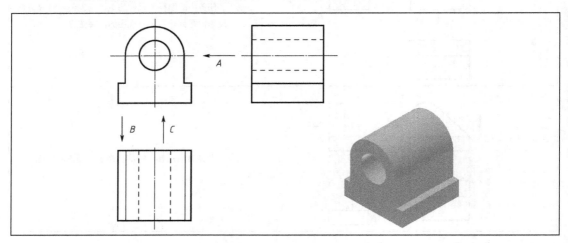

![图标]任务2 绘制（弯管中的）局部视图

![图标]**任务目标**

（1）掌握局部视图的概念。
（2）能准确绘制局部视图。
（3）掌握局部视图的配置和标注。

![图标]**任务呈现**

如图 5-2-1（b）所示，绘制弯管的局部视图。

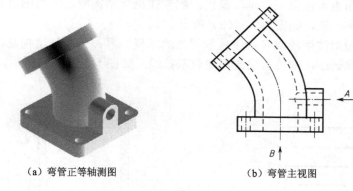

（a）弯管正等轴测图　　　　　　　（b）弯管主视图

图 5-2-1　弯管

![图标]**知识准备**

一、局部视图的画法

局部视图是将机件的某一部分向基本投影面投射所得的视图。如图 5-2-2 所示的机件，用主、俯视图已能清楚表达主体形状，但若表达左、右两侧的凸缘形状而再画出左视图和右视图，则显得烦琐和重复。因此，采用局部视图来表达这两个凸缘形状，既简练又突出重点。

二、局部视图的标注和配置

（1）局部视图按基本视图位置配置，中间无其他图形隔开时，可省略标注。如图 5-2-2（b）和图 5-2-3（a）所示。

（2）局部视图也可按向视图的配置形式配置和标注，即局部视图没有按基本视图的位置配置时，用箭头表示投射的方向，用大写字母表示局部视图的名称。如图 5-2-2 中的局部视图 *B* 所示。

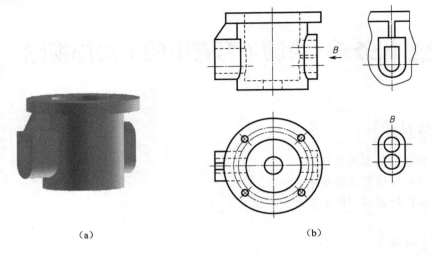

（a）

（b）

图 5-2-2　局部视图 I

（3）局部视图也可按第三角画法画出，配置在局部结构附近，用细点画线将机件的基本视图与局部视图相连，如图 5-2-3（b）所示。

（4）局部视图用波浪线或双折线表示假想的断裂边界。当局部结构是独立、完整时，其图形的外轮廓线封闭，则可省略波浪线或双折线，如图 5-2-2（b）所示。

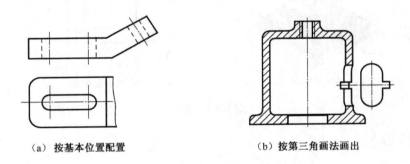

（a）按基本位置配置　　　　　　　　（b）按第三角画法画出

图 5-2-3　局部视图 II

任务分析

方形法兰上方的凸缘结构是弯管中的一个局部结构，无须用一个基本视图单独表达，同样采用局部视图便能清晰、扼要地表达完整。

弯管下端部的方形法兰如果使用用俯视图或仰视图表达，都因上半部分结构复杂而显得繁琐。用局部视图表达，则表达简单而又效果突出。

任务实施

如图 5-2-1（b）所示，绘制弯管的局部视图。

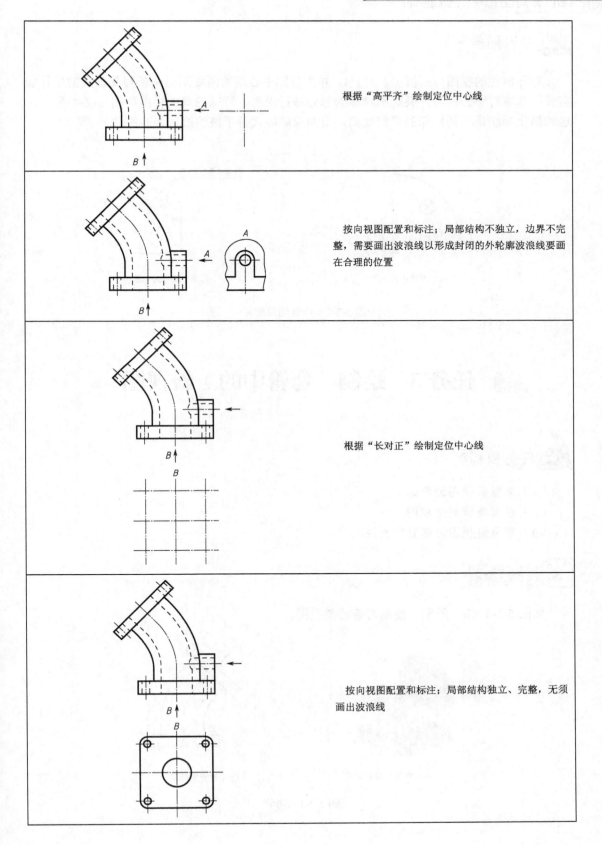

根据"高平齐"绘制定位中心线

按向视图配置和标注；局部结构不独立，边界不完整，需要画出波浪线以形成封闭的外轮廓波浪线要画在合理的位置

根据"长对正"绘制定位中心线

按向视图配置和标注；局部结构独立、完整，无须画出波浪线

对称机件的视图可只画 1/2 或 1/4，并在对称中心线的两端画出两条与其垂直的平行细实线；基本对称的机件，要对不对称的部分进行说明。特殊的局部视图如图 5-2-4 所示。这种简化画法是一种特殊的局部视图，用细点画线代替了波浪线作为断裂边界。

（a）对称机件　　　　　　　　　　　（b）基本对称机件

图 5-2-4　特殊的局部视图

任务 3　绘制（弯管中的）斜视图

任务目标

（1）掌握斜视图的概念。

（2）能准确绘制斜视图。

（3）掌握斜视图的配置和标注。

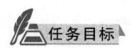

任务呈现

如图 5-3-1（b）所示，绘制弯管的斜视图。

 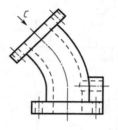

（a）弯管正等轴测图　　　　　　　　　（b）弯管主视图

图 5-3-1　弯管

 **知识准备**

一、斜视图的画法

如图 5-3-2（a）所示，机件上有倾斜于基本投影面的结构，为了得到倾斜结构的实形，可设置一个新的辅助投影面 P 与该倾斜结构平行，再将倾斜结构投射到该辅助投影面上。这种将机件向不平行于基本投影面的平行投射所得的视图称为斜视图。

（a）　　　　　　　　　　　　　（b）

图 5-3-2　有倾斜结构的机件

二、斜视图的标注和配置

（1）斜视图常按向视图的配置形式配置和标注，用箭头表示投射的方向，用大写字母表示斜视图的名称，如图 5-3-3（a）所示。

（2）必要时，可将斜视图旋转配置。按实际旋转方向绘制旋转符号的箭头端，且表示图形名称的大写字母应靠近旋转符号的箭头端，如图 5-3-3（b）所示。也允许在字母之后注出旋转角度，如图 5-3-3（c）所示。

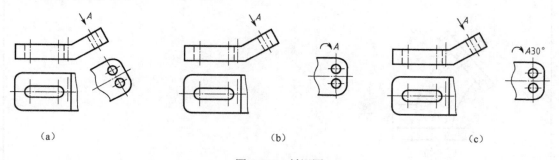

（a）　　　　　　　　　　　　　（b）　　　　　　　　　　　　　（c）

图 5-3-3　斜视图

任务分析

弯管上端部圆形法兰是倾斜结构，又与基本投影面垂直，在基本视图中得不到其真实形状，因此采用斜视图表达。

任务实施

绘制如图 5-3-1（b）所示弯管的斜视图。

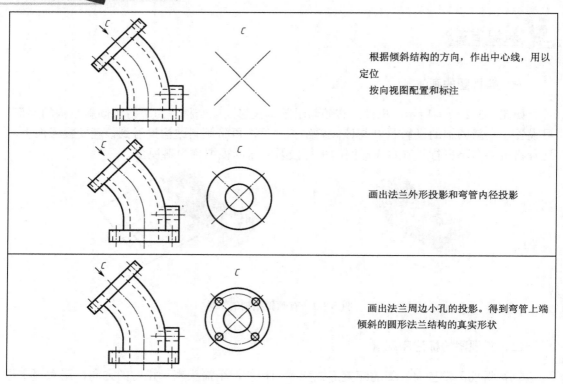

	根据倾斜结构的方向，作出中心线，用以定位 按向视图配置和标注
	画出法兰外形投影和弯管内径投影
	画出法兰周边小孔的投影。得到弯管上端倾斜的圆形法兰结构的真实形状

任务检验

在指定位置画出局部视图和斜视图。

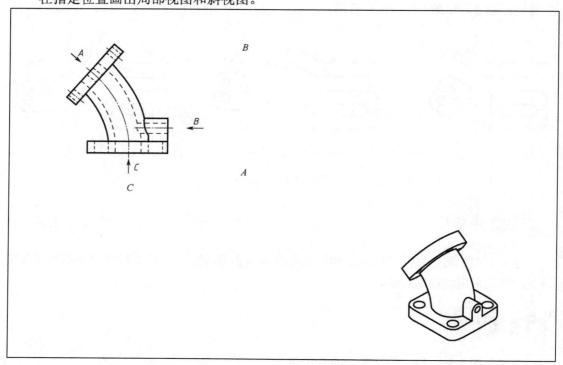

任务 4　绘制（支座的）全剖视图

视图主要用于表达机件的外部形状。机件的内部结构在视图中用细虚线表达，不够直观。机件内部结构越复杂，图中的细虚线越多，图样则越显凌乱。为了清晰表达机件的内部结构，常采用剖视图画法。

剖视图分为全剖视图、半剖视图和局部剖视图。剖视图的画法要遵循 GB/T 17552—1998《技术制图　图样画法　剖视图和断面图》和 GB/T 5558.6—2002《机械制图　图样画法　剖视图和断面图》的规定。

任务目标

（1）理解剖视图的形成。
（2）掌握剖视图的画法。
（3）理解剖视图的标注。

任务呈现

如图 5-4-1 所示，绘制支座的全剖视图。

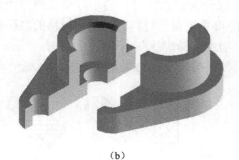

（a）　　　　　　　　　　　　　　　　（b）

图 5-4-1　支座

知识准备

一、剖视图的形成

假想用剖切面剖开机件，将处在观察者与剖切面之间的部分移去，而将其余部分向投影面投射所得的图形称为剖视图。剖视图的形成如图 5-4-2 所示。

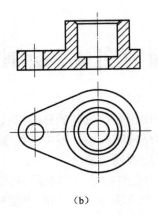

（a） （b）

图 5-4-2　剖视图的形成

二、剖视图的画法

1. 确定剖切面的位置

如图 5-4-1（b）所示，选择平行于 V 面的对称面作为剖切面，假想将支座剖切开。

2. 画剖视图

移开支座的前半部分，将后半部分投射到 V 面，画出如图 5-4-2（b）所示的剖视图。

3. 画剖面符号

1）剖面符号

机件被假想剖切后，剖切面与机件接触的部分称为剖面区域，在剖视图中，剖面区域要绘制剖面符号。国家标准规定了各种材质的剖面符号，可查阅 GB/T 5557.5—1985。

2）剖面线的方向

国家标准规定了用 55°的平行细实线作为金属材料的剖面符号（已有规定剖面符号除外）。剖面符号仅表示材料的类别，材料的名称和代号必须另行说明。在同一金属零件的零件图中，当主要轮廓线与水平成 55°时，该图形的剖面线应画成水平成 30°或 60°的平行线，其倾斜的方向仍与其他图形的剖面线一致。部面线的方向如图 5-4-3 所示。

图 5-4-3　剖面线的方向

4. 剖视图的配置和标注

基本视图的配置规定同样适用于剖视图，即剖视图既可按投影关系配置，也可配置在其他适当的位置。剖视图的配置和标注如图 5-4-4 所示。

剖视图的标注包括三要素：剖切面的位置、剖切后的投影方向和剖视图的名称。

（1）剖切面的位置用粗短线表示。剖切面之间的转折处要用同样的粗短画线表示。

（2）投射方向用箭头表示（机械图中）。

（3）剖视图名称用字母表示。使用多个剖切面时，要使用同一字母。剖切面之间的转折处也要标注出该字母。

剖视图的标注方式如下。

（1）全部标注：即把三要素都标注齐全，这是基本规定。

（2）省略箭头标注：剖视图按基本视图的位置配置，中间又无其他图形隔开时，可省略箭头。

（3）省略全部标注：当单一剖切面通过机件的对称面或基本对称面，而剖视图按基本视图的位置配置，中间又无其他图形隔开时，可省略全部标注。如图 5-4-2（b）所示。

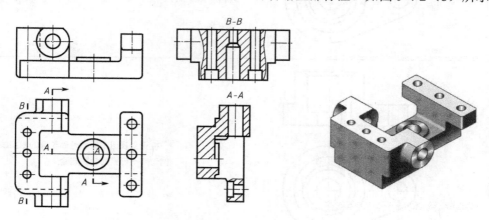

图 5-4-4 剖视图的配置和标注

任务分析

用剖切面完全地剖开机件所得的剖视图为全剖视图。如图 5-54-1 所示的支座，外形比较简单，内部结构比较复杂，因此适用于使用全剖视图。

任务实施

绘制如图 5-4-1 所示支座的全剖视图。

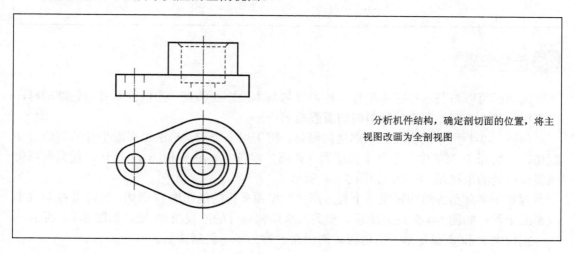

分析机件结构，确定剖切面的位置，将主视图改画为全剖视图

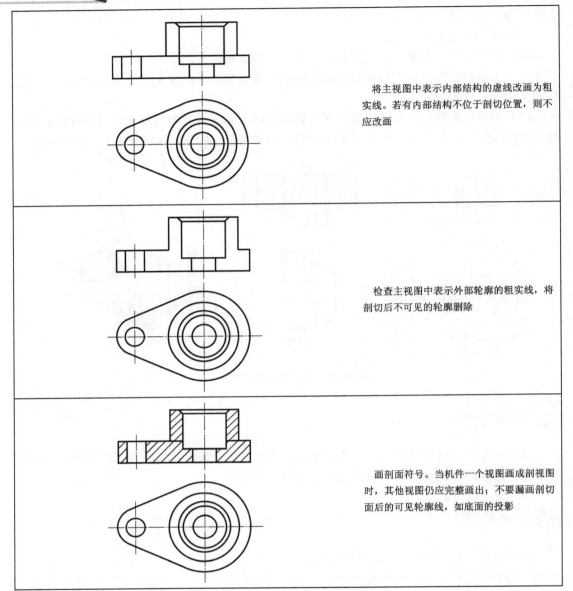

将主视图中表示内部结构的虚线改画为粗实线。若有内部结构不位于剖切位置，则不应改画

检查主视图中表示外部轮廓的粗实线，将剖切后不可见的轮廓删除

画剖面符号。当机件一个视图画成剖视图时，其他视图仍应完整画出；不要漏画剖切面后的可见轮廓线，如底面的投影

任务拓展

　　剖切面可以与基本投影面平行，也可以与基本投影面垂直。当机件具有倾斜结构时，可采用与基本投影面垂直的倾斜剖切面假想剖开。

　　如图 5-3-1 所示的弯管上半部结构倾斜，可采用一个与圆形法兰平面平行的剖切面 P 剖切，剖切面 P 与其中一个基本投影面（V 面）垂直，如图 5-4-5（a）所示，便得到弯管倾斜结构处的剖视图 D—D，如图 5-4-6 所示。

　　弯管下半部凸缘结构采用一个与方形法兰平面平行的剖切面 Q 剖切，剖切面 Q 与水平投影面平行，如图 5-4-5（c）所示，得到凸缘结构部分的剖视图 E—E，如图 5-4-6 所示。

　　剖切面 P 和 Q 都是单一剖切面。剖切面 P 称为单一斜剖切面。

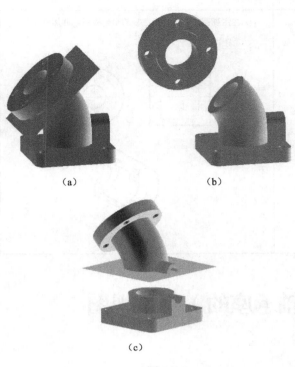

（a）　　　　　　（b）

（c）

图 5-4-5

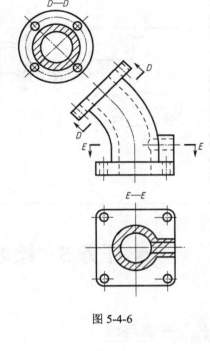

图 5-4-6

任务检验

① 画出形体主视的全剖视图，并加标注。所需尺寸从轴测图中量取

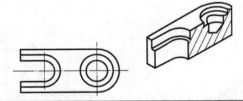

② 画出形体主视的全剖视图，并加标注。所需尺寸从轴测图中量取

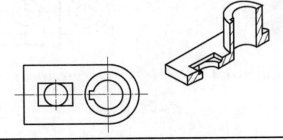

③ 在主视图的上方画出主视的全剖视图，并加标注	④ 在主视图的左边画出主视的全剖视图，并加标注
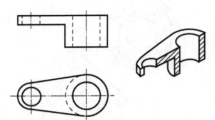	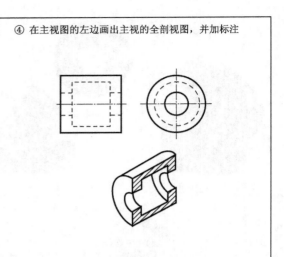

 任务5 绘制（轴承座的）半剖视图

任务目标

（1）掌握半剖视图的形成和画法。

（2）理解半剖视图的特点和适用范围。

任务呈现

如图 5-5-1 所示，将轴承座用半剖视图表达。

（a）轴承座正等轴测图

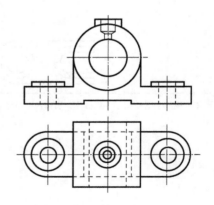

（b）轴承座主、俯视图

图 5-5-1 轴承座

知识准备

一、半剖视图

当机件具有对称平面时，以对称平面为界，用剖切面将机件剖开 1/2 所得的剖视图称为半剖视图。如图 5-5-2 所示，机件就是左右对称、前后对称。

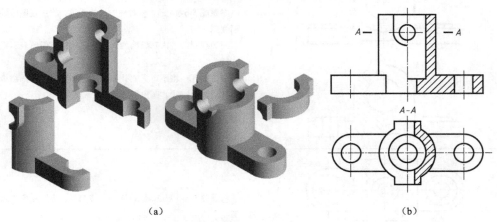

（a）   （b）

图 5-5-2　半剖视图 I

半个剖视图和半个视图以细点画线为分界线。机件的内部结构已在半剖视图中表达清楚，在另一半表达外形的视图中一般不需再画出虚线。

半剖视图既能反映机件的内部结构，又能保留机件的外部形状，因此适用于外形和内部结构都相对复杂的对称机件。

任务分析

剖切轴承座如图 5-5-3 所示。该轴承座左右对称，前后对称。因此，将轴承座沿前后对称面剖切开右半部分，左半部分保留机件外形，便可得到主视方向上轴承座的半剖视图；将轴承座沿着轴承孔上下对称面剖切开，便可得到俯视方向上轴承孔结构的半剖视图。

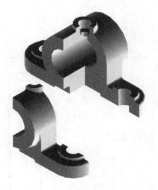

（a）轴承座沿前后对称面剖切　　　（b）将轴承座沿着轴承孔上下对称面剖切

图 5-5-3　剖切轴承座

任务实施

将如图 5-5-1 所示的轴承座，用半剖视图表达，步骤如下。

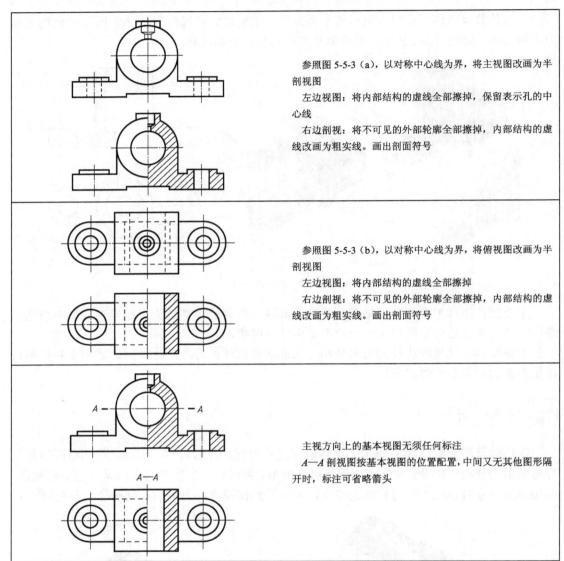

参照图 5-5-3（a），以对称中心线为界，将主视图改画为半剖视图

　　左边视图：将内部结构的虚线全部擦掉，保留表示孔的中心线

　　右边剖视：将不可见的外部轮廓全部擦掉，内部结构的虚线改画为粗实线。画出剖面符号

参照图 5-5-3（b），以对称中心线为界，将俯视图改画为半剖视图

　　左边视图：将内部结构的虚线全部擦掉

　　右边剖视：将不可见的外部轮廓全部擦掉，内部结构的虚线改画为粗实线。画出剖面符号

主视方向上的基本视图无须任何标注

　　A—A 剖视图按基本视图的位置配置，中间又无其他图形隔开时，标注可省略箭头

任务拓展

（1）接近对称的物体，若在其他视图中已将不对称部分表达清楚，也可使用半剖视图，如图 5-5-4 所示。

（2）剖视图中的常见错误如图 5-5-5 所示。

剖视图中不应出现不完整要素。但当两个结构要素在图形中有公共对称中心线或轴线时，图中允许出现不完整

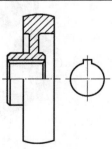

图 5-5-4　半剖视图 Ⅱ

要素，以对称中心线或轴线为界各画一半。具有公共对称中心线要素的剖视图如图 5-5-6 所示。

三、几个平行的剖切平面——阶梯剖

如图 5-5-5 所示，当机件内部结构不能用单一个剖切面全部剖开时，可考虑用多个剖切面剖切。采用多个剖切面剖切后得到的是全剖视图。根据该机件的结构，使用两个平行的剖切面进行剖切。剖切面是假想的，因此剖切面假想转折处不应画线。

图 5-5-7 为钳工中级实习中的一个零件——盖板。盖板内部结构中包含了四个锥形沉孔、四个螺纹孔和一个方孔，这三种孔不在同一个平面上，使用三个平行的剖切面进行剖切，剖切后得到的是全剖视图。

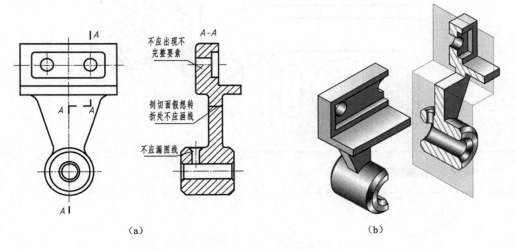

（a）　　　　　　　　　　　（b）

图 5-5-5　剖视图中的常见错误

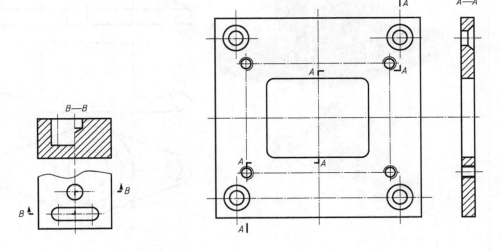

图 5-5-6　具有公共对称中心线要素的剖视图　　　　图 5-5-7　盖板

（1）在主视图的上方画出主视的半剖视，并标注。

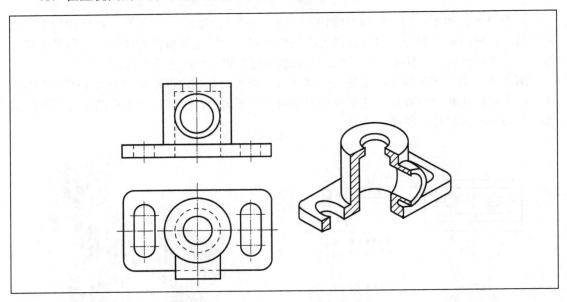

（2）将主视图画成半剖视图。

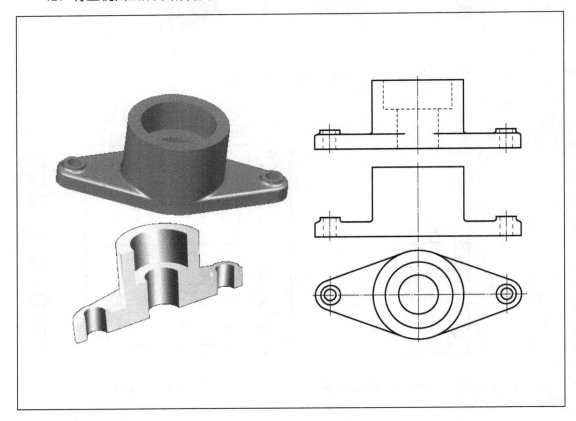

（3）判断下图是否正确。

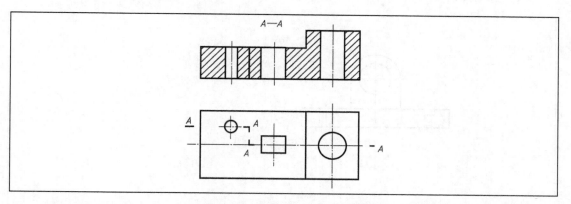

（4）在给定的位置上，将下图中的主视图改画成平行剖切的剖视图。

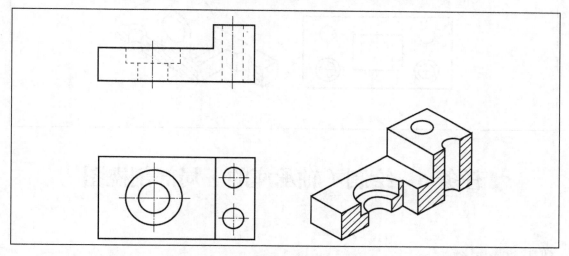

（5）给定的位置上，将下图中的主视图改画成适当的剖视图。

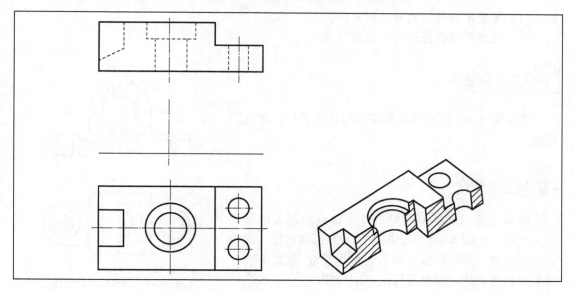

（6）在给定的位置上，将下图中的主视图改画成适当的剖视图。

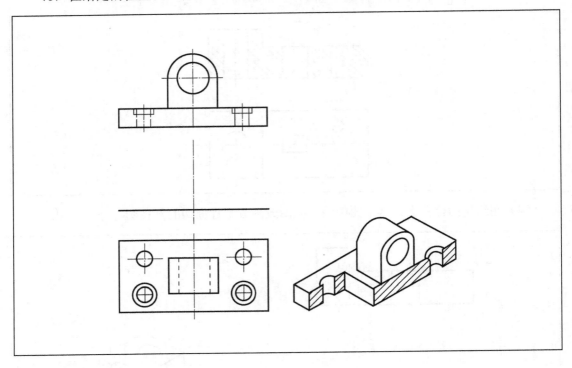

任务 6   绘制（轴承座的）局部剖视图

任务目标

（1）掌握半剖视图的形成和画法。
（2）理解半剖视图的特点和适用范围。

任务呈现

将如图 5-6-1 所示的轴承座，用适当的局部剖视图表达。

知识准备

用剖切面局部地剖切开机件所得到的剖视图是局部剖视图。如图 5-6-2 所示机件，虽是形状对称，但由于左方四棱柱的轮廓线与中心对称线重合，因此不宜使用半剖视图表达，而是采用局部剖视图。

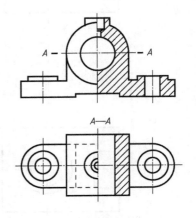

图 5-6-1　轴承座半剖视图

局部剖视图具有灵活的特点，适用范围广泛，不受机件是否对称等条件影响，在一个视图中，使用局部剖视图的数量不宜过多，在不影响外形的情况下，可进行较大范围的剖切，如图 5-6-3 所示。

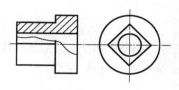

图 5-6-2　局部剖视图Ⅰ

局部剖视图可用波浪线分界。波浪线应画在机件的实体轮廓内，不能超出轮廓线或画在机件的中空处。波浪线不能用实体的轮廓线或图样中的其他图线代替，也不能画在轮廓线的延长线上，如图 5-6-4 所示。局部剖视图也可用双折线分界，如图 5-6-5 所示。

 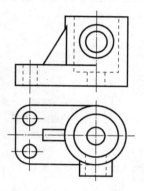 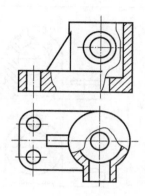

图 5-6-3　局部剖视图Ⅱ

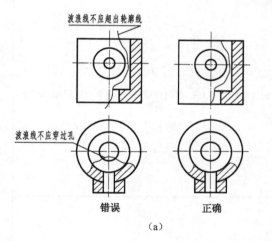

波浪线不应超出轮廓线

波浪线不应穿过孔

错误　　　　　　正确

（a）

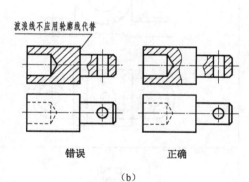

波浪线不应用轮廓线代替

错误　　　　　　正确

（b）

图 5-6-4　局部剖视图使用波浪线分界

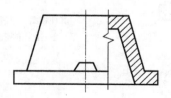

图 5-6-5　局部剖视图使用双折线分界

任务分析

轴承座的轴承孔形状在俯视图中用半剖视图已表达清楚，主视图若改为局部剖视图表达，能更清晰、突出地表达上方通孔的形状，以及保留更完整的机件外观形状。

任务实施

将如图 5-6-1 所示的轴承座，用适当的局部剖视图表达，步骤如下。

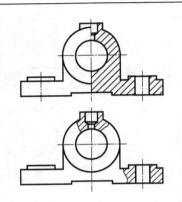

局部剖切开上方通孔，完整画出通孔的结构，将剖切后不可见的外形轮廓擦掉

同理，局部剖切开底板上的通孔。将不被剖切到的外形轮廓补充完整

合理绘制波浪线

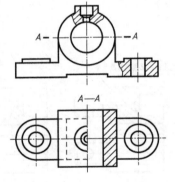

俯视方向采用 $A—A$ 半剖视图表达，不需使用局部剖视图

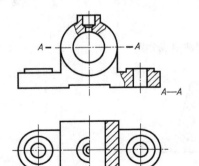

其他视图中已清晰表达机件结构，在不致引起误解的情况下，$A—A$ 半剖视图中表示外形的虚线可省略不画

📇 **知识拓展**

几个相交的剖切面——旋转剖

1. 具有倾斜结构的机件

如图 5-6-6 所示机件，俯视图反应了机件的外形——具有倾斜结构，主视图需要采用适当的剖视图表达内部结构。根据机件的形状特征，不宜采用单一剖切面或几个平行的剖切面剖切，只能采用几个相交的剖切面剖切。

几个相交的剖切面，其交线必须垂直于相应的投影面。剖切后，先将倾斜部分旋转到与选定的基本投影面平行再进行投射，得到全剖视图。所得的剖视图看似不符合"长对正，高平齐，宽相等"的投影规律，但实质上是旋转后投射的效果，是正确的。

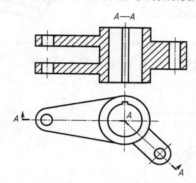

图 5-6-6　几个相交的剖切面Ⅰ

2. 具有肋、轮辐或薄壁等结构的机件

（1）具有肋、轮辐或薄壁等结构的机件，若按纵向剖切，则肋、轮辐或薄壁等结构无须画出剖面线，但要用粗实线将其与周边轮廓分开，如图 5-6-7（a）所示。

（2）当机件（回转体）上均匀分布的肋、轮辐或孔不处在剖切平面上时，可将这些结构旋转到剖切平面上画出，如图 5-6-7（b）所示。

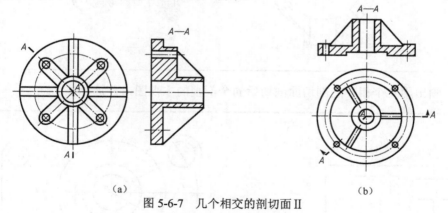

（a）　　　　　　　　　　　　　　　　　（b）

图 5-6-7　几个相交的剖切面Ⅱ

📇 **任务检验**

（1）选择表达左边凸台的正确局部视图。

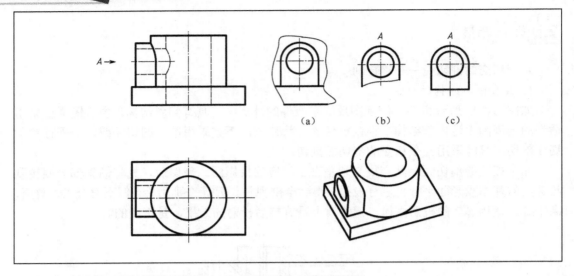

（2）分析视图中的错误画法，在右边画出正确的视图。

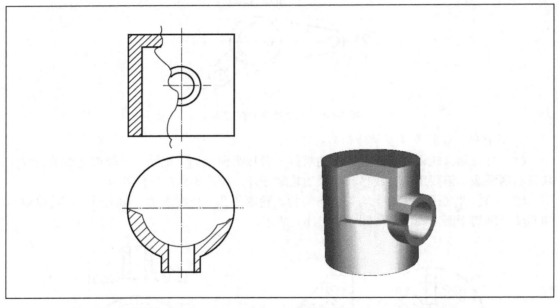

（3）画出用几个相交的剖切面剖切后的全剖视的主视图，并加标注。

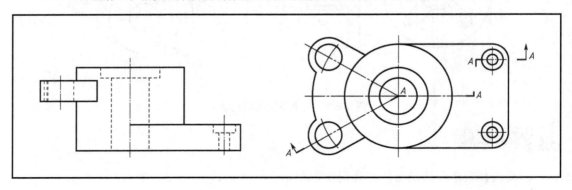

任务 7 绘制（轴段的）移出断面图

任务目标

（1）理解断面图的形成和分类。
（2）掌握简单的移出断面图的画法及标注。
（3）理解移出断面图的画法要求，能看懂各种常见的移出断面图。

任务呈现

绘制如图 5-7-1 所示轴段上的三个移出断面图。轴段中的键槽为单边键槽，槽深 6mm。

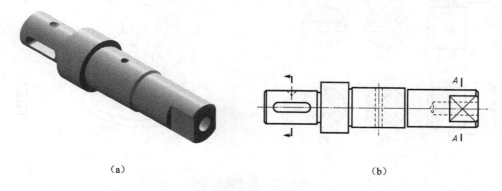

（a）   （b）

图 5-7-1 轴

知识准备

一、断面图的形成和画法

1. 形成和分类

为清晰表达轴中的键槽、销孔等结构，假想用垂直于轴线的剖切面剖开轴段，如图 5-7-2（a）所示，得到剖视图。剖视图不仅要画出机件断面的形状，而且要画出剖切面后的可见部分，如图 5-7-2（d）所示。用同样的剖切方法和投射方法，但假想切断机件后仅画出断面的形状，这就是断面图，如图 5-7-2（b）、（c）所示。

断面图分为移出断面图和重合断面图。

2. 移出断面图的画法要求

图 5-7-2 中的断面图都画在视图之外，称为移出断面图。移出断面图的轮廓线用粗实线绘制。

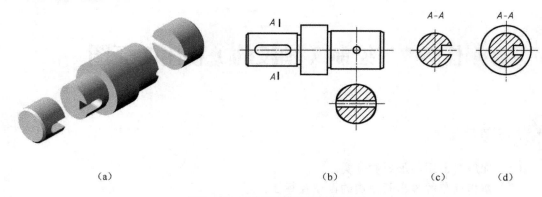

（a）　　　　　　　　　　　　　　　　　（b）　　　（c）　　　（d）

图 5-7-2　剖视图与断面图的区别

（1）如图 5-7-3（a）所示，当剖切面通过回转面形成的孔或凹坑的轴线时，该结构要按剖视图要求绘制；如图 5-7-3（b）所示，当剖切面通过非圆孔会导致断面图出现完全分离时，该结构也要按剖视图要求绘制。

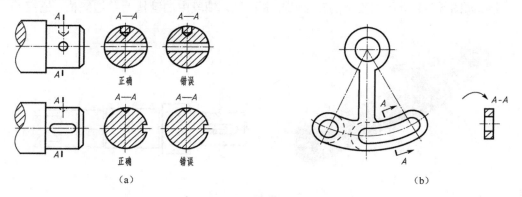

（a）　　　　　　　　　　　　　　　　　　　　　　　（b）

图 5-7-3　移出断面图 I

（2）常见的移出断面图由单一剖切面剖切而得到，如图 5-7-4 所示。

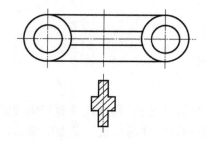

图 5-7-4　移出断面图 II

（3）由两个或多个相交的剖切面剖切而得到的移出断面图，中间一般应断开，如图 5-7-5 所示。断开画移出断面图时，断面总长度应小于弯折剖切处的两截长度之和；不断开画移出断面图时，断面总长度应等于两截长度之和。

（4）在不致引起误解时，对称的移出断面图能画在图形的中断处，不必标注；不对称的移出断面图不能画在图形的中断处，如图 5-7-6 所示。

图 5-7-5 移出断面图Ⅲ

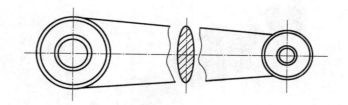

图 5-7-6 移出断面图Ⅳ

二、断面图的标注

剖视图标注的三要素同样适用于断面图。移出断面图的配置和标注方法如表 5-1 所示。

表 5-1 移出断面图的配置和标注方法

对称的移出断面	不对称的移出断面
配置在剖切线上，不必标注字母和剖切符号	配置在剖切符号延长线上，不必标注字母
按投影关系配置，不必标注箭头	按投影关系配置，不必标注箭头
配置在其他位置，不必标注箭头	配置在其他位置，应全部标注

任务分析

（1）将图 5-7-1 轴段剖切开，断面形状如图 5-7-7 所示。

（2）末端轴段有对称的平面结构，如图 5-7-8 所示，当回转体中具有不能充分表达的平面时，在图样中用平面符号（两条交叉的细实线）表示。

图 5-7-7　轴段剖切后的断面形状　　　　　图 5-7-8　平面符号

任务实施

绘制如图 5-7-1 所示轴段上的三个移出断面图，步骤如下。

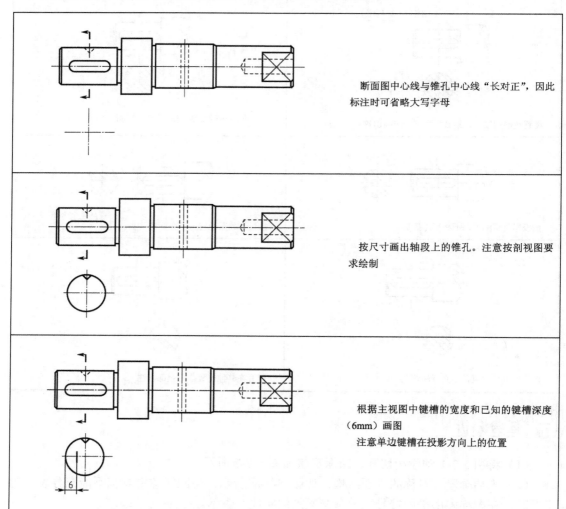

	断面图中心线与锥孔中心线 "长对正"，因此标注时可省略大写字母
	按尺寸画出轴段上的锥孔。注意按剖视图要求绘制
	根据主视图中键槽的宽度和已知的键槽深度（6mm）画图 注意单边键槽在投影方向上的位置

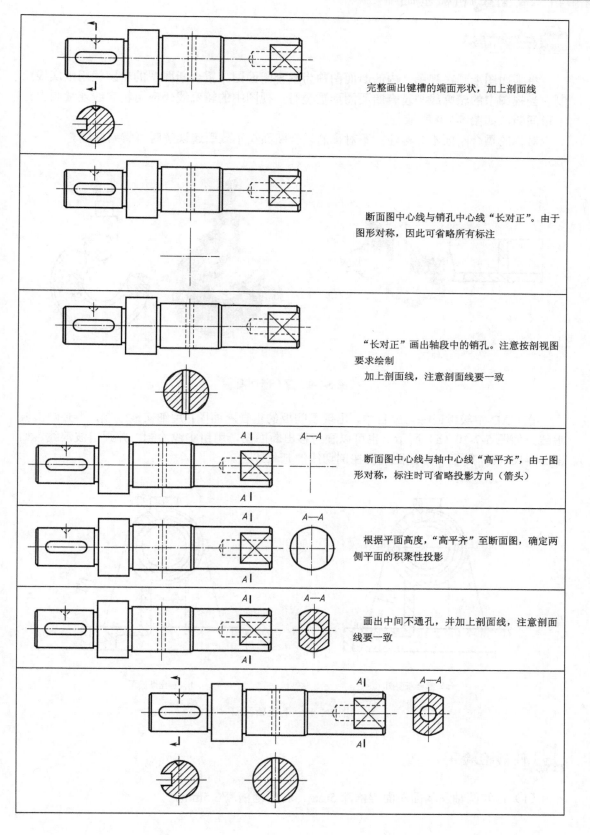

完整画出键槽的端面形状，加上剖面线

断面图中心线与销孔中心线"长对正"。由于图形对称，因此可省略所有标注

"长对正"画出轴段中的销孔。注意按剖视图要求绘制
加上剖面线，注意剖面线要一致

断面图中心线与轴中心线"高平齐"，由于图形对称，标注时可省略投影方向（箭头）

根据平面高度，"高平齐"至断面图，确定两侧平面的积聚性投影

画出中间不通孔，并加上剖面线，注意剖面线要一致

任务拓展

将断面图形画在视图之内的断面图称为重合断面图。重合断面图的轮廓线用细实线绘制。当视图中的轮廓线与重合断面图形重叠时，视图中的轮廓线仍应用粗实线连续画出，不可间断，如图 5-7-9 所示。

对称的重合断面不必标注；不对称的重合断面在不致引起误解时可省略标注。

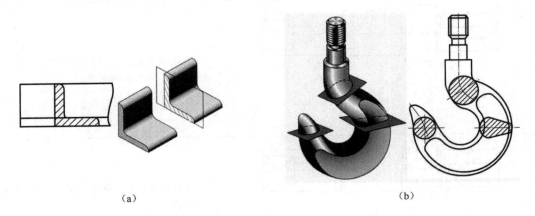

（a）　　　　　　　　　　　　　　（b）

图 5-7-9　重合断面图

在 CAD 中级考证练习题目中，出现了肋板的重合断面图：用细实线绘制，不必画出波浪线，如图 5-7-10（a）所示。也可以画为移出断面图，用粗实线绘制，并画出波浪线，如图 5-7-10（b）所示。断面图配置在剖切线的延长线上。

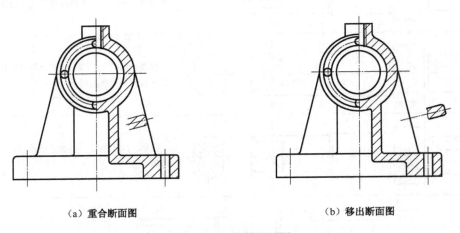

（a）重合断面图　　　　　　　　　　（b）移出断面图

图 5-7-10　肋板断面图

任务检验

（1）已知圆轴左端面左面键槽深 5mm，右面键槽深 3.5mm。

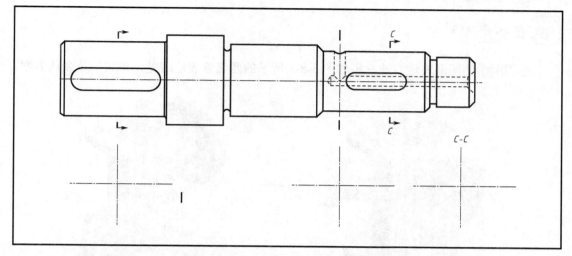

（2）在两个相交剖切平面迹线的延长线上，画出移出断面图。

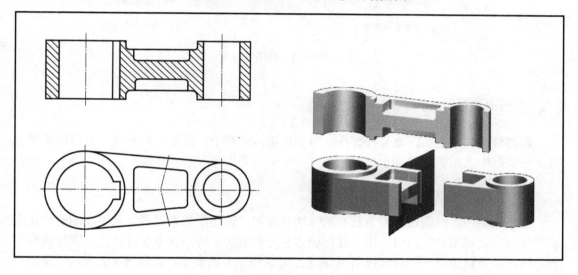

任务 8 四通管的表达——综合应用

任务目标

（1）适当运用各种视图（基本视图、向视图、斜视图、局部视图）表达机件的外部形状。

（2）适当运用各种类型的剖切面（单一剖切面、几个平行的剖切面、几个相交的剖切面）剖切机件，以表达机件的内部形状。

（3）根据剖切面的选择，采用适当的剖视图（全剖视图、半剖视图、局部剖视图）表达机件的内部形状。

任务呈现

运用所学的图形表达方法，将如图 5-8-1 所示的四通管表达清楚，形成一个表达方案。

（a）西南等轴测图

（b）东南等轴测图

图 5-8-1　四通管

任务分析

四通管又叫十字头，是一种管件，用于连接四根管子，管径可以相同，也可以不同，是工程实际中常用的零件。

一、外部形状分析

观察轴测图，该四通管左方及右前方均有管道，若使用基本视图，则不能准确辨认右前方管道法兰的形状；同时，用左视图表达左方管道法兰的形状将显得繁复。因此在外形表达时，应考虑使用一个局部视图 F 表达左方管道法兰的实形，如图 5-8-2 所示；使用一个斜视图 G 表达右前方管道法兰的实形，如图 5-8-3 所示。

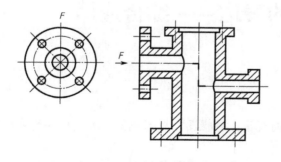

图 5-8-2　局部视图 F

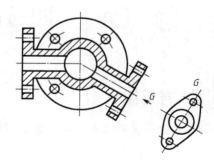

图 5-8-3　斜视图 G

竖管上、下方的法兰分别为方形及圆形，同样考虑使用局部视图 E 和局部视图 H 表达。如图 5-8-4 和图 5-8-5 所示。

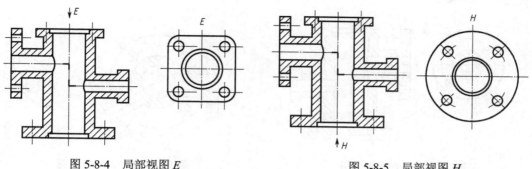

图 5-8-4　局部视图 E　　　　　　　图 5-8-5　局部视图 H

二、内部结构分析

四通管中每根管道的内部结构都要经过纵向及横向剖切以清晰表达。

表达竖管内部结构时，由于左方管道和右前方管道不在同一高度，中轴线交错平行，考虑使用两个平行剖切面剖切，在俯视方向上得到 A—A 全剖视图；使用两个相交剖切面剖切，在主视方向上得到 B—B 全剖视图。如图 5-8-6 所示。

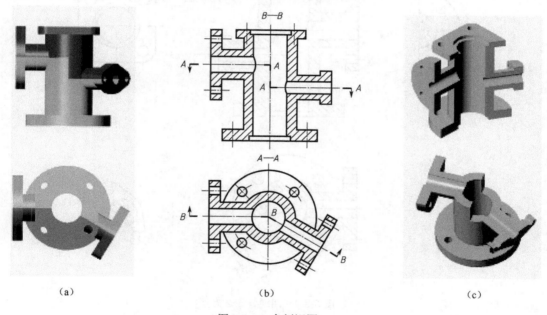

（a）　　　　　　　　　（b）　　　　　　　　　（c）

图 5-8-6　全剖视图

左方管道和右前方管道横截面形状需要另外的剖视图表达。左方管道用单一剖切面剖切，得到 C—C 全剖视图，如图 5-8-7 所示；右前方管道用单一斜剖切面剖切，得到 D—D 全剖视图，如图 5-8-8 所示。

三、综合整理，确定表达方案

在表达左方管道时，C—C 剖视图既表达了管道的横截面形状，也表达了法兰的形状，因此局部视图 F 可不画。C—C 全剖视图亦可使用简化画法，如图 5-8-9 所示。同理，表达右前方管道时，可不画斜视图 G。

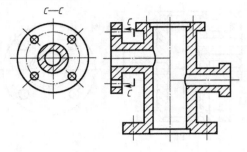

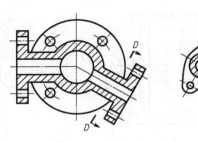

图 5-8-7　C—C 全剖视图　　　　　　　　　　图 5-8-8　D—D 全剖视图

　　在表达竖管上、下方的法兰时，由于 A—A 全剖视图中已清晰表达了下方的圆形法兰结构，因此只需要用局部视图 E 表达上方的方形法兰结构。

　　最后整理出四通管的一个较为合适的表达方案，如图 5-8-9 所示。

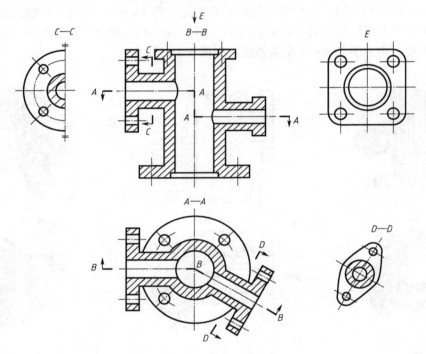

图 5-8-9　四通管表达方案

任务 9　认识局部放大图及常见简化画法

任务目标

（1）认识局部放大图，能读懂图中所表示的局部结构。

（2）认识常见的简化画法，以读懂零件图。

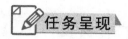

一、局部放大图

将原图样中尚未表达清楚，或因图形太小不便标注尺寸的结构，用大于原图样所采用的比例画出的图形，称为局部放大图。轴上的越程槽、退刀槽及倒圆、倒角等结构，都常用局部放大图表达，如图 5-9-1 所示。

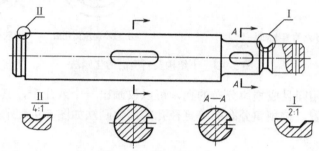

图 5-9-1　局部放大图

识读局部放大图时，注意以下几点。

（1）局部放大图可画成视图、剖视图等形式，与被放大局部的表达方法无关。

（2）局部放大图可根据需要选择相应的放大比例，跟原图比例无关。

（3）在原图中，被放大局部常用一个细实线圆圈出（除螺纹牙型、齿轮和链轮的齿形外）。当同一机件中被放大的局部不止一个时，要用罗马数字进行编号，并在对应的局部放大图上方居中处用分式标出，注写在分子位置；分母位置注写采用的放大比例。

二、简化画法

（1）在不致引起误解时，图形中用细实线绘制的过渡线（如图 5-9-2（a）所示）和相贯线，可用圆弧或直线代替非圆曲线，如图 5-9-2（b）所示。相贯线也可采用模糊画法，如图 5-9-2（c）所示。

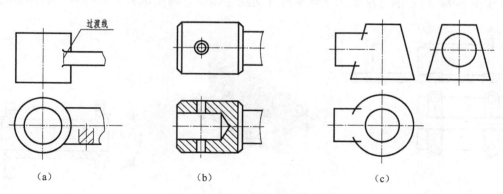

（a）　　　　　　　　　　　（b）　　　　　　　　　　　（c）

图 5-9-2　过渡线和相贯线的简化画法

（2）小结构及斜度。当机件中较小的结构及斜度等已在一个图形中表达清楚时，其他图形应当简化或省略。小结构及斜度的简化画法如图 5-9-3 所示。

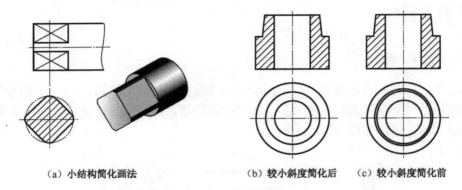

（a）小结构简化画法　　　（b）较小斜度简化后　（c）较小斜度简化前

图 5-9-3　小结构及斜度的简化画法

（3）若干直径相同且成规律分布的孔，可以仅画出一个或几个，其余只用细点画线或"+"表示其中心位置。按规律分布的等直径孔的简化画法如图 5-9-4 所示。

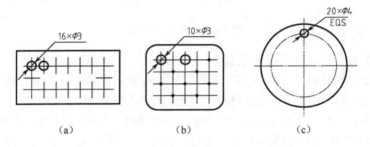

（a）　　　　　　　（b）　　　　　　　（c）

图 5-9-4　按规律分布的等直径孔的简化画法

（4）当机件具有若干相同结构（如齿、槽等），并按一定规律分布时，只要画出几个完整的结构，其余用细实线连接，在零件图中则必须注明该结构的总数。相同结构的简化画法如图 5-9-5 所示。

（5）法兰上均布孔的简化画法如图 5-9-6 所示。圆柱形法兰和类似零件上均匀分布的孔可按图 5-9-6 所示的方法表示（从机件外向法兰端面方向投影）。

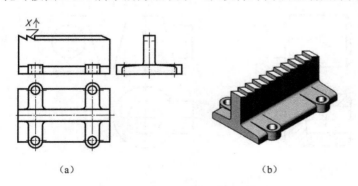

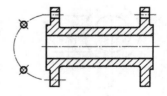

（a）　　　　　　　　　　　　（b）

图 5-9-5　相同结构的简化画法　　　　　图 5-9-6　法兰上均布孔的简化画法

（6）折断画法。较长机件（轴、杆、连杆等）沿长度方向的形状一致或按一定规律变化时，可断开后缩短绘制，但标注时必须按设计尺寸标注。较长机件的简化画法如图 5-9-7 所示。

（7）与投影面倾斜的圆及圆弧。与投影面倾斜角度小于或等于 30°的圆及圆弧，手工绘图时，其投影可用圆或圆弧代替。投影面倾斜角度不大于 30°的圆和圆弧的简化画法如图 5-9-8 所示。

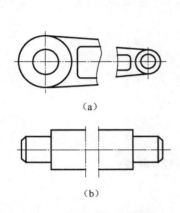

（a）

（b）

图 5-9-7　较长机件的简化画法

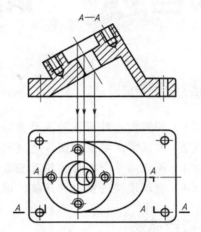

图 5-9-8　投影面倾斜角度不大于 30°的圆和圆弧的简化画法

项目总结

（1）假想剖切。剖视图是假想将物体剖切后画出的投影，目的是清晰地表达物体的内部结构，仅是一种表达方法，其他未取剖视的视图应按完整的物体画出。

（2）虚线处理。为了使剖视清晰，凡是其他视图上已经表达清楚的内部结构形状，其虚线省略不画。

（3）剖视图中不要漏线，剖切平面后的可见轮廓线应画出。

（4）半剖视适合于内外结构对称的形体，剖视图部分与外形视图部分应以细点画线分界。

（5）平行剖视图中两剖切平面的转折处不应与图上的轮廓线重合，在剖视图上不应在转折处画线，平行剖视图必须标注。

（6）几个相交的剖切面必须保证其交线垂直于某一基本投影面，作剖视图时，只旋转机件上被剖到的倾斜部分结构，而倾斜剖切面后面的结构仍按原来位置的投影画出，旋转剖视图必须标注。

（7）局部视图按基本视图位置配置，中间又没有其他图形隔开时，可省略标注。

局部视图的断裂边界应以细波浪线或双折线表示，当所表示的局部视图是完整的、且外轮廓线又成封闭时，波浪线可省略不画。

项目六 识读机械图样的特殊表示法

✈ 项目目标

（1）理解内、外螺纹的五要素及规定画法。
（2）掌握常用螺纹紧固件连接的识图与画法。
（3）能识读单个圆柱齿轮及啮合齿轮的画法。
（4）能识读键连接、销连接、滚动轴承及弹簧的规定画法。

📖 项目描述

在各种机械设备中，广泛使用螺栓、螺母、键、销、滚动轴承、弹簧、齿轮等零件。结构和尺寸全部标准化的零件称为标准件，如螺栓、螺钉、双头螺柱、螺母、垫圈、键、销、滚动轴承等。结构和尺寸实行部分标准化的零件称为常用件，如齿轮、弹簧等。国家有关标准规定了上述常用件和标准件的画法、代号及标记，不必画出其真实投影。

本项目设置了识读螺纹及螺纹的规定画法、识读螺纹紧固件连接的画法、识读与绘制圆柱齿轮、识读键连接的画法 4 个学习任务，并将圆柱销、弹簧和滚动轴承规定画法作为拓展任务。

任务 1 识读螺纹及螺纹的规定画法

✒ 任务目标

（1）能说出螺纹分类。
（2）能识读螺纹及内、外螺纹旋合的规定画法。

📝 任务呈现

（1）识读外螺纹及其规定画法。
（2）识读内螺纹及其规定画法。
（3）识读内、外螺纹旋合的规定画法。

知识准备

螺纹是广泛应用于各专业设备上的机械结构要素，最常见的用法是制成螺纹紧固件，如螺栓、螺钉、双头螺柱、螺母、垫圈等。在工程中，这些零件使用量很大，为了便于专业化生产和提高生产效率，国家标准对它们的结构形式和尺寸实行标准化，还规定了一系列的画法和标记方法。

一、螺纹的形成

螺纹是圆柱或圆锥表面上沿着螺旋线所形成的具有规定牙型的连续凸起和沟槽。在圆柱或圆锥外表面上形成的螺纹称为外螺纹；在圆柱（或圆锥）内表面上形成的螺纹称为内螺纹。螺纹的加工方法如图 6-1-1 所示。

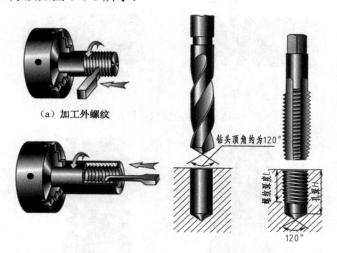

（a）加工外螺纹

（b）加工内螺纹　　（c）加工直径较小的螺孔

图 6-1-1　螺纹的加工方法

二、螺纹的结构要素

1. 牙型

通过螺纹轴线的剖面上螺纹的轮廓形状，称为螺纹的牙型。如图 6-1-2 所示的螺纹为三角形牙型，此外还有梯形、锯齿形和矩形等牙型。

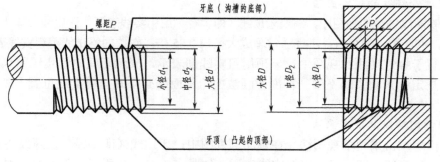

图 6-1-2　螺纹的组成

2. 公称直径

公称直径代表了螺纹尺寸直径，是指螺纹大径的基本尺寸，螺纹的直径有三种：大径、小径、中径。

3. 线数（n）

螺纹有单线和多线之分。

4. 螺距（P）和导程（P_h）

螺纹相邻两牙在中径线上对应点的轴向距离称为螺距，同一条螺旋线上的相邻两牙在中径线上对应两点间的轴向距离称为导程。螺纹的线数、螺距和导程如图 6-1-3 所示。

5. 旋向

螺纹有右旋和左旋之分，如图 6-1-4 所示。

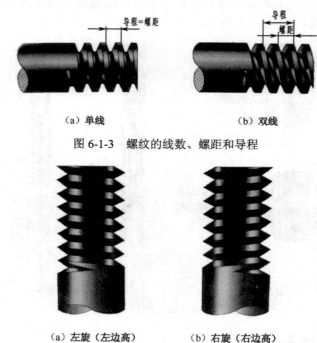

（a）单线　　　　　　　　　　　（b）双线

图 6-1-3　螺纹的线数、螺距和导程

（a）左旋（左边高）　　　　（b）右旋（右边高）

图 6-1-4　螺纹的旋向

任务实施

1. 识读外螺纹的规定画法

在反映螺纹轴线的视图中，螺纹牙顶线（即大径）用粗实线表示，牙底线（即小径）用细实线表示，并应画入倒角内；小径通常画成大径的 0.85 倍；螺纹的终止线用粗实线表示。

在垂直于螺纹轴线的视图中，牙顶用粗实线圆表示，表示牙底的细实线圆只画约 3/4 圈，此时规定倒角圆省略不画。在剖视画法中，剖面线必须画至粗实线位置，如图 6-1-5 所示。

2. 识读内螺纹的规定画法

表达内螺纹常采用剖视画法。在轴向剖视图中，牙顶线（即小径）及螺纹终止线用粗实线表示，牙底线（即大径）用细实线表示，如图 6-1-6（a）所示。不剖时，螺纹中所有图线均用虚线表示，如图 6-1-6（b）所示。

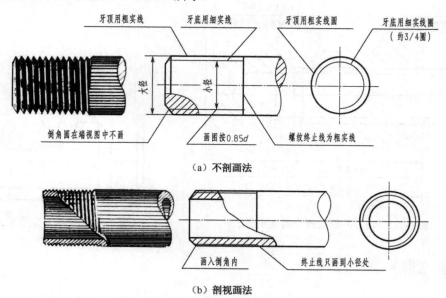

（a）不剖画法

（b）剖视画法

图 6-1-5　外螺纹的规定画法

在垂直于螺纹轴线的视图中，牙顶用粗实线圆表示，表示牙底的细实线圆（不剖画法中均用虚线圆）也只画约 3/4 圈，同样规定倒角圆省略不画。

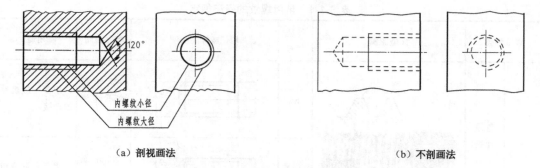

（a）剖视画法　　　　　　　　　　　　　　　　　（b）不剖画法

图 6-1-6　内螺纹的规定画法

3. 识读内、外螺纹旋合的规定画法

如图 6-1-7 所示，在剖视图中内、外螺纹的旋合部分应按外螺纹绘制，其余部分仍按各自的画法绘制。

【要点提示】

（1）无论是外螺纹或内螺纹，在剖视图或断面图中的剖面线都必须画到粗实线位置。

（2）对于不通的螺孔，钻孔深度应比螺孔深度大（0.2～0.5）D；由于钻头的刃锥角约为 120°，因此钻孔底部以下的圆锥坑锥角应画成 120°。

（3）只有五要素都相同的内、外螺纹才能互相旋合。

（4）对于标准螺纹，一般可不画出牙型；对于非标准螺纹，需要表示螺纹牙型的，可按如图 6-1-8 所示的局部剖视和局部放大等方式，画出几个牙型，并标注出所需要的尺寸。

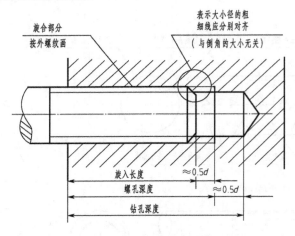

图 6-1-7　内、外螺纹旋合的规定画法

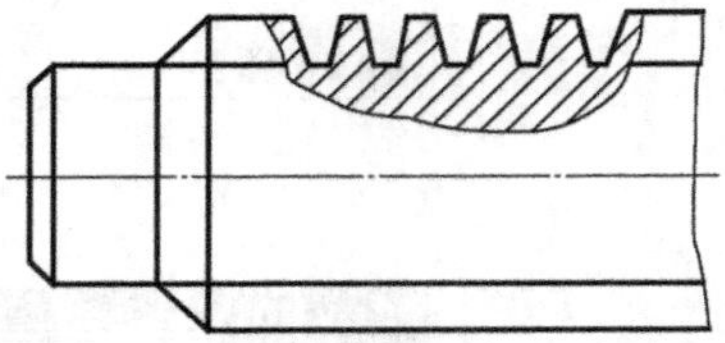

图 6-1-8　螺纹牙型表示方法

任务拓展

由于螺纹采用了规定画法，使得螺纹的牙型及各部分的尺寸和精度要求无法全部标注在图形上。为此，国家标准规定了用螺纹标记表示螺纹的设计要求。完整的螺纹标记是由螺纹特征代号、尺寸代号、公差带代号和旋合长度代号组成的。常用螺纹的标记规定如表 6-1-1 所示。

表 6-1-1　常用螺纹的标记规定

螺纹种类		牙型图例	特征代号	标记或标注图例	标注说明	用途
连接螺纹	普通螺纹	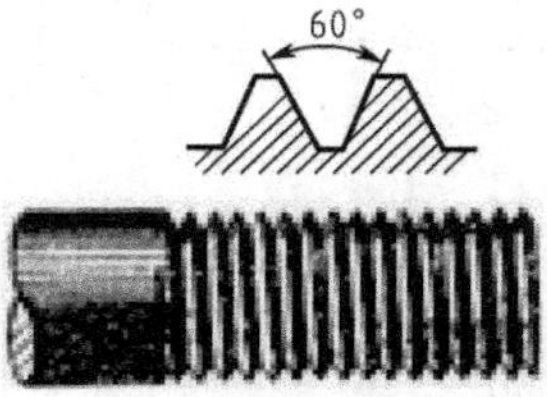 60° 牙型为等边三角形	M	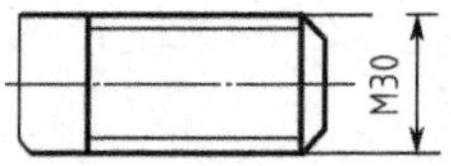 M30	粗牙螺纹不注螺距	用于一般机件的连接
			M	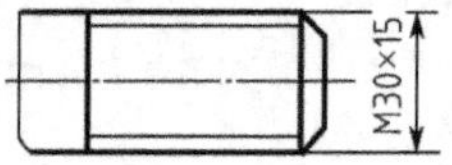 M30×15	细牙螺纹要注螺距	用于薄壁或精密零件的连接
	管螺纹	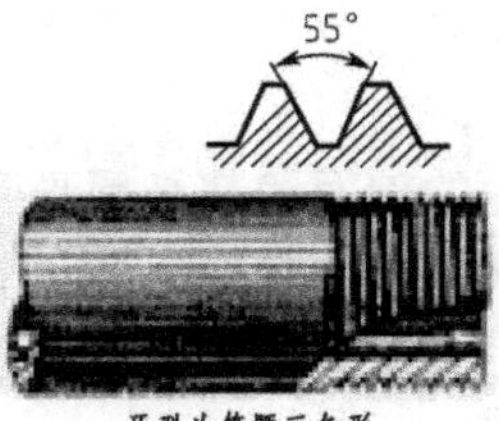 55° 牙型为等腰三角形	G	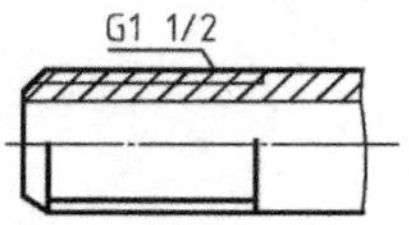 G1 1/2	指 55 英寸制	是螺纹深度较浅的特殊细牙螺纹，常用于水管、油管、气管等薄壁管子的连接
			Rc	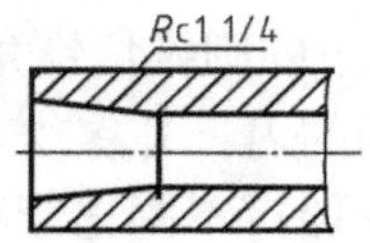 Rc1 1/4		

续表

螺纹种类		牙型图例	特征代号	标记或标注图例	标注说明	用途
传动螺纹	梯形螺纹	30° 牙型为等腰梯形	Tr	Tr40×13(p6)LH	多线螺纹不注线数而注导程	用于承受两个方向轴向力的场合，如车床的丝杠
	锯齿形螺纹	30° 3° 牙型为锯齿形	B	R32×6(13)		用在只承受单向轴向力的场合，如虎钳、千斤顶上的丝杠
	非标准螺纹			8 16 ∅24 ∅34	须画出部分牙型，并标注尺寸	

任务检验

分析螺纹画法中的错误，并在指定位置画出其正确的图形。

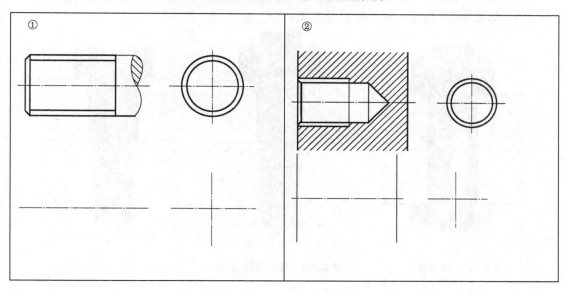

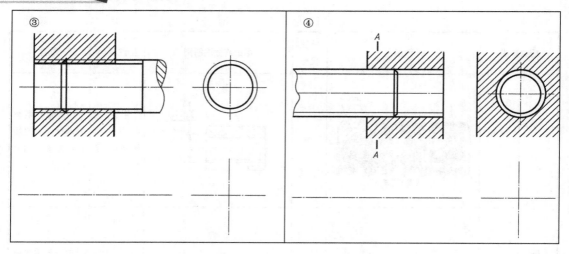

任务 2　识读螺纹紧固件连接的画法

任务目标

（1）能说出常用的螺纹紧固件名称及用途。

（2）能正确绘制常用螺纹紧固件连接图。

任务呈现

（1）如图 6-2-1 所示，绘制螺栓连接图。

（2）如图 6-2-2 所示，绘制双头螺柱连接图。

（3）如图 6-2-3 所示，绘制螺钉连接图。

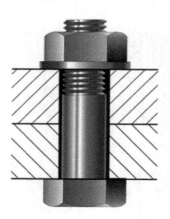

图 6-2-1　螺栓连接

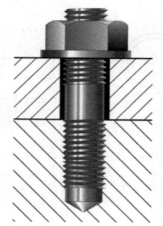

图 6-2-2　双头螺柱连接

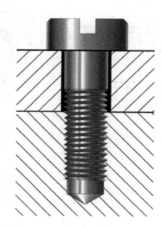

图 6-2-3　螺钉连接

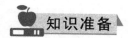 知识准备

螺纹的常见用途是制成螺纹连接件。螺纹连接件是标准件，常见的螺纹连接形式有螺栓连接、双头螺柱连接和螺钉连接。

一、常用螺纹连接件的种类

常用的螺纹连接件有螺栓、双头螺柱、螺钉、螺母、垫圈等，如图 6-2-4 所示。它们的结构、尺寸都已标准化。使用时，可从相应的标准中查出所需的结构和尺寸。

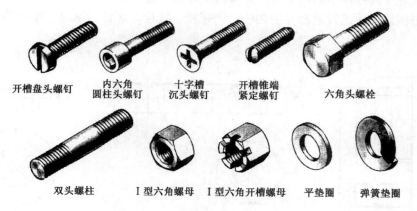

开槽盘头螺钉　内六角圆柱头螺钉　十字槽沉头螺钉　开槽锥端紧定螺钉　六角头螺栓

双头螺柱　　Ⅰ型六角螺母　Ⅰ型六角开槽螺母　平垫圈　弹簧垫圈

图 6-2-4　常用的螺纹连接件

二、常用螺纹紧固件的标记

常用螺纹紧固件的标记如表 6-2-1 所示。

表 6-2-1　常用螺纹紧固件的标记

名　称	标记示例	标记形式	说　明
螺栓	螺栓 GB/T5782—2000　M10×50	名称 标准编号 螺纹代号 ×公称长度	螺纹规格 d = M10、公称长度 l = 50 mm（不包括头部）的六角螺栓
双头螺柱	螺柱 GB/T898—1998　M12×40	名称 标准编号 螺纹代号 ×公称长度	螺纹规格 d = M12、公称长度 l = 40 mm（不包括旋入端）的双头螺柱
螺母	螺母 GB/T 6170—2000　M16	名称 标准编号 螺纹代号	螺纹规格 D = M16 的六角螺母
平垫圈	垫圈 GB/T 97.2—1985　16-140HV	名称 标准编号 公称尺寸-性能等级	公称尺寸 d = 16 mm、性能等级为140HV、不经表面处理的平垫圈
弹簧垫圈	垫圈 GB/T 93—1987　20	名称 标准编号 规格	规格（螺纹大径）为 20 mm 的弹簧垫圈
螺钉	螺钉 GB/T 65—2000　M10×40	名称 标准编号 螺纹代号 ×公称长度	螺纹规格 d = M10、公称长度 l = 40 mm（不包括头部）的开槽圆柱头螺钉
紧定螺钉	螺钉 GB/T 71—1985　M5×12	名称 标准编号 螺纹代号 ×公称长度	螺纹规格 d = M5、公称长度 l = 12 mm 的开槽锥端紧定螺钉

三、螺纹紧固件连接的画法规定

由于装配图主要是表达零、部件之间的装配关系，为了提高画图速度，螺纹连接件各部分的尺寸（除公称长度外）可简便地按比例画法绘制。单个螺纹紧固件的比例画法如图6-2-5所示。

画螺纹紧固件应遵守以下三个基本规定。

（1）两零件的接触表面只画一条粗实线，不接触的两表面画两条粗实线。

（2）剖视图中相邻零件的剖面线方向应相反；若方向相同，则应使间距不同或错开；同一零件在各个剖视图中的剖面线方向与间距均应一致。

（3）若剖切平面通过紧固件的轴线，则螺栓、螺柱、螺钉、螺母、垫圈等标准件均按不剖绘制。

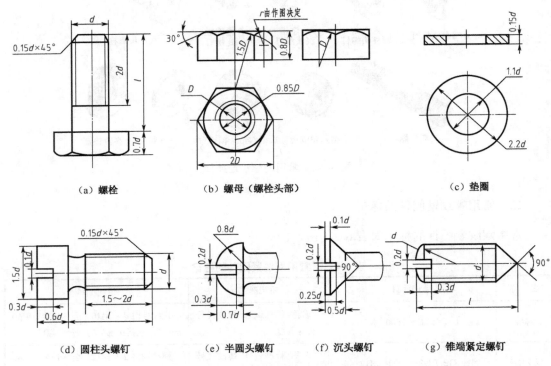

（a）螺栓　　　　　　　　（b）螺母（螺栓头部）　　　　　　　　（c）垫圈

（d）圆柱头螺钉　　　（e）半圆头螺钉　　　（f）沉头螺钉　　　（g）锥端紧定螺钉

图 6-2-5　单个螺纹紧固件的比例画法

任务实施

一、识读螺栓连接画法

1. 螺栓连接的组成

螺栓连接由螺栓、螺母、垫片及两个连接件组成，螺栓用来连接不太厚且允许钻成通孔的零件，如图 6-2-6 所示。

连接前，先在两个连接件上钻出通孔，将螺栓从一端插入孔中，另一端再加上垫圈，拧紧螺母，即完成了螺栓连接。

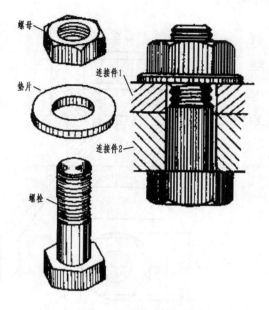

图 6-2-6　螺栓连接件

2. 螺栓连接的比例画法

螺栓连接的比例画法如图 6-2-7 所示。

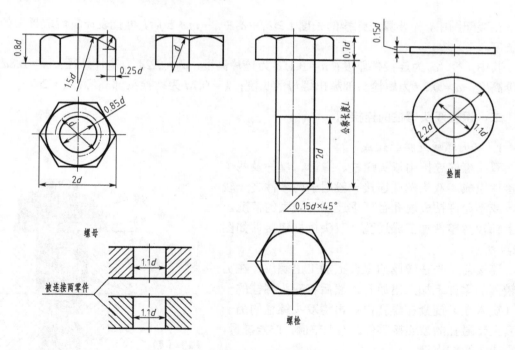

图 6-2-7　螺栓连接比例画法

3. 识读螺栓连接的简化画法

螺栓连接的简化画法如图 6-2-8 所示。

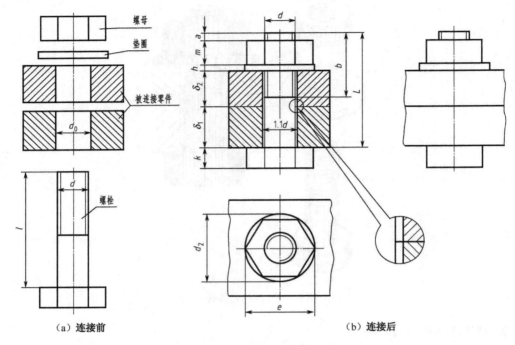

（a）连接前　　　　　　　　　　　　　　　　（b）连接后

图 6-2-8　螺栓连接的简化画法

在装配图中，先要算出螺栓的长度 $L \geqslant \delta_1 + \delta_2 + h + m + a$ 后，再查表计算后取最短的标准长度。

其中，δ_1、δ_2 为连接件厚度；$h = 0.15d$ 为垫片高度；$d_2 = 2.2d$ 为垫片外径；$m = 0.8d$ 为螺母高度；$a = 0.3d$ 为螺栓头部超出螺母的长度；$k = 0.7d$ 为螺栓头部高度；$e = 2d$。

二、识读双头螺柱的连接图

1. 双头螺柱连接的组成

双头螺柱连接由双头螺柱、螺母、垫片及两个连接件组成。双头螺柱连接一般用于两零件之一较厚，或不允许钻成通孔且要求连接力较大的情况。其上部较薄零件加工成通孔。双头螺柱连接件如图 6-2-9 所示。

连接前，先在较厚的零件上加工出螺纹，在另一较薄的零件上加工出通孔，然后将双头螺柱的一端（旋入端）旋紧在螺孔内；再将双头螺柱的另一端套上带通孔的被连接零件，加上垫圈，拧紧螺母，即完成了螺柱连接。

2. 识读双头螺柱连接的比例画法

双头螺柱连接的比例画法如图 6-2-10 所示。

为保证连接牢固，双头螺柱旋入端的长度 b_m 随旋入零件（机体）材料的不同而有以下四种长度。

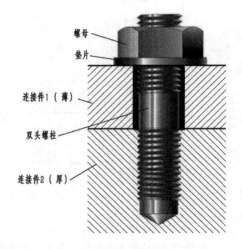

图 6-2-9　双头螺柱连接件

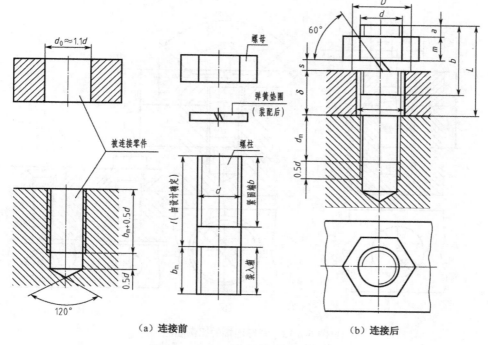

（a）连接前   （b）连接后

图 6-2-10 双头螺柱连接比例画法

钢或青铜 $b_{\mathrm{m}} = 1d$；铸铁或铜 $b_{\mathrm{m}} = 1.25d$ 或 $1.5d$；铝或其他软材料 $b_{\mathrm{m}} = 2d$。

在装配图中，先要算出螺柱的公称长度 $L \geqslant \delta + s + m + a$ 后，再查表计算后取最短的标准长度。

其中，δ 为较薄连接件厚度；$s = 0.2d$ 为弹簧垫片高度；$D = 1.5d$ 为弹簧垫片直径；$m = 0.8d$ 为螺母高度；$a = 0.3d$ 为螺柱头部超出螺母的长度。

三、识读螺钉连接图

1. 螺钉连接的组成

螺钉按用途可分为连接螺钉和紧定螺钉两类。连接螺钉一般用于受力不大且不需要经常拆装的零件连接中。它的两个连接件，较厚的零件加工出螺孔，不用螺母，直接将螺钉穿入通孔并拧入螺孔中，这种连接图的画法，其拧入螺孔端与螺柱连接相似，穿过通孔端与螺栓连接相似。螺钉连接件如图 6-2-11 所示。

2. 螺钉连接的比例画法

螺钉连接的比例画法如图 6-2-12 所示。

在装配图中，标注螺钉的公称长度 $L = b_{\mathrm{m}} + \delta$ 后，再查表计算后取最短的标准长度。

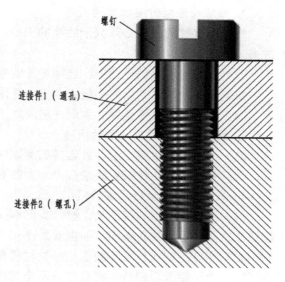

图 6-2-11 螺钉连接件

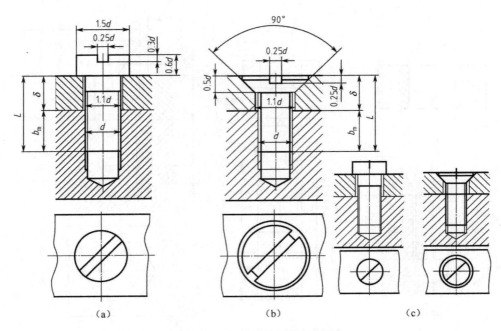

图 6-2-12　螺钉连接的比例画法

四、要点小结

1. 螺纹紧固件连接的画法中应遵守的规定

（1）两零件的接触面画一条线，不接触面画两条线。

（2）相邻两零件的剖面线应不同，即方向相反或间隔不等。但同一个零件在各个视图中的剖面线的方向和间隔应一致。

（3）在剖视图中，若剖切平面通过螺纹紧固件的轴线时，这些紧固件按不剖来画。

2. 画螺栓连接时应注意的问题

（1）连接件的通孔必须大于螺栓的大径，否则成组装配时，由于孔间距有误差而装不进去。

（2）在螺栓连接剖视图中，连接零件的接触面画到螺栓大径处，如图 6-2-13 所示。

（3）螺母及螺栓的六角头投影，三个视图应符合投影关系。

（4）螺栓的螺纹终止线必须画在垫圈之下，否则螺母可能拧不紧。

3. 画螺柱连接时应注意的问题

（1）旋入端螺纹终止线与被连接的两零件的结合面平齐。

（2）弹簧垫圈应按规定画法画出，如图 6-2-14 所示。

4. 画螺钉连接时应注意的问题

（1）在投影为圆的视图上，螺钉头部不按投影关系绘制，而是将其倾斜 $45°$ 画出，螺纹终止线要高于螺纹孔端面，如图 6-2-15 所示。

（2）螺钉的旋入长度与被连接件的材料有关，可对应选取。

（3）由于旋入后螺钉的螺纹部分不全部旋入螺孔中，故螺钉的螺纹终止线在图中不应与螺孔孔口平齐，而应高出孔口。

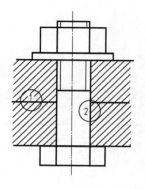
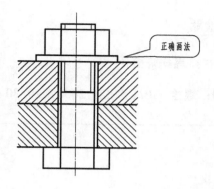

图 6-2-13 螺栓连接常见错误

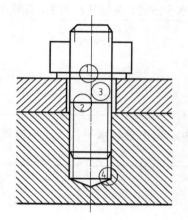
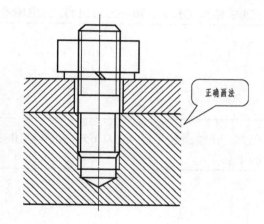

图 6-2-14 螺柱连接常见错误

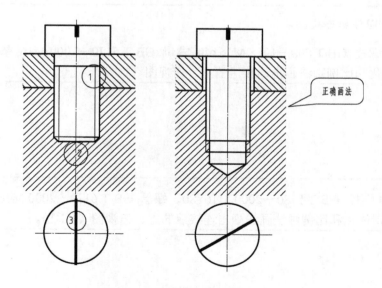

图 6-2-15 螺钉连接常见错误

任务检验

1. 画出下列螺纹紧固件

① 已知：螺栓 GB/T 5782—2000 M20×80。画出轴线水平放置、头部朝左的主、左视图（1∶1）

② 已知：螺母 GB/T 6170—2000 M20。画出轴线水平放置、头部朝左的主、左视图（1∶1）

③ 已知：开槽圆柱螺钉 GB/T 65—2000 M10×30。画出轴线水平放置、头部朝左的主、左视图（2∶1）

2. 螺纹紧固件的连接画法

① 已知：螺柱 GB/T 898—1988 M16×40、螺母 GB/T 6170—2000 M16，垫圈 GB/T 97.1—2002，用简化和比例画法画出连接后的主、俯视图（1∶1）。

② 已知：螺栓 GB/T 5780—2000 M16×80、螺母 GB/T 6170—2000 M16，垫圈 GB/T 97.1—2002，用简化和比例画法画法画出连接后的主、俯视图（1∶1）。

任务 3 识读与绘制圆柱齿轮

任务目标

（1）能认识齿轮各几何要素的名称。

（2）能计算标准直齿圆柱齿轮各部分的尺寸。

（3）能识读、绘制齿轮零件图。

（4）能识读、绘制圆柱齿轮的啮合图。

任务呈现

如图 6-3-1 所示，识读单个直齿圆柱齿轮和啮合尺寸的规定画法

图 6-3-1 单个直齿圆柱齿轮及其啮合

知识准备

齿轮是广泛应用于机器或部件中的传动零件，它不仅用来传递动力，还能改变转速和回转方向。齿轮的轮齿部分已经标准化。如图 6-3-2 所示是齿轮传动中常见的三种类型。

（a）圆柱齿轮　　　　　（b）圆锥齿轮　　　　　（c）蜗轮蜗杆

图 6-3-2 常见齿轮传动类型

（1）圆柱齿轮——用于两平行轴之间的传动。

（2）圆锥齿轮——用于两相交轴之间的传动。

（3）蜗轮蜗杆——用于两垂直交叉轴之间的传动。

齿轮的齿廓曲线形状有多种，应用最广的是渐开线。轮齿的方向有直齿、斜齿和人字齿。这里主要介绍直齿渐开线圆柱齿轮的几何要素及画法。

1．标准直齿圆柱齿轮各部分名称及尺寸关系

直齿圆柱齿轮各部分名称如图 6-3-3 所示。

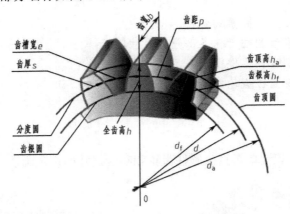

图 6-3-3　直齿圆柱齿轮各部分名称

2．各部分名称及含义

齿轮各部分名称如表 6-3-1 所示。

表 6-3-1　齿轮各部分名称

名　称	含　义
齿数 Z	轮齿的数量
齿顶圆 d_a	圆柱齿轮上齿顶圆柱面与端平面的交线
齿根圆 d_f	圆柱齿轮齿根圆柱面与端平面的交线
分度圆 d	圆柱齿轮的分度圆柱面与端平面的交线。在标准情况下，齿槽宽 e 与齿厚近似相等，即 $e=s$
齿高 h	轮齿的齿顶到齿根在径向上的高度称为全齿高 h；齿顶圆与分度圆之间的径向距离为齿顶高 h_a；分度圆与齿根圆之间的径向距离为齿根圆 h_f
齿距 p	在分度圆上，相邻两齿廓对应点之间的弧长为齿距 p；在标准齿轮中，分度圆上齿厚 $s=$齿槽 e，即 $p=s+e$
模数 m	由于齿轮的分度圆周长 $=Zp=\pi d$，则 $d=Zp/\pi$，为计算方便，令 $p/\pi=m$ 称为模数，则 $d=mZ$。模数是设计、制造齿轮的重要参数。单位为 mm，齿轮模数数值已经标准化，如表 6-3-2 所示。模数标准化后，将大大有利于齿轮的设计、计算与制造
齿形角 α	齿形角是指通过齿廓曲线上与分度圆的交点所作的径向与切向直线所夹锐角，用 α 表示，根据 GB/T 1356—2001 的规定，我国采用的标准齿形角 α 为 20°

一对相配的齿轮模数 m 和齿形角 α 相等，两者才能正确啮合。

需要说明的是，以上是对齿轮部分术语的通俗表述，齿轮术语的严格定义可查阅 GB/T 3374—1992。

表 6-3-2　渐开线圆柱齿轮模数（GB/T 1357—1987）　　　　（单位：mm）

圆柱齿轮 m	第一系列	1，1.25，1.5，2，2.5，3，4，5，6，8，10，12，16，20，25，32，40，50
	第二系列	1.75，2.25，2.75，（3.25），3.5，（3.75），4.5，5，（6.5），7，9，（11），14，18，22，28，36，45

标准直齿圆柱齿轮各部分尺寸计算关系如表 6-3-3 所示。

表 6-3-3　标准直齿圆柱齿轮各部分尺寸计算关系

名　称	代　号	计算公式	说　明
齿数		根据设计要求或测绘而定	Z、m 是齿轮的基本参数，设计计算时，先确定 m、Z，然后得出其他部分尺寸
模数	m	$m = p/\pi$ 根据强度计算或测绘而得	
分度圆直径	d	$d = mZ$	
齿顶圆直径	d_a	$d_a = d + 2h_a = m(Z + 2)$	齿顶高 $h_a = m$
齿根圆直径	d_f	$d_f = d - 2h_f = m(Z - 2.5)$	齿根高 $h_f = 1.25m$
齿宽	b	$b = 2p \sim 3p$	齿距 $p = \pi m$
中心距	a	$a = (d_1 + d_2)/2 = (Z_1 + Z_2)m/2$	齿高 $h = h_a + h_f$

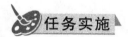 任务实施

一、识读单个圆柱齿轮的画法

齿轮上的轮齿是多次重复出现的结构，为简化制图，可按国家标准的规定，采用特殊画法表示。但其余的轮辐、轮毂部分仍按基本的表示法绘制。

圆柱齿轮的画法如图 6-3-4 所示。

（1）齿顶圆和齿顶线用粗实线绘制。

（2）分度圆和分度线用细点画线绘制（分度线应超出轮廓线 2～3mm）。

（3）齿根圆和齿根线用细实线绘制，也可省略不画。

（4）在剖视图中，当剖切平面通过齿轮的轴线时，轮齿一律按不剖绘制，齿根线用粗实线绘制。

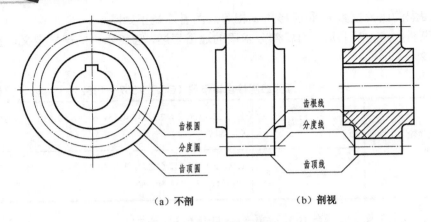

（a）不剖　　　　　　　　　　（b）剖视

图 6-3-4　圆柱齿轮的画法

二、识读两个啮合齿轮的画法

一对模数、压力角相同且符合标准的圆柱齿轮处于正确的安装位置（装配正确）时，其分度圆和节圆重合。如图 6-3-5 所示，啮合区的画法规定如下。

（1）在垂直于圆柱齿轮轴线的投影面的视图中，两节圆应相切；啮合区内的齿顶圆用粗实线绘制，也可省略不画；齿根圆全部不画。

（2）在平行于圆柱齿轮轴线的投影面的视图中，啮合区内的齿顶线不需要画出，节线用粗实线绘制。

（3）在剖视图中，当剖切平面通过两啮合齿轮的轴线时，在啮合区内，将一个齿轮的轮齿用粗实线绘制，另一个齿轮的轮齿被遮挡的部分用虚线绘制，这根虚线也可省略不画。当剖切平面不通过啮合齿轮的轴线时，齿轮一律按不剖绘制。啮合区的齿顶线不用画出，节线（分度线）用粗实线绘制，其他处的节线用点画线绘制，啮合区内的齿顶圆均用粗实线绘制。

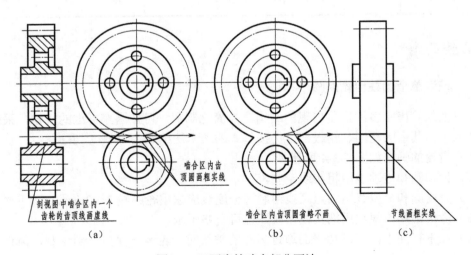

（a）　　　　　　　　　　　（b）　　　　　　　　　　　（c）

图 6-3-5　两齿轮啮合部分画法

任务检验

1. 完成单个直齿圆柱齿轮的画法

已知直齿圆柱齿轮 $m = 2$、$Z = 30$，计算该齿轮的齿顶圆、分度圆、齿根圆的直径，用 $1 : 1$ 的比例完成齿轮视图

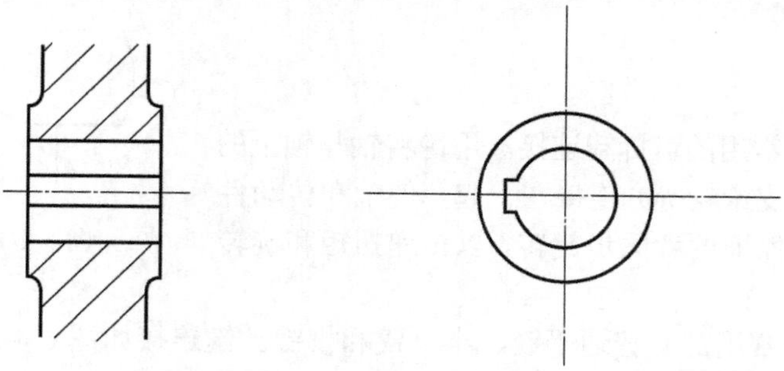

2. 完成啮合齿轮的画法

已知大齿轮的模数 $m = 4$，齿数 $z_2 = 38$，两齿轮的中心距 $a = 110$；试计算大小齿轮的分度圆、齿顶圆及齿根圆的直径，用 $1 : 2$ 完成下列直齿圆柱齿轮的啮合图。将计算公式写在图的左侧空白处

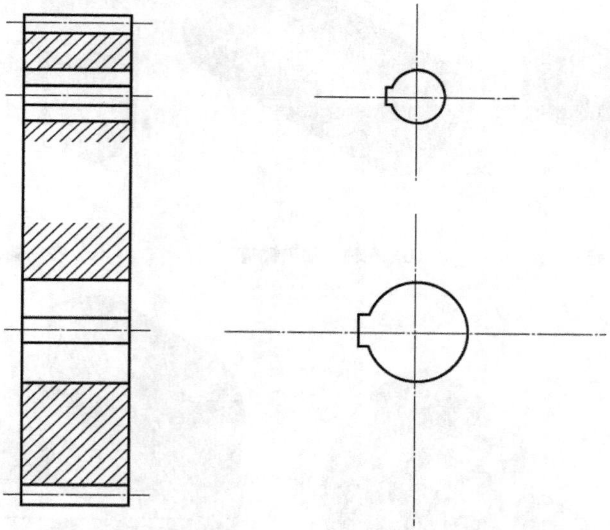

任务 4　识读键连接的画法

任务目标

（1）识读键连接的标注方法。
（2）能按国家标准要求绘制键连接图。

如图 6-4-1 所示，识读普通平键（GB/T 1095—2003）连接图。

知识准备

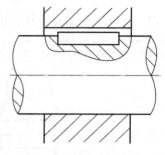

图 6-4-1　键连接画法

键连接是一种常用的可拆卸连接。用键将轴与轴上的传动件（如齿轮、皮带轮等）连接在一起，使轴和传动件不产生相对运动，保证两者同步旋转，以传递扭矩和旋转运动。

键是标准件，常用的有普通平键、半圆键和楔键。键连接如图 6-4-2 所示。

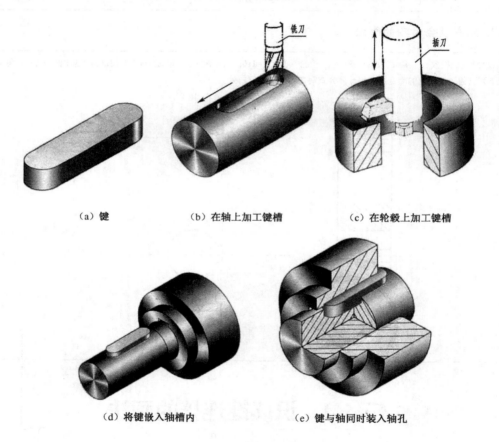

（a）键　　　　　　　（b）在轴上加工键槽　　　　　（c）在轮毂上加工键槽

（d）将键嵌入轴槽内　　　　　（e）键与轴同时装入轴孔

图 6-4-2　键连接

1. 普通平键的类型和标记（GB/T 1096—2003）

普通平键有三种类型：A 型（圆头）、B 型（平头）、C 型（单圆头），如图 6-4-3 所示。键的标记由名称、类型与尺寸、标准编号组成。

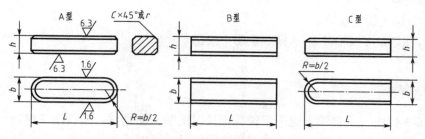

图 6-4-3 普通平键的分类

例：A 型普通（圆头）平键，宽度 $b=16$mm，高度 $h=10$mm，长度 $L=100$mm。

标记为：键 16×10×100 GB/T 1096

例：B 型普通（平头）平键，宽度=18mm，高度 $h=16$mm，长度=100mm。

标记为：键 B 18×16×100 GB/T 1096

除 A 型省略型号外，B 型和 C 型要标注出型号。

2. 普通平键键槽的画法

如图 6-4-4 所示，键槽上各参数的含义如下。

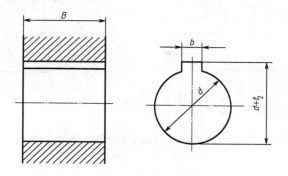

图 6-4-4 键槽

（1）t_2 为轮毂上键槽深度。

（2）b 为键槽宽度。

（3）t_2、b、B 可按孔径 d 从标准中查出。

4. 轴槽的画法

如图 6-4-5 所示，键槽上各参数的含义如下。

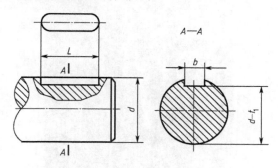

图 6-4-5 轴槽

（1）t_1 为轴上键槽深度。

（2）b、t_1、L 可按轴径 d 从标准手册中查出。

任务实施

如图 6-4-1 所示为普通平键用于轴孔连接时的装配图画法，主视图中键被剖切面纵向剖切，键按不剖处理，为表示键在轴上的装配情况，采用了局部剖视。左视图中键被剖切面横向剖切，键要画剖面线（与轮的剖面线方向相反，或一致但间隔不等）。

在左视图上，键的两个侧面分别与轴的键槽和轮毂的键槽的两个侧面配合，是工作面，键的底面与轴的键槽底面接触，只画一条线。键的顶面与键槽顶面不接触，应画两条线。普通平键连接画法如图 6-4-6 所示。

普通平键的尺寸和键槽的断面尺寸可按轴的直径查阅有关标准。

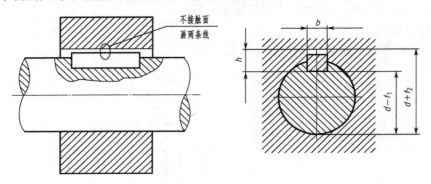

图 6-4-6　普通平键连接画法

任务拓展

一、销连接

销也是标准件，通常用于零件间的连接或定位。常用销有圆柱销、圆锥销，如图 6-4-7 所示。

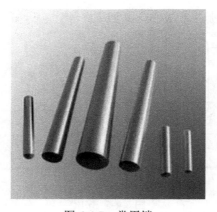

图 6-4-7　常用销

为了保证两零件在装拆后不致降低精度，常用圆柱销或圆锥销将两零件定位，为了加工和装拆方便，应将销孔制成通孔，如图 6-4-8 所示。

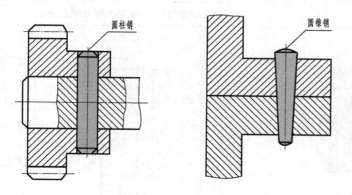

图 6-4-8　销连接的画法

注意：

圆柱销和圆锥销的装配要求较高，其销孔一般要在被连接零件装配后同时加工，并在零件图上加以注明。

二、滚动轴承

滚动轴承是一种标准部件，其作用是支承旋转轴及轴上的机件，它具有结构紧凑、摩擦力小等特点，在机械中被广泛地应用。

1. **滚动轴承的结构及表示法**

滚动轴承的种类繁多，但其结构大体相同，一般由外圈、内圈、滚动体和保持架组成。滚动轴承的结构如图 6-4-9 所示。

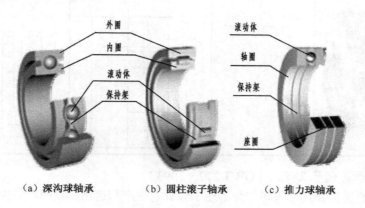

（a）深沟球轴承　　　（b）圆柱滚子轴承　　　（c）推力球轴承

图 6-4-9　滚动轴承的结构

因保持架的形状复杂多变，滚动体的数量较多，设计绘图时若用真实投影表示，则十分烦琐，为此国家标准规定了简化的表示法。

滚动轴承表示法包括三种画法，即通用画法、特征画法和规定画法，前两种画法又合称为简化画法。常用滚动轴承的表示法如表 6-4-1 所示。

表 6-4-1　常用滚动轴承的表示法

轴承类型	结构形式	通用画法	特征画法	规定画法	轴承特征
		均指滚动轴承在所属装配图的剖视图中的画法			
深沟球轴承 GB/T 276—1994 60000 型			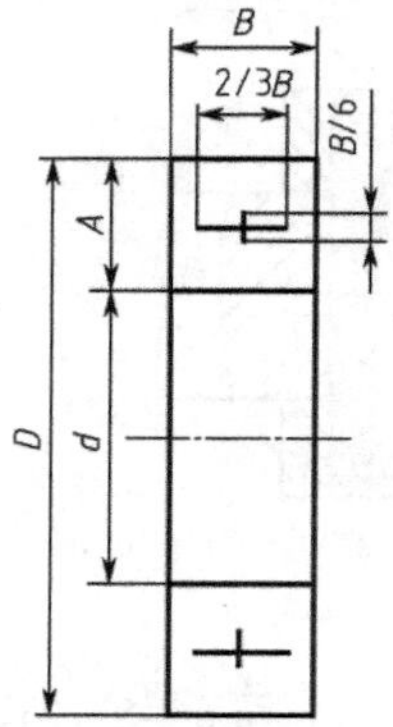	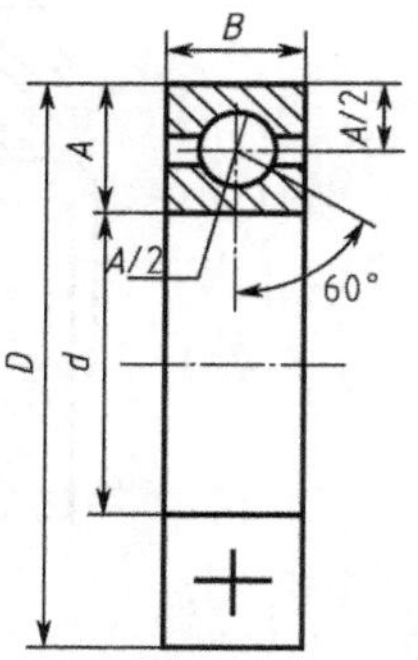	主要承受径向载荷
圆锥滚子轴承 GB/T 276—1994 30000 型		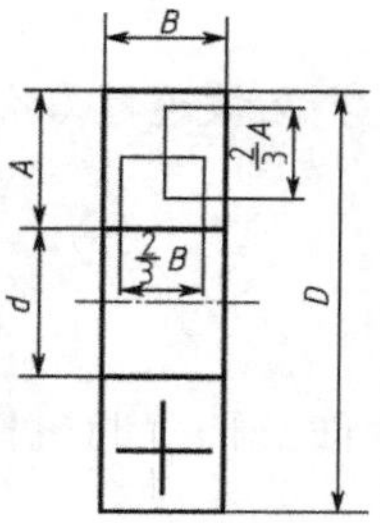	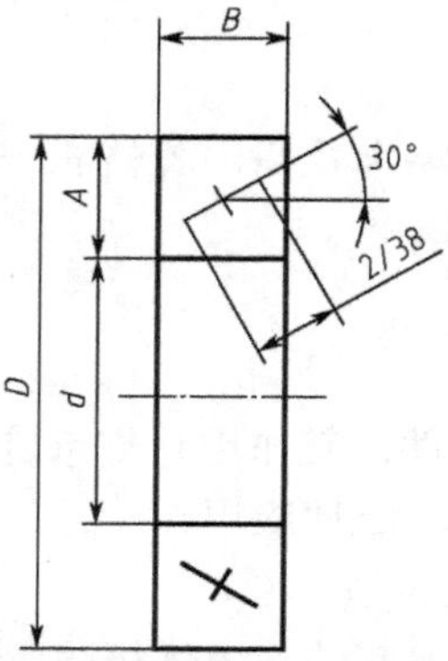	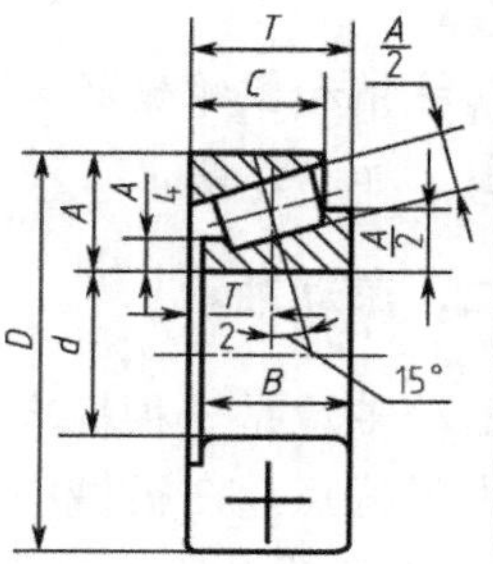	主要承受径向和轴向载荷
推力球轴承 GB/T 276—1994 51000 型			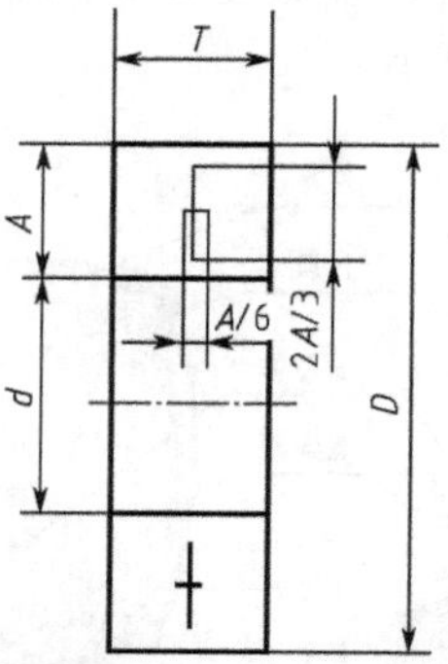	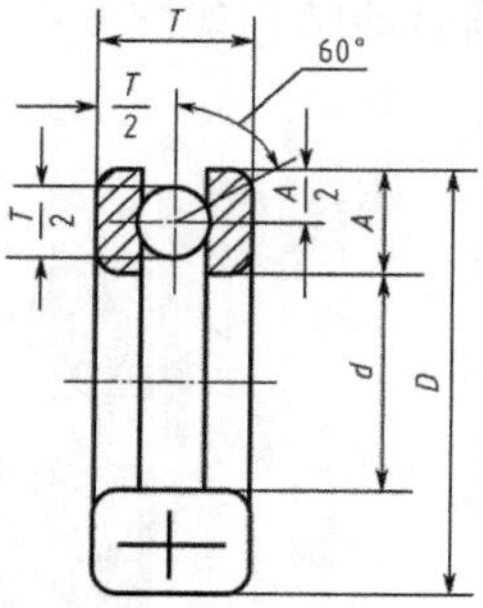	主要承受轴向载荷

2. 滚动轴承的代号及标记（GB/T 272—1993）

滚动轴承的类型和尺寸很多，为了便于设计、生产和选用，我国在 GB/T 272—1993 中规定，一般用途的滚动轴承代号由前置代号、基本代号和后置代号构成，其排列顺序为：前置代号　基本代号　后置代号。

1）基本代号

轴承基本代号由轴承的类型代号、尺寸系列代号及内径代号构成（具体可查表）。基本代号最左边的一位数字（或字母）为类型代号（见表 6-4-2），接着是尺寸系列代号，它由宽度和直径系列代号组成，可以从 GB/T 272—1993 中查取，最后是内径代号，当内径代号

≥04 时，则内径 ＝ 代号×5；当内径代号为 00、01、02 和 03 时，其内径分别为 10mm、12mm、15mm 和 17mm。

例：

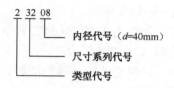

表6-4-2　滚动轴承的类型代号

代 号	轴承类型	代 号	轴承类型
0	双列角接触球轴承	7	角接触球轴承
1	调心球轴承	8	推力圆柱滚子轴承
2	调心滚子轴承和推力调心滚子轴承	N	圆柱滚子轴承
3	圆锥滚子轴承		双列或多列用字母 NN 表示
4	双列深沟球轴承	U	外球面球轴承
5	推力轴承	QJ	四点接触球轴承
6	深沟球轴承	—	—

2）前置、后置代号

前置、后置代号是轴承在结构、形状、尺寸、公差、技术要求等有改变时，在基本代号左右添加的补充代号（具体可查表）。

3）滚动轴承的标记

根据各类轴承的相应标准规定，轴承的标记由三部分组成：轴承名称　轴承代号　标准编号。例如，滚动轴承 6220　GB/T 276—1994。

三、弹簧

弹簧的用途很广，它可以用来减震、夹紧、测力和储能等。其特点是外力去除后能立即恢复原状。常用弹簧的分类如图 6-4-10 所示。

图 6-4-10　常用弹簧的分类

1. 圆柱螺旋压缩弹簧各部分名称及尺寸计算（如图 6-4-11 所示）

（1）弹簧外径 D：弹簧的最大直径。

（2）弹簧钢丝直径 d。

（3）弹簧内径 D_1：弹簧最小直径。

（4）弹簧中径 D_2：弹簧内、外径的平均值，即

$$D_2 = \frac{D + D_1}{2} = D_1 + d = D - d$$

（5）节距 t：弹簧相邻两圈间的轴向距离。

（6）支承圈数 n_0：弹簧两端不起弹力作用，只起支承作用的圈数。一般为 1.5 圈、2.5 圈，常用 2.5 圈。

（7）有效圈数 n：除支承圈外，保持节距相等的圈数。

（8）总圈数 n_1：支承圈与有效圈之和，即

$$n_1 = n_0 + n$$

（9）自由高度 H_0：弹簧在没有负荷时的高度，即

$$H_0 = nt + (n_0 - 0.5)d$$

（10）簧丝长度 L：弹簧钢丝展直后的长度，即

$$L = n_1 + \sqrt{(\pi d_2)^2 + t^2}$$

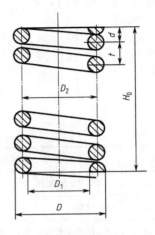

图 6-4-11　弹簧各部分名称

（11）螺旋弹簧分为左旋和右旋两类。

2. 圆柱螺旋压缩弹簧的规定画法（GB/T 4459.4—2003）

（1）在平行于螺旋弹簧轴线的投影面的视图中，各圈的轮廓线应画成直线。

（2）左旋弹簧允许画成右旋，但要加注"左"字。

（3）螺旋压缩弹簧如果两端并紧磨平时，不论支承圈多少和末端并紧情况如何，均按支承圈为 2.5 圈的形式画出。

（4）4 圈以上的弹簧，中间各圈可省略不画，而用通过中径线的点画线连接起来。

（5）在装配图中，螺旋弹簧被剖切后，不论中间各圈是否省略，被挡住的结构一般不画，其可见部分应从弹簧的外轮廓线或弹簧钢丝剖面的中心线画起，如图 6-4-12（a）所示。

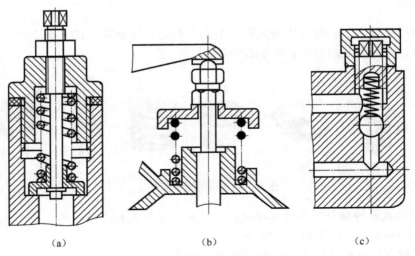

（a）　　　　　　　　（b）　　　　　　　　（c）

图 6-4-12　装配图中螺旋弹簧的画法

（6）在装配图中，当弹簧钢丝直径在图上等于或小于 2mm 时，其剖面可以涂黑表示，如图 6-4-12（b）所示，或采用如图 6-4-12（c）所示的画法。

3. 圆柱螺旋压缩弹簧画法

圆柱螺旋压缩弹簧画法步骤如图 6-4-13 所示。

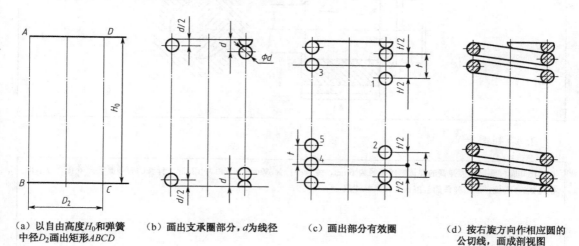

（a）以自由高度 H_0 和弹簧中径 D_2 画出矩形 ABCD

（b）画出支承圈部分，d 为线径

（c）画出部分有效圈

（d）按右旋方向作相应圆的公切线，画成剖视图

图 6-4-13　圆柱螺旋压缩弹簧画法步骤

任务检验

1. 键连接画法

已知齿轮和轴，用 A 型圆头普通平键连接。轴孔直径为 40mm。写出键的规定标记；查表确定键和键槽的尺寸，用 1 : 2 的比例画全下列视图、剖视图和断面图，并标注出①、②图中轴径和键槽的尺寸，在③中画出连接后的图形

键的规定标记：键 12×40 GB1096—1979

①轴　　　　　　　　　　　　　　　　　② 齿轮

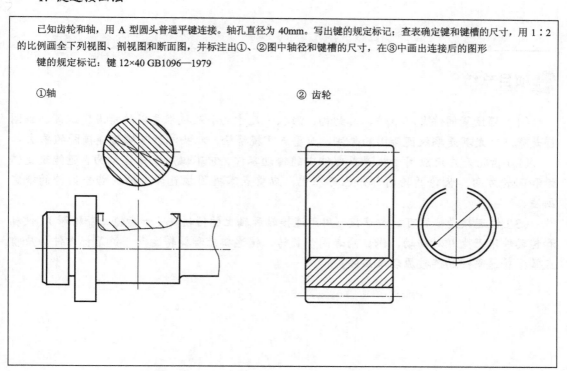

③ 齿轮和轴连接后

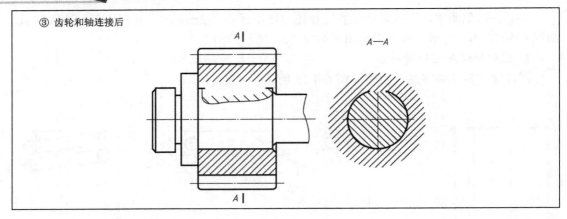

2. 绘制弹簧

已知圆柱螺旋压缩弹簧的弹簧钢丝直径为 6mm，弹簧中径为 60mm，节距为 12mm，弹簧的有效圈数为 6 圈，支承圈数为 2.5，右旋，画出弹簧的全剖视图，并标注尺寸

🖐 项目总结 ....

（1）螺纹紧固件是标准件，其结构、形状、尺寸大小及技术要求均标准化，读、画图样是难点，尤其是螺纹连接图的画法，应重点掌握螺栓、双头螺柱及螺钉连接图的画法。

（2）齿轮是广泛应用于机器或部件中的传动零件，它不仅用于传递动力，还能改变转速和回转方向。齿轮的轮齿部分已标准化，应重点掌握圆柱直齿齿轮及啮合齿轮的规定画法。

（3）键连接是一种可拆卸连接，用于连接轴和轴上的传动件（如齿轮、带轮等），使轴和传动件不产生相对转动，保证两者同步旋转，传递扭矩和旋转运动。键是标准件，应重点掌握普通平键的连接原理及画法。

项目七 识读零件图

项目目标

（1）能对零件的形状进行分析，选择正确的表达方案。
（2）能识读零件图中尺寸公差、形位公差、表面粗糙度等技术要求。
（3）能识读轴的零件图。
（4）能识读套筒零件图。
（4）能识读轴承盖零件图。
（5）能识读支架零件图。

项目描述

零件图是现代工业生产中必不可少的技术资料，每个工程技术人员均应熟悉和掌握有关零件图的基本知识与技能。本项目设置了识读轴的零件图、识读套筒零件图、识读轴承盖零件图、识读支架零件图 4 个学习任务，将识读零件图融入各个学习任务中，使同学们在"做中学，学中做"，充分体现了现代职业教育理念。

任务 1 识读轴的零件图

任务目标

（1）能对零件的形状进行分析，选择正确的表达方案。
（2）能识读零件图中尺寸公差。
（3）能识读轴的零件图。

任务呈现

如图 7-1-1 所示，识读阶梯轴零件图。

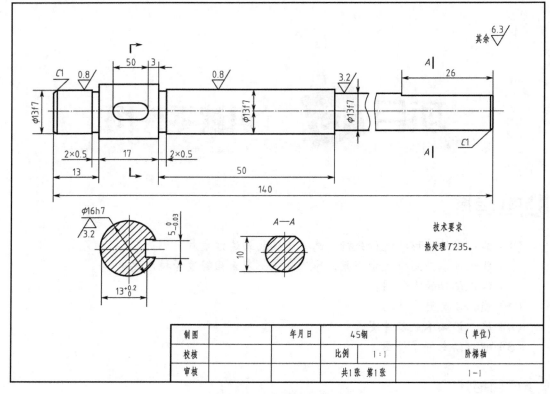

图 7-1-1　阶梯轴零件图

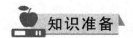 **知识准备**

一、零件图的概念

零件是组成机器或部件的基本单位。零件图是用来表示零件的结构和形状、大小及技术要求的图样，是直接指导制造和检验零件的重要技术文件。

二、零件图的内容

（1）一组视图：完整、清晰地表达零件的结构和形状。

（2）全部尺寸：表达零件各部分的大小和各部分之间的相对位置关系。

（3）技术要求：表示或说明零件在加工、检验过程中所需的要求。

（4）标题栏：填写零件名称、材料、比例、图号、单位名称及设计、审核等有关人员的签字。每张图纸都应有标题栏。标题栏的方向一般为看图的方向。

三、零件图的表达方案

零件图要求将零件的结构和形状正确、完整、清晰地表达出来，为满足这些要求，首先要对零件的形状特征进行分析，并了解零件在机器部件中的位置和作用，然后灵活地采用视图、剖视图、断面图及其他各种表达法，选择主视图和其他视图，确定一个合理的表达方案。零件的视图选择就是选用一组合适的视图表达出零件的内、外结构和形状及其各部分的相对位置关系。

零件视图选择的一般步骤如下。

（1）分析零件的结构和形状。

（2）选择主视图。

（3）选择其他视图，初定表达方案。

（4）分析、调整，形成最后表达方案。

1. 主视图的选择

主视图是表达零件的关键视图，选择得合理与否，不但直接关系到零件结构和形状表达得清楚与否，而且关系到其他视图数量和位置的确定，影响到看图和画图是否方便。为此，在选择主视图时，应首先确定零件的安放位置，再确定投射方向。

1）确定主视图的安放方向

一般原则是：对于回转体类零件，其安放位置应选择在加工位置；对于叉架、箱体类等零件，因其加工工序较多，加工位置多变，故零件的安放位置应选择在工作位置；对于倾斜安装的零件，为便于画图，应选择在将零件放正的位置。

（1）工作位置。

工作位置是零件在机器（部件）上所处的位置。主视图中的零件位置与工作位置一致，能较容易反映出零件的工作状况，便于阅读。例如，支座、箱体等非回转体类零件通常是按工作位置画主视图。

（2）加工位置。

加工位置是零件加工时在机床上的装夹位置。对于回转类零件主要的加工工序是在车床和磨床上进行的，故这类零件的主视图一般都将轴线置于水平位置绘制，以便于操作者在加工时，图物能够直接对照。例如，轴、盘、套等回转体类零件通常是按加工位置画主视图。

2）确定零件的投射方向

应选择最能反映零件结构形状特征及各组成形体之间相互关系的方向作为主视图的投射方向。如图 7-1-2 所示，如果以 A 向作为主视图的投射方向，可以表示轴的阶梯形状和直径，如果以 B 向作为主视图的投射方向，画出的主视图只是不同直径的同心圆，显然 B 向不如 A 向表示清楚。

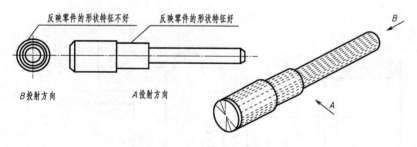

图 7-1-2 轴的主视图选择

2. 其他视图的选择

主视图确定后，应根据零件的结构和形状的复杂程度，分析零件还有哪些结构和形状需要表示清楚，将主视图未表达完整和清楚的内容用其他视图表达，并使每个视图都有表达重点。GB/T 17451—1998 中指出，当需要其他视图（包括剖视图和断面图）时，应按以下原则选取。

（1）在明确表示零件的前提下，使视图（包括剖视图和断面图）的数量为最少。

（2）尽量避免使用虚线表达零件的轮廓及棱线。

（3）避免不必要的细节重复。

四、极限与配合

现代化大规模生产，要求零件具有互换性，即从一批相同的零件中任取一件，不经修配就能装配使用，并能保证使用性能要求。零、部件具有互换性，不但给装配、修理机器带来方便，还可用专用设备生产，提高产品数量和质量，同时降低产品的成本。要满足零件的互换性，就要求有配合关系的尺寸在一个允许的范围内变动，并且在制造上又是经济合理的。为了满足零件的互换性，必须制定和执行统一标准，这里简要介绍国家标准《极限与配合》的基本内容。

1. **零件的尺寸公差**

在实际生产中，零件的尺寸不可能加工得绝对准确，而是允许零件加工后的实际尺寸在一个合理的范围内变动，这个允许尺寸的变动量就是尺寸公差，简称公差。

（1）基本尺寸：如图 7-1-3 所示，在 $\phi35^{-0.025}_{-0.050}$ 中，$\phi35$ 是设计时确定的尺寸，称为基本尺寸。

（2）最大极限尺寸：轴允许的最大尺寸为 35-0.025 = 34.975。

（3）最小极限尺寸：轴允许的最小尺寸为 35-0.050 = 34.950。

（4）偏差：注写在基本尺寸后面的 $^{-0.025}_{-0.050}$ 是控制尺寸的范围数值，称为尺寸偏差，简称偏差。其中-0.025 是上偏差，-0.050 是下偏差。极限偏差就是指上偏差和下偏差。最大极限尺寸减其基本尺寸所得的代数差称为上偏差；最小极限尺寸减其基本尺寸所得的代数差称为下偏差。偏差可以为正、为负或为零。

（5）公差（用 IT 表示）：$\phi35^{-0.025}_{-0.050}$ 的公差为 35.975-34.950 = 0.025 或-0.025-（-0.050）= 0.025，即最大极限尺寸与最小极限尺寸之差，或上偏差减下偏差之差，是允许尺寸的变动量。尺寸公差是一个没有符号的绝对值。轴加工后的实际尺寸如果在上、下偏差两个数值之间，即为合格产品。

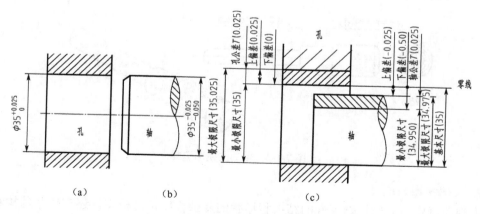

图 7-1-3　公差的基本术语

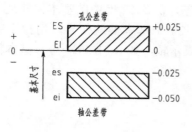

图 7-1-4　公差带图

在图 7-1-3（c）公差示意图中，有代表最大、最小极限尺寸或代表上、下偏差的两条直线所限定的区域，称为公差带，通常用公差带图表示，如图 7-1-4 所示。

公差带图汇总的零线是表示基本尺寸的一条直线，正偏差位于零线之上，负偏差位于零线之下。显然公差带沿零线垂直方向的宽度反映了公差大小。公差值越小，零件尺寸的精度越高，反之，尺寸的精度越低。

2. 标准公差与基本偏差

公差带包括两个要素，即公差带的大小及相对于零线的位置，分别由标准公差和基本偏差确定。

用以确定公差带大小的标准公差共分 20 个等级，即 IT01，IT0，IT1，IT2，…，IT18。IT 代表标准公差，IT 后的数字表示公差等级，IT01 级的公差值最小精度最高，IT18 级的公差值最大精度最低。

表 7-1-1 列出了国家标准（GB/T 1800.3—1998）规定的机械制造行业常用尺寸（尺寸至 500mm）的标准公差值。

表 7-1-1　标准公差值

基本尺寸 mm		标准公差等级																		
		IT01	IT0	IT1	IT2	IT3	IT4	IT5	IT6	IT7	IT8	IT9	IT10	IT11	IT12	IT13	IT14	IT15	IT16	IT17	IT18
大于	至	μm													mm						
—	3	0.3	0.5	0.8	1.2	2	3	4	6	9	14	25	40	60	0.1	0.14	0.25	0.4	0.6	1	1.4
3	6	0.4	0.6	1	1.5	2.5	4	5	8	12	18	30	48	75	0.12	0.18	0.3	0.48	0.75	1.2	1.8
6	9	0.4	0.6	1	1.5	2.5	4	6	9	15	22	36	58	90	0.15	0.22	0.36	0.58	0.9	1.5	2.2
9	18	0.5	0.8	1.2	2	3	5	8	11	18	27	43	70	19	0.18	0.27	0.43	0.7	1.1	1.8	2.7
18	30	0.6	1	1.5	2.5	4	6	9	13	21	33	52	84	130	0.21	0.33	0.52	0.84	1.3	2.1	3.3
30	50	0.7	1	1.5	2.5	4	7	11	16	25	39	62	90	160	0.25	0.39	0.62	1	1.6	2.5	3.9
50	80	0.8	1.2	2	3	5	8	13	19	30	46	74	120	190	0.3	0.46	0.74	1.2	1.9	3	4.6
80	120	1	1.5	2.5	4	6	9	15	22	35	54	87	140	220	0.35	0.54	0.87	1.4	2.2	3.5	5.4
120	180	1.2	2	3.5	5	8	12	18	25	40	63	90	160	250	0.4	0.63	1	1.6	2.5	4	6.3
180	250	2	3	4.5	7	10	14	20	29	46	72	115	185	290	0.46	0.72	1.15	1.85	2.9	4.6	7.2
250	315	2.5	4	6	8	12	16	23	32	52	81	130	29	320	0.52	0.81	1.3	2.1	3.2	5.2	8.1
315	400	3	5	7	9	13	18	25	36	57	89	140	230	360	0.57	0.89	1.4	2.3	3.6	5.7	8.9
400	500	4	6	8	9	15	20	27	40	63	97	155	250	400	0.63	0.97	1.55	2.5	4	6.3	9.7
注：基本尺寸小于或等于 1mm 时，无 IT14～IT18																					

由表 7-1-1 可知：标准公差的数值与标准公差等级和基本尺寸分段有关。为了确定公差带相对于零线的位置，将上、下偏差中的一个规定为基本偏差，一般为靠近零线（即绝

对值小）的那个偏差。例如，$\phi 35^{-0.025}_{-0.050}$ 的基本偏差是上偏差，而 $\phi 35^{+0.025}_{0}$ 中的基本偏差是下偏差。基本偏差用代号表示。国标对孔和轴分别规定了 28 个基本偏差代号，用拉丁字母表示，大写字母表示孔，如 A、B、C……，小写字母表示轴，如 a、b、c……。基本偏差代号如图 7-1-5 所示。

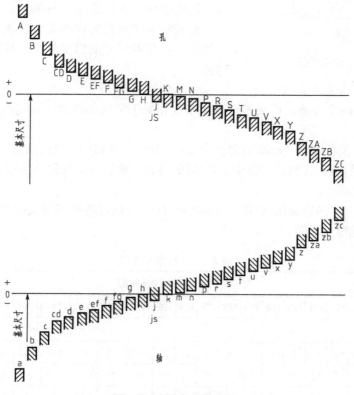

图 7-1-5　基本偏差代号

3. 公差带代号

孔、轴的尺寸公差可用公差带代号表示，公差带的代号由基本偏差代号（字母）和公差等级（数字）组成。例如，$\phi 50H8$ 的含义是：

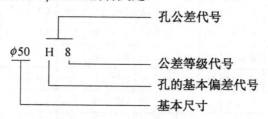

此公差带的全称是：基本尺寸为 $\phi 50$，公差等级为 8 级，基本偏差为 H 的孔的公差带。

4. 配合

配合是指基本尺寸相同的相互结合的孔和轴公差带之间的关系。根据使用要求的不同，配合有紧有松。孔的实际尺寸大于轴的实际尺寸，就会产生间隙；孔的实际尺寸小于轴的实际尺寸就会产生过盈。

（1）配合种类：间隙配合、过盈配合和过渡配合。

间隙配合——具有间隙（包括最小间隙等于零）的配合。此时孔的公差带在轴的公差带之上，如图 7-1-6（a）所示。

过盈配合——具有过盈（包括最小过盈等于零）的配合。此时孔的公差带在轴的公差带之下，如图 7-1-6（b）所示。

过渡配合——可能具有间隙或过盈的配合。此时孔的公差带与轴的公差带相互重叠，如图 7-1-6（c）所示。

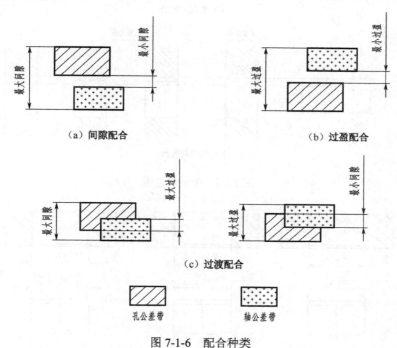

（a）间隙配合 （b）过盈配合

（c）过渡配合

孔公差带 轴公差带

图 7-1-6 配合种类

（2）配合制。

基本尺寸确定后，可通过改变孔、轴的基本偏差以得到松紧不同的各种配合。将其中一个零件作为基本件，使其基本偏差不变，而通过改变另一零件的基本偏差达到松紧不同的各种配合。国家标准规定了两种配合制——基孔制配合和基轴制配合。

①基孔制配合——基本偏差为一定的孔的公差带，与不同基本偏差的轴的公差带形成各种配合（间隙、过渡或过盈）的一种制度。零件图上的标注如图 7-1-7（a）所示。

基孔制配合中的孔称为基准孔，其基本偏差代号为 H，下偏差为零。

②基轴制配合——基本偏差为一定的轴的公差带，与不同基本偏差的孔的公差带形成各种配合（间隙、过渡或过盈）的一种制度，如图 7-1-7（b）所示。

基轴制配合中的轴称为基准轴，其基本偏差代号为 h，上偏差为零。

由于轴比孔容易加工，因此一般优先选用基孔制配合。在某些情况下，如一根等直径的轴上同时装配不同配合性质的孔时，应采用基轴制配合。

5. 极限与配合在图样上的标注

极限与配合在零件图上的标注有三种形式，如图 7-1-8 所示。

标注时要注意：图 7-1-8（a）所示公差代号注法中的 H7、k6 用与基本尺寸数字同号的字体书写，用于大批量生产的零件图上。

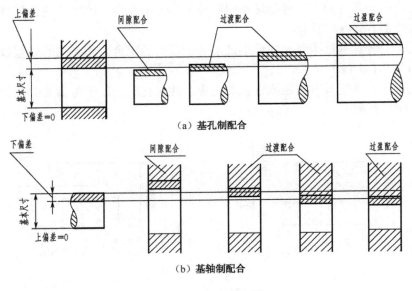

（a）基孔制配合

（b）基轴制配合

图 7-1-7　配合示意图

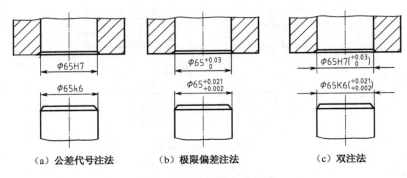

（a）公差代号注法　　　（b）极限偏差注法　　　（c）双注法

图 7-1-8　零件图上的标注

（1）上、下偏差绝对值不同时，偏差数字用比基本尺寸数字小一号的字体书写。下偏差应与基本尺寸注在同一底线上。偏差的标注方法如图 7-1-9 所示。

（2）若某一偏差为零，数字"0"不能省略，必须标出，并与另一偏差的整数个位对齐书写。

（3）若上、下偏差绝对值相同，则可简化标注。

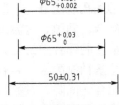

图 7-1-9　偏差的标注方法

五、识读零件图的方法和步骤

1. 识读零件图的方法

由于一般情况下机器零件都可以看成由一些基本形体叠加和切割组成的，因此识读零件图的方法仍是用组合体的形体分析法和线面分析法。

2. 识读零件图的步骤

1）读标题栏

从标题栏中了解零件的名称、材料、比例、件数等，根据典型零件的分类特点，初步了解零件在机器或部件中的用途、形状、制造时的工艺要求，估计出零件的实际大小。

2）分析视图

首先找出主视图，再看有多少剖视图、断面图及其他视图。弄清各视图、剖视图、断面图的名称、投影方向、剖切位置、剖切方法和表达的目的。

3）分析形体

（1）应用形体分析法假想把零件分解成几个基本部分。

（2）利用投影对应关系，在各个视图上找出有关该部分的图形。

（3）应用线面分析法或剖视图的读图方法，结合结构分析，逐一读懂基本部分的形状。

（4）弄清各基本部分的相对位置，将其综合起来，想象出零件的整体结构形状。

（5）在分析、想象的过程中，可以先分析想象出轮廓，然后再分析细节；先分析主要的部分，后分析次要的部分。

4）分析尺寸

（1）分析长、宽、高三个方向的尺寸基准。

（2）从基准出发，弄清哪些是主要尺寸及次要尺寸。

（3）根据结构形状，找出定形尺寸、定位尺寸和总体尺寸，检查尺寸标注是否齐全合理。

5）分析技术要求

看图时对于表面粗糙度、尺寸精度、形位公差及其他技术要求等，要逐项仔细分析。然后根据现有加工条件，确定合理的加工方法，制定正确的制造工艺，以保证提高产品质量。

任务实施

识读如图 7-1-1 所示的阶梯轴零件图。

轴类零件包括各种轴、丝杆等，主要用来支承传动件（如齿轮、链轮、带轮等），传递运动和动力。轴类零件的主体是同轴回转体（如圆柱体、圆锥体等）构成的阶梯状结构，轴上还常常有一些工艺结构。

轴类零件主视图常将轴线水平横向放置，以符合加工位置原则，一般用一个基本视图（主视图）加上一系列直径尺寸表达各组成部分的轴向位置，还可用局部视图、局部剖视图、断面图和局部放大图表达。

阶梯轴属于轴类零件。

1. 读标题栏

从标题栏可知，阶梯轴材料为 45 钢，绘图比例为 1：1。阶梯轴属于旋转体零件，主要用来支承传动零部件，传递扭矩和承受载荷。

2. 分析视图

主视图：零件主要在车床上加工，主视图选择符合加工位置原则。键槽等局部结构用移出断面图表达。

3. 分析尺寸

尺寸基准：径向尺寸以水平轴线为基准，长度方向以阶梯轴左端面为主要基准。

4. 分析技术要求

轴的配合表面均有尺寸公差要求。例如，$\phi 13f7$ 表示基本尺寸为 $\phi 13$，公差等级为 7

级，基本偏差为 f 的轴的公差带。

对于表面粗糙度、形位公差及其他技术要求等项目，将在后面学习。

任务巩固

（1）标注轴和孔的基本尺寸及上、下偏差值（如图 7-1-10 所示），并填空。

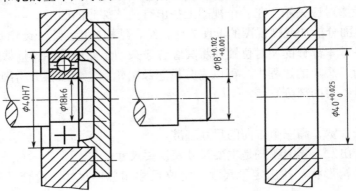

图 7-1-10　轴和孔的上、下偏差标注

滚动轴承与座孔的配合为＿＿＿＿制，座孔的基本偏差代号为＿＿＿级，公差等级为 ＿＿＿级。滚动轴承与轴的配合为＿＿＿＿制，轴的基本偏差代号为＿＿＿＿级，公差等级为＿＿＿＿ 级。

（2）看懂如图 7-1-11 所示的轴的零件图，并回答问题。

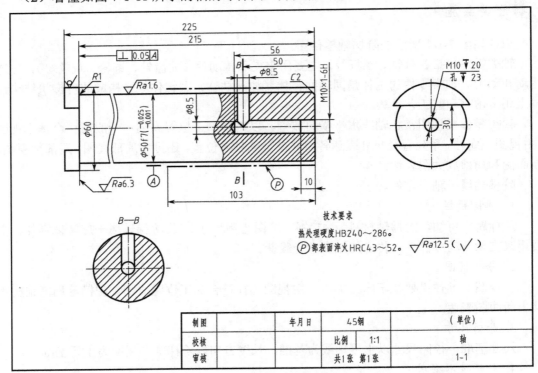

图 7-1-11　轴的零件图

①该零件的名称是_____，材料是_____，绘图比例为_____。

②主视图采用的是_____剖视图，主视图右边的图形为_____视图。

③上方有 *B—B* 的图为_____图。

④尺寸 $\phi 50f7(^{-0.025}_{-0.001})$ 的基本尺寸为_____，基本偏差是_____，最大极限尺寸是_____，最小极限尺寸是_____，公差是_____。

⑤该零件轴向的尺寸基准是_____，径向的尺寸基准是_____。

⑥零件的右端面螺纹尺寸为 M10×1-6H，螺距为_____。

⑦零件的右端面的倒角为_____。

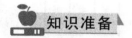

任务2 识读套筒零件图

任务目标

（1）能选择尺寸基准。

（2）能识读零件图上的形位公差。

（3）能识读套筒零件图。

任务呈现

识读如图 7-2-1 所示的套筒零件图。

知识准备

一、尺寸基准

1. 选择尺寸基准

任何零件都有长、宽、高三个方向的尺寸，每个方向要选择一个主要基准。通常选择零件上的一些重要平面（如安装底面、对称平面、重要端面或结合面等）及主要轴线作为尺寸的主要基准。

如图 7-2-2 所示，轴承座的高度方向选择底面为基准，以保证轴承孔的中心高，长度方向选择左右对称面为基准，以保证底板上两个安装孔的中心距及安装孔与轴承孔相对位置。宽度方向选择前后对称面为基准，以保证底板上两个安装孔与轴承座顶部凸台上的螺孔处于同一对称面上。

为便于加工和测量，在长、宽、高的某一方向上，除有主要基准外，还常常设有辅助基准，轴承座高度方向的主要基准是底面，零件上高度方向的主要尺寸都是以底面为基准直接标注出的，但顶部凸台上螺孔的深度尺寸 8 则是以顶面为辅助基准标注出的。主要基准与辅助基准之间则由尺寸 58 相关联。

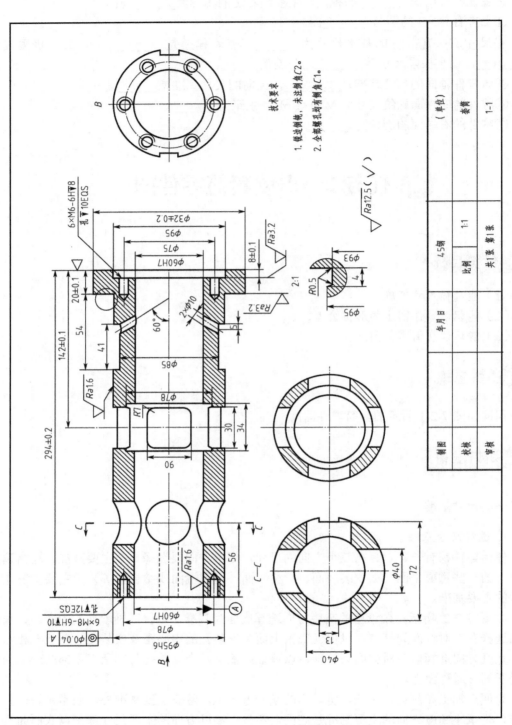

技术要求
1. 锐边倒钝，未注倒角C2。
2. 全部螺孔均有倒角C1。

图7-2-1 套筒零件图

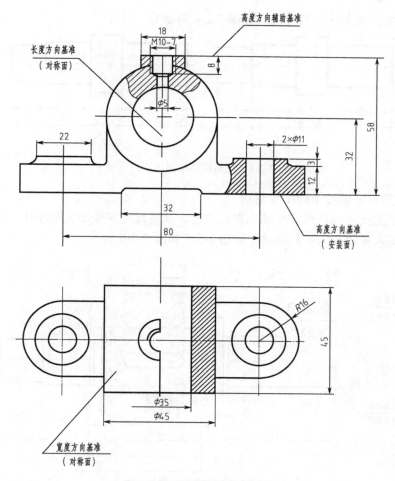

图 7-2-2 轴承座的尺寸基准

2. 标注尺寸应考虑设计和工艺的要求

要使尺寸标注合理，除了正确选择尺寸基准外，还应认真考虑设计和工艺的要求。

1）重要尺寸应该在主要基准上直接注出

零件上凡是影响产品性能、工作精度和互换性的重要尺寸（规格性能尺寸、配合尺寸、安装尺寸、定位的尺寸），都必须在设计基准上直接注出，如图 7-2-3 所示。

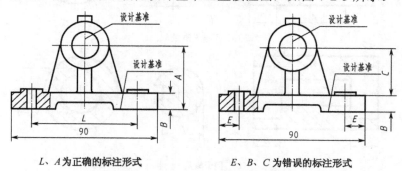

图 7-2-3 主要尺寸直接注出

2）避免标注成封闭的尺寸链（如图 7-2-4 所示）

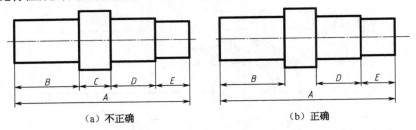

（a）不正确   （b）正确

图 7-2-4　避免标注成封闭的尺寸链

3）标注的尺寸要便于加工和测量

零件的主要尺寸应在设计基准上直接注出，其他尺寸应按加工顺序在工艺基准上标注尺寸，便于工人看图、加工和测量，如图 7-2-5 和图 7-2-6 所示。

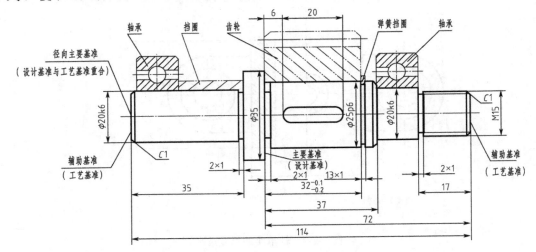

图 7-2-5　标注尺寸要便于看图和加工

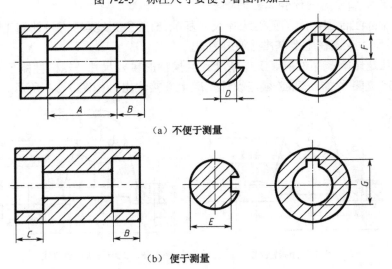

（a）不便于测量

（b）便于测量

图 7-2-6　尺寸标注要便于测量

4）各种孔的简化标注法

零件上一些常见的结构要素和底板、端面、法兰盘等图形应按一定的标注方式进行尺寸标注，零件上的螺孔、销孔、沉孔、中心孔等结构的尺寸标注法已基本标准化。

二、形状和位置公差简介

1. 基本概念

在零件的加工过程中，由于工件、刀具、机床的变形、相对运动关系的不准确、各种频率的振动及定位装夹等原因，都会使零件各几何要素的形状和相互位置产生误差。

加工后的零件不仅有尺寸误差，而且构成零件几何特征的点、线、面的实际形状或相互位置与理想几何体规定的形状和相互位置不可避免地存在差异，这种形状上的差异就是形状误差，而相互位置的差异就是位置误差，统称为形位误差。它不仅影响零件的装配，还影响零件的配合性能。国家标准中规定了形位公差，用以控制形位误差。

如图 7-2-7（a）所示的圆柱销，除了标注出直径的尺寸公差外，还标注了圆柱销轴线的形状公差代号，表示圆柱实际轴线必须在 $\phi 0.01$mm 的圆柱面内。又如图 7-2-7（b）所示，角铁的两个面标注了垂直度。图 7-2-7（b）中代号的含义是：竖直面必须位于距离为 0.05mm，且垂直于水平面的两平行平面之间。

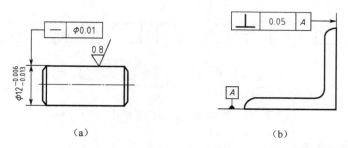

（a）　　　　　　　　　　（b）

图 7-2-7　形位公差示例

由于形状和位置的误差过大会影响机器的工作性能，因此对零件除应保证尺寸精度外，还应控制形状和位置误差。对形状和位置误差的控制是通过几何公差来实现的。

几何公差包括形状、方向、位置和跳动公差，通常简称形位公差。形状公差就是零件实际形状与理想形状的变动量；位置公差就是零件实际位置与理想位置所允许的变动量。形状公差和位置公差简称形位公差。形位公差的几何特征符号如表 7-2-1 所示。

2. 形位公差标注代号

1）形位公差框格

公差框格最多五格，最少两格，如图 7-2-8 所示。左起第一格填写项目符号。第二格填写公差值（以线性尺寸单位表示的量值）。如果公差带为圆形或圆柱形，公差值前应加注符号"ϕ"，后面框格内填写基准代号字母。

如果一项公差应用于几个相同要素，应在公差框格上方的被测要素之前注明要素个数，并在两者之间用"×"隔开。

2）指引线

指引线用细实线绘制，一端与公差框格相连，另一端用箭头指向被测要素。

表 7-2-1　形位公差的几何特征符号

类型	几何特征	符号	类型	几何特征	符号	类型	几何特征	符号
形状公差	直线度	——	位置公差	位置度	⊕	方向公差	平行度	//
	平面度	▱		同心度（用于中心点）	◎		垂直度	⊥
	圆度	○		同轴度（用于轴线）	◎		倾斜度	∠
	圆柱度	⌀		对称度	═		线轮廓度	⌒
	线轮廓度	⌒		线轮廓度	⌒	跳动公差	面轮廓度	⌒
	面轮廓度	⌒		面轮廓度	⌒		圆跳动	↗
							全跳动	↗↗

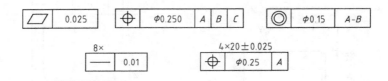

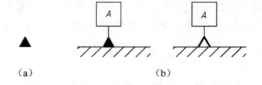

图 7-2-8　几何公差框格

3）基准符号与基准代号

如图 7-2-9（a）所示，基准符号为一三角形。标注时基准三角形要放在基准要素的轮廓线上或其延长线上。基准代号由基准符号和代表基准名称的字母组成。字母写在公差框格内，框格用细实线（下面称基准连线）与基准符号相连，如图 7-2-9（b）所示，涂黑的和空白的基准三角形含义相同。

图 7-2-9　基准符号与基准代号

3. 形位标注原则

（1）被测要素（或基准要素）为中心要素时，指引线（或基准连线）与尺寸线对齐，如同轴度、对称度的标注及跳动基准的标注等，如图 7-2-10 所示。

（2）被测要素（或基准要素）为轮廓要素时，指引线（或基准连线）与尺寸线要明显错开，如跳动公差的被测要素等。被测要素为轮廓要素如图 7-2-11 所示。

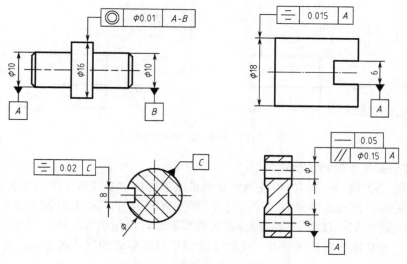

图 7-2-10　被测要素为中心要素

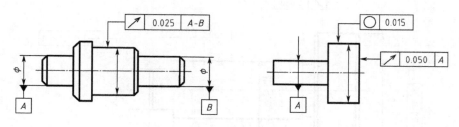

图 7-2-11　被测要素为轮廓要素

（3）当指引线的箭头或基准符号与尺寸线的箭头重叠时，则该尺寸线的箭头可以省略。

（4）一个公差框格可以用于具有相同几何特征和公差值的若干个分离要素，如图 7-2-12 所示。

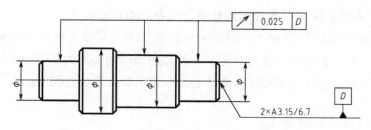

图 7-2-12　一个公差框格用于若干个分离要素

（5）如果需要对某一要素同时给出几种几何特征的公差，可将一个公差框格放在另一个的下面。

（6）若要对整个被测要素上任意限定范围标注同样几何特征的公差，可在公差值的后面加注限定范围的线性尺寸值，并在两者间用斜杠隔开。如果标注的是两项或两项以上同样几何特征的公差，可直接在整个要素公差框格的下方放置另一个公差框格，如图 7-2-13 所示。

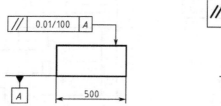 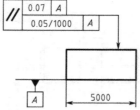

图 7-2-13　标注几何特征的公差

4. 几何公差代号的标注示例

可以从图 7-2-14 中看到，当被测要素是轴线或对称中心线时（中心要素），从框格引出的指引线箭头应该与该要素的尺寸线对齐，如距离为 14 的两平面对被测要素为轮廓要素 $\phi20$ 轴线的对称度的标注法。当被测要素为轮廓要素时，指引线应该在该要素的轮廓线或其延长线上。当基准要素是轴线时，应将基准符号与该要素的尺寸线对齐，如图 7-2-14 中的基准 A。

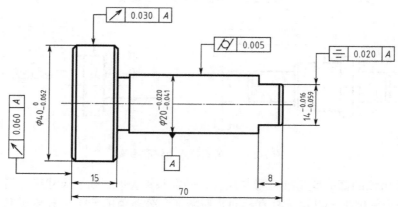

图 7-2-14　几何公差代号的标注示例

| ⌭ 0.005 | 表示 $\phi20$ 外圆表面的圆柱度公差为 0.005mm。 |

| ═ 0.020 A | 表示距离为 14 的两平面对 $\phi20$ 轴线的对称度公差为 0.020mm。 |

| ↗ 0.030 A | 表示 $\phi40$ 外圆表面对基准 A 的径向圆跳动公差为 0.030mm。 |

| ↗ 0.060 A | 表示 $\phi40$ 左端面对基准 A 的轴向圆跳动公差为 0.060mm。 |

A 表示基准 A 为 $\phi20$ 轴线。

任务实施

识读如图 7-2-1 所示的套筒零件图。

套筒类零件分为短套筒零件和长套筒零件两大类，结构特点是孔的壁厚较薄，其外圆或内孔的尺寸精度或位置精度要求较高，对套筒可采用全剖、半剖或局部剖视图表达。

（1）图 7-2-1 中采用了一个全剖的基本视图——主视图、一个 A 向视图、三个辅助视图。三个辅助视图中，一个为局部放大视图，两个为断面图。

图 7-2-15 零件的结构和形状

（2）如图 7-2-15 所示，零件主体为圆筒结构，左端前后对称开有宽为 13、深为 72、与右侧相通的槽，端面均匀分布 6 个 M8 的螺孔；右端是圆形法兰结构，右端凹下的台阶面上均匀分布 6 个 M6 的螺孔；距左端面 56 处圆筒壁上均匀分布有 4 个 φ40 的圆孔，距右端面 142 处，圆筒壁上均匀分布有 4 个 30×30 的方孔；距右端面 54+20 处圆筒外圆柱面上有直径为 φ85、宽为 41 的槽并有与轴线夹角为 60° 的两个直径为 φ10 的斜孔。

（3）指出零件的尺寸基准。圆筒右端面为长度方向的主要基准，径向尺寸以水平轴线为基准。

（4）位置公差 ⊚ φ0.04 A 表示 φ95 圆柱轴线对 φ60 孔轴线的同轴度公差为 0.04mm。 6×M6-6H▼8 孔▼10EQS 表示 6 个螺纹孔，螺孔深度为 8mm；钻孔深度为 10mm，均布圆周。

任务巩固

看懂导套的零件图并填空。

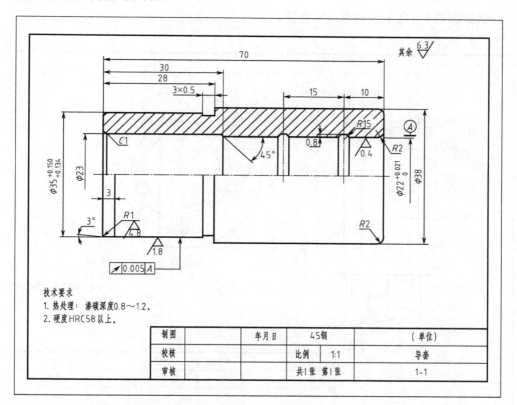

技术要求
1. 热处理：渗碳深度0.8～1.2。
2. 硬度HRC58以上。

制图		年月日	45钢		（单位）
校核			比例	1:1	导套
审核			共1张 第1张		1-1

（1）导套零件的材料为____，画图比例为____，主视图采用的是____剖视图。

（2）$\phi 35^{+0.150}_{+0.134}$ 的基本尺寸为____，基本偏差是____，最大极限尺寸是____，最小极限

尺寸是_____，公差是____。

（3）越程槽 3×0.5 表示槽宽____，槽深____，槽的定位尺寸为____。

（4）直径为 ϕ38 圆柱长为____，直径为 ϕ23 的孔左端倒角为____。

（5）说明图中下列形位公差的意义：

☑ | 0.005 | C | 被测要素为____，基准要素为____，公差项目为____，公差值为____。

任务3　识读轴承盖零件图

任务目标

（1）能识读常见零件图形的尺寸标注。

（2）能识读零件图上的表面粗糙度。

（3）能识读轴承盖零件图。

任务呈现

识读如图 7-3-1 所示的轴承盖零件图。

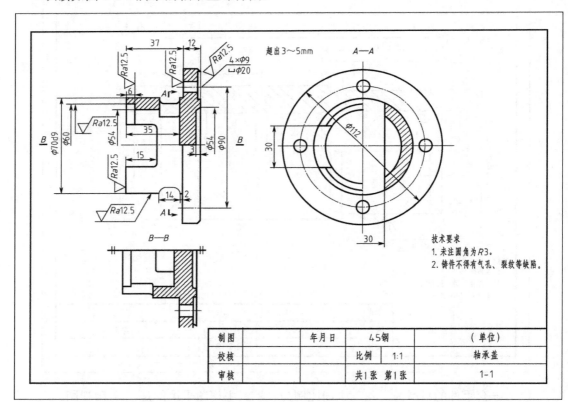

图 7-3-1　轴承盖零件图

知识准备

一、常见零件图形的尺寸标注

（1）底板、端面和法兰盘的尺寸标注，如图 7-3-2 所示。

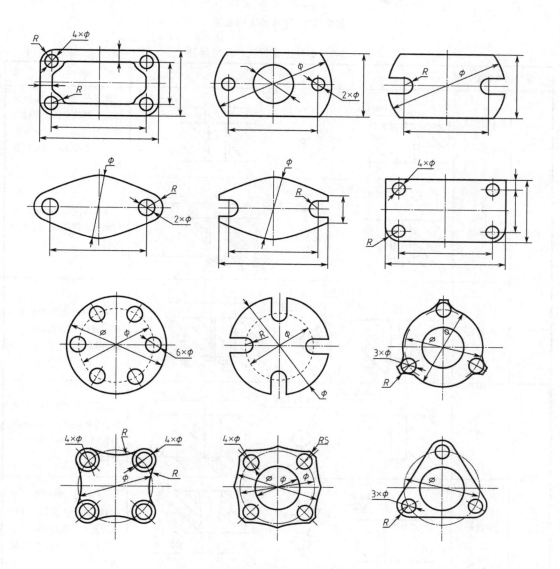

图 7-3-2 底板、端面和法兰盘的尺寸标注

（2）零件上常见孔的尺寸标注。

表 7-3-1 中介绍了几种常见孔的标注形式，其中孔的深度用符号"▽"表示；埋头孔的锥形部分用符号"∨"表示；沉孔或锪平用符号"⊔"表示。符号的比例画法如图 7-3-3 所示，h 表示字体的高度。

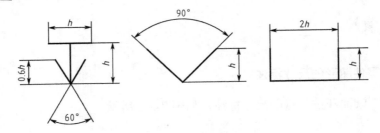

图 7-3-3 符号的比例画法

表 7-3-1 零件上常见孔的尺寸标注

零件结构类型		标 注 方 法	说 明
螺孔	通孔	3×M6-7H	表示三个公称直径为6mm，螺纹中径、顶径公差带为 7H，均匀分布的孔。可以旁注，也可以直接注出
	不通孔	3×M6-7H▼10	螺孔深度为 10mm，可与螺孔直径连注，也可分开标注
	不通孔	3×M6-7H▼10 孔▼12	需要注出孔的深度时，应明确标注孔深尺寸。孔深为 12mm
光孔	一般孔	4×Φ5▼10	表示四个直径为 φ5、孔深为 10mm 的光孔。孔深与孔径可连注，也可以分开标注
	锥销孔	锥销孔φ6 配作	φ6 为与锥销孔相配的圆锥销小头直径。锥销孔通常是相邻两零件装在一起加工，故应注明"配作"二字
沉孔	锥形沉孔	6×φ7 Φ13×90°	表示六个直径为 φ7 均匀分布的孔。沉孔的直径为 φ13，锥角为 90°。锥形部分尺寸可以旁注，也可直接注出

续表

零件结构类型		标 注 方 法	说 明
沉孔	柱形沉孔	4×Φ6.5 □Φ13▼4.5　　4×Φ6.5 □Φ13▼4.5　　4×Φ13　4.5　　4×Φ6.5	表示四个直径为φ6.5均匀分布的孔。沉孔的直径为φ13，深度为4.5mm
	锪平面	4×Φ7 □Φ16　　4×Φ7 □Φ16　　4×Φ16　　4×Φ7	表示锪平面φ16的深度不需要标注，一般锪平到没有毛面为止

二、表面粗糙度及标注方法

1. 表面粗糙度的概念

零件在加工过程中，由于刀具运动与摩擦、机床的振动及零件的塑性变形等各种因素的影响，使其表面存在着间距较小的轮廓峰谷。这种表面上具有较小间距的峰谷所形成的微观几何形状特性，称为表面粗糙度。零件表面的峰谷示意图如图7-3-4所示。

2. 表面粗糙度符号和代号

标注表面结构的图形符号、名称及含义如表7-3-2所示。

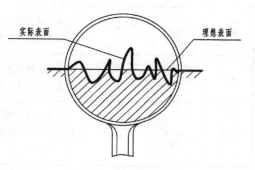

图 7-3-4　零件表面的峰谷示意图

表 7-3-2　标注表面结构的图形符号、名称及含义

符号与代号	意义及说明
√	基本符号，未指定工艺方法的表面，当通过一个注释解释时可单独使用
√	扩展图形符号，用去除材料的方法获得的表面；仅当其含义是"被加工表面"时可单独使用
√	扩展图形符号，不去除材料的表面；也可用于表示保持上道工序形成的表面，不管这种状况是通过去除材料或不去除材料形成的
√ √ √	完整图形符号，当要求标注表面结构特征的补充信息时，应在上述图形符号的长边上加一横线
√ √ √	在上述三个符号上均加一小圆，表示对投影视图上封闭的轮廓线所表示的各表面有相同的表面粗糙度要求

其中，基本符号的画法：

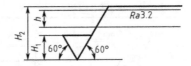

H_1、H_2 的大小是当图样中尺寸数字高度选取 h=3.5mm 时按 GB/T 131—2006 的相应规定给定的，H_2 是最小值，必要时允许加大。

表面结构符号中注写了具体参数代号及数值等要求后即称为表面结构代号，表面结构代号示例如表 7-3-3 所示。

表 7-3-3　表面结构代号示例

NO	符　号	含义/解释
B21	$\sqrt{Rz\,0.4}$	表示不允许去除材料，单向上限值，默认传输带，R 轮廓，粗糙度的最大高度 0.4μm，评定长度为 5 个取样长度（默认），"16%规则"（默认）
B22	$\sqrt{Rz\,max\,0.2}$	表示去除材料，单向上限值，默认传输带，R 轮廓，粗糙度的最大高度 0.2μm，评定长度为 5 个取样长度（默认），"最大规则"
B23	$\sqrt{0.008-0.8/Ra\,3.2}$	表示去除材料，单向上限值，传输带 0.008～0.8mm，R 轮廓，算数平均偏差 3.2μm，评定长度为 5 个取样长度（默认），"16%规则"（默认）
B24	$\sqrt{-0.8/Ra3\,3.2}$	表示去除材料，单向上限值，传输带：根据 GB/T 6062，取样长度 0.8μm（λs 默认 0.0025mm），R 轮廓，算数平均偏差 3.2μm，评定长度包含 3 个取样长度，"16%规则"（默认）
B25	$\sqrt{\begin{array}{l}U\,Ra\,max\,3.2\\L\,Ra\,0.8\end{array}}$	表示不允许去除材料，双向极限值，两极限值均使用默认传输带，R 轮廓，上限值：算数平均偏差 3.2μm，评定长度为 5 个取样长度（默认），"最大规则"，下限值：算数平均差 0.8μm，评定长度为 5 个取样长度（默认），"16%规则"（默认）

3. 表面粗糙度在图样上的标注

图样上所标注的表面粗糙度代（符）号，是该表面完工后的要求。其标注规则如下。

（1）在同一图样上，每一表面一般只标注一次代（符）号，并尽可能标注在确定该表面大小或位置尺寸的视图上。

（2）表面粗糙度代（符）号应标注在可见轮廓线、尺寸线、尺寸界线或其延长线上。若位置不够，可引出标注。

（3）符号的尖端必须与所标注的表面（或指引线）相接触，并且必须从材料外指向被标注表面。

表面基本要求对每一表面一般只标注一次，并尽可能标注在相应的尺寸及其公差的同一视图上，除非另有说明，所标注的表面结构要求是对完工零件表面的要求，如图 7-3-5 所示。

表面结构的注写和读取方向与尺寸的注写和读取方向一致。表面结构要求可标注在虚轮廓线上，其符号应从材料外指向并接触表面，如图 7-3-6 所示。

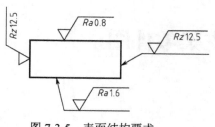

图 7-3-5 表面结构要求

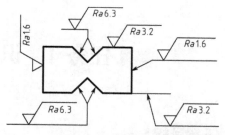

图 7-3-6 表面结构要求在轮廓线上的标注

任务实施

识读如图 7-3-1 轴承盖零件图。

盘盖类零件包括各种端盖、法兰盘和各种轮子等，主要起着支承、定位和密封的作用。盘盖类零件主要由同轴回转体或其他平板形构成，其厚度方向的尺寸比其他方向的尺寸要小。

盘盖类零件的表达一般采用两个基本视图，即主、左（右）视图或主、俯视图。主视图采用加工位置原则或工作位置原则，另一视图则主要表达零件的外形轮廓和孔、槽、肋、轮辐等分布情况。

轴承盖属于盘盖类零件。

轴承盖由在同一轴线上的不同直径的圆柱面组成，主体结构为回转件，它的径向尺寸大于轴向尺寸，呈盘状，零件上有一些孔、槽、肋和轮辐、凸台、沉孔、螺纹孔等均布或对称结构。

$\frac{4\times\phi9}{\llcorner\phi20}$ 的含义是表示有四个直径为 $\phi9$ 均匀分布的孔，沉孔的直径为 $\phi20$。

$\sqrt{}^{Ra12.5}$ 的含义是表示用去除材料的方法获得，表面粗糙度 Ra 的上限值为 12.5μm。

任务巩固

请找出图 7-3-7 中粗糙度标注错误的地方，在右边图形上正确地标注出来。

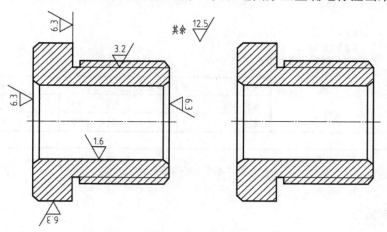

图 7-3-7 改正粗糙度标注错误的地方

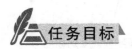

任务 4　识读支架零件图

任务目标

（1）能对零件图进行尺寸标注。
（2）能指出零件上的工艺结构。
（3）能识读支架零件图。

任务呈现

识读如图 7-4-1 所示的支架零件图。

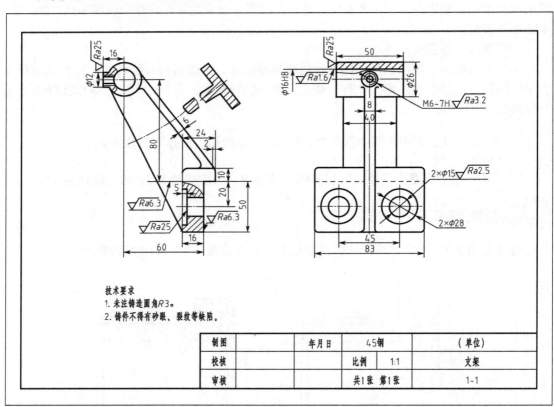

图 7-4-1　支架零件图

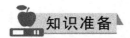

知识准备

零件的结构形状不仅要满足零件在机器中使用的要求，而且在制造零件时还要符合制造工艺的要求。下面介绍零件的一些常见的工艺结构。

一、铸造零件的工艺结构

在铸造零件时，一般先用木材或其他容易加工制作的材料制成模样，将模样放置于型砂中，当型砂压紧后，取出模样，再在型腔内浇入铁水或钢水，待冷却后取出铸件毛坯。对零件上有配合关系的接触表面，还应切削加工，才能使零件达到最后的技术要求。

1. 起模斜度

在铸件造型时为了便于起出木模，在木模的内、外壁沿起模方向做成 1：10～1：20 的斜度，称为起模斜度。在画零件图时，起模斜度可不画出、不标注，必要时在技术要求中用文字加以说明，如图 7-4-2（a）所示。

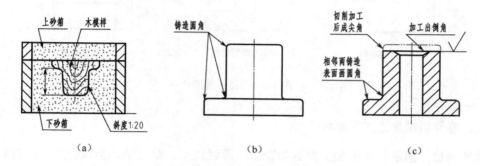

（a）　　　　　　　　　　（b）　　　　　　　　　　（c）

图 7-4-2　铸件的起模斜度和铸造圆角

2. 铸造圆角及过渡线

为了便于铸件造型时拔模，防止铁水冲坏转角处、冷却时产生缩孔和裂纹，将铸件的转角处制成圆角，这种圆角称为铸造圆角，如图 7-4-2（b）所示。画图时应注意毛坯面的转角处都应有圆角；若为加工面，由于圆被加工掉了，因此要画成尖角，如图 7-4-2（c）所示。

图 7-4-3 是由于铸造圆角设计不当造成的裂纹和缩孔情况。铸造圆角在图中一般应该画出，圆角半径一般取壁厚的 0.2～0.4 倍，同一铸件圆角半径大小应尽量相同或接近。铸造圆角可以不标注尺寸，而在技术要求中加以说明。

（a）裂纹　　　　　　（b）缩孔　　　　　　（c）正常

图 7-4-3　铸造圆角

由于铸件毛坯表面的转角处有圆角，其表面交线模糊不清，为了看图和区分不同的表面仍然要画出交线来，但交线两端空出不与轮廓线的圆角相交，这种交线称为过渡线。过渡线画法如图 7-4-4 所示。

3. 铸造壁厚

铸件的壁厚要尽量做到基本均匀，如果壁厚不均匀，就会使铁水冷却速度不同，导致铸件内部产生缩孔和裂纹，在壁厚不同的地方可逐渐过渡，如图 7-4-5 所示。

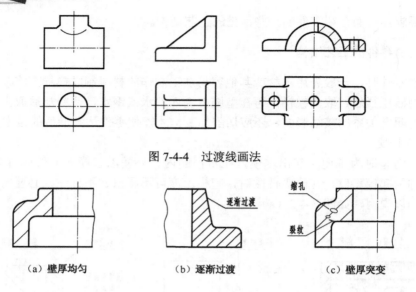

图 7-4-4 过渡线画法

（a）壁厚均匀 （b）逐渐过渡 （c）壁厚突变

图 7-4-5 铸件壁厚

二、零件机械加工工艺结构

零件的加工面是指切削加工得到的表面，即通过车、钻、铣、刨或镗用去除材料的方法加工形成的表面。

1. 倒角和倒圆

为了便于装配及去除零件的毛刺和锐边，常在轴、孔的端部加工出倒角。常见倒角为 45°，也有 30° 或 60° 的倒角。为避免阶梯轴轴肩的根部，因应力集中而容易断裂，故在轴肩根部加工成圆角过渡，称为倒圆。倒角和倒圆的尺寸标注方法如图 7-4-6 所示，其中 C 表示 45° 倒角，n 表示倒角的轴向长度。其他倒角和倒圆的大小可根据轴（孔）直径查阅《机械零件设计手册》。

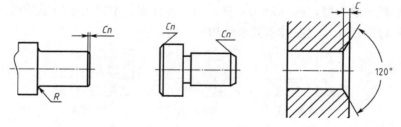

图 7-4-6 倒角和倒圆

2. 退刀槽和砂轮越程槽

在车削螺纹时，为了便于退出刀具，常在零件的待加工表面的末端车出螺纹退刀槽，退刀槽的尺寸标注一般按"槽宽×直径"的形式标注，如图 7-4-7 所示。在磨削加工时，为了使砂轮能稍微超过磨削部位，常在被加工部位的终端加工出砂轮越程槽，如图 7-4-8 所示，其结构和尺寸可根据轴（孔）直径，查阅《机械零件设计手册》。其尺寸可按"槽宽×槽深"或"槽宽×直径"的形式标注出。

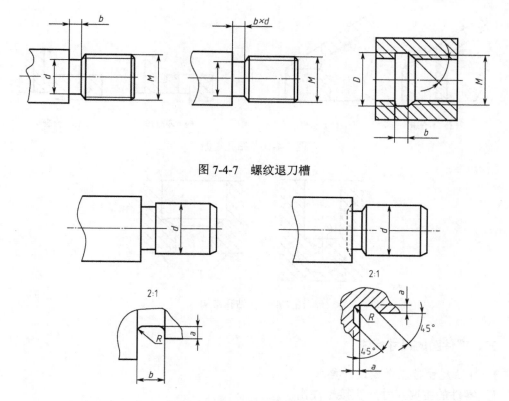

图 7-4-7　螺纹退刀槽

图 7-4-8　砂轮越程槽

3. 凸台与凹坑

零件上与其他零件接触的表面，一般都要经过机械加工，为保证零件表面接触良好和减小加工面积，可在接触处做出凸台或锪平成凹坑，如图 7-4-9 所示。

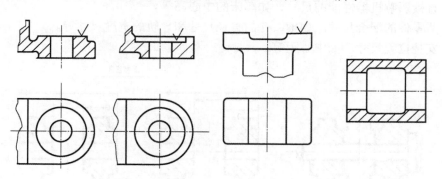

图 7-4-9　凸台和凹坑

4. 钻孔结构

钻孔时，要求钻头尽量垂直于孔的端面，以保证钻孔准确和避免钻头折断，对斜孔、曲面上的孔，应先制成与钻头垂直的凸台或凹坑，如图 7-4-10 所示。钻削加工的盲孔，在孔的底部有 120° 锥角，钻孔深度尺寸不包括锥角；在钻阶梯孔的过渡处也存在 120° 锥角的圆台，其圆台孔深也不包括锥角，如图 7-4-11 所示。

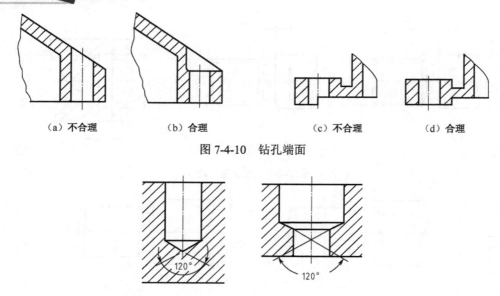

（a）不合理　　　　（b）合理　　　　　　（c）不合理　　　（d）合理

图 7-4-10　钻孔端面

图 7-4-11　钻孔结构

三、零件图的尺寸标注

1. 标注尺寸时应考虑设计要求

1）零件的主要尺寸应直接标注出

主要尺寸是指零件上有配合要求或影响零件质量、保证机器（或部件）性能的尺寸。这种尺寸一般有较高的加工要求，直接标注出来，便于在加工时得到保证，如图 7-4-12 所示。

设计中的主要尺寸一般是指如下尺寸。

（1）直接影响机器传动准确性的尺寸，如齿轮的中心距。

（2）直接影响机器性能的尺寸，如车床的中心高等。

（3）两零件的配合尺寸，如轴、孔的直径尺寸和导轨的宽度尺寸等。

（4）安装位置尺寸，如中心距等。

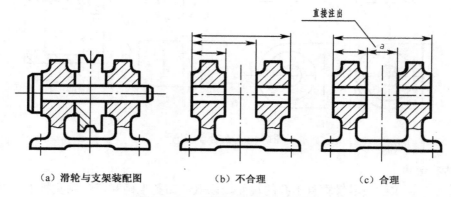

（a）滑轮与支架装配图　　　　（b）不合理　　　　（c）合理

图 7-4-12　主要尺寸的确定与标注

2）采用综合式的尺寸标注形式

尺寸标注形式有坐标式、链状式和综合式三种，如图 7-4-13 所示。

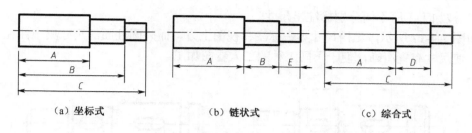

（a）坐标式　　　　　　　（b）链状式　　　　　　　（c）综合式

图 7-4-13　尺寸标注的形式

3）避免标注成封闭的尺寸链

一组首尾相连的链状尺寸称为封闭尺寸链，应在封闭尺寸链中选择最不重要的尺寸空出不标注（称开口环），如图 7-4-14 所示。

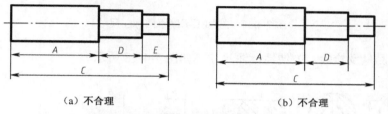

（a）不合理　　　　　　　　　　（b）不合理

图 7-4-14　避免标注成封闭的尺寸链

2．标注尺寸时应考虑工艺要求

1）按加工顺序标注尺寸

在满足零件设计要求的前提下，尽量按加工顺序标注尺寸，便于工人看图加工，如图 7-4-15 所示。

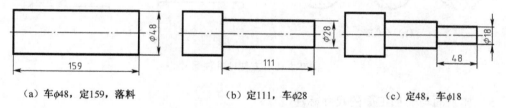

（a）车ϕ48，定159，落料　　　（b）定111，车ϕ28　　　（c）定48，车ϕ18

图 7-4-15　轴的加工顺序和尺寸标注

2）按加工方法的要求标注尺寸

如图 7-4-16（a）所示的下轴衬，是与上轴衬合起来加工的。因此，半圆尺寸应注直径ϕ而不标注半径 R。同理，图 7-4-16（b）中也应标注直径ϕ。

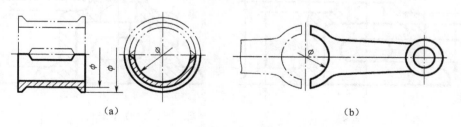

（a）　　　　　　　　　　　　　　　　　（b）

图 7-4-16　按加工方法的要求标注尺寸

3）按加工工序不同分别标注出尺寸

如图 7-4-17 所示，键槽尺寸集中标注在视图上方，而外圆柱面的尺寸集中注在视图的下方，使尺寸布置清晰，便于不同工种的工人看图加工。

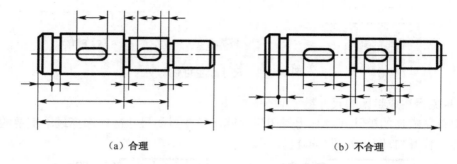

（a）合理　　　　　　　　　　（b）不合理

图 7-4-17　按加工工序不同标注尺寸

4）针对测量及检验，方便地标注尺寸（如图 7-4-18 所示）

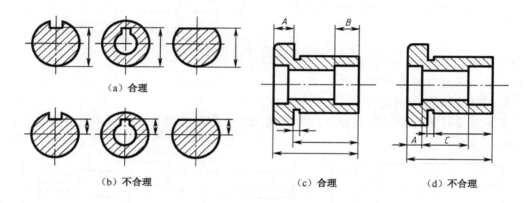

（a）合理　　　　　　　　　　（c）合理

（b）不合理　　　　　　　　　（d）不合理

图 7-4-18　方便地标注尺寸

5）加工面与非加工面的尺寸标注

零件上同一加工面与其他非加工面之间一般只能有一个关联尺寸，以免在切削加工面时其他尺寸同时改变，无法达到所标注的尺寸要求，非加工面与加工面的尺寸标注如图 7-4-19 所示。

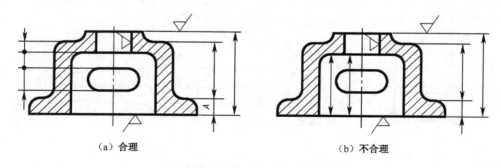

（a）合理　　　　　　　　　　（b）不合理

图 7-4-19　非加工面与加工面的尺寸标注

任务实施

识读图 7-4-1 支架零件图。

叉架类零件包括拨叉、连杆、支架、摇臂、杠杆等，一般在机器中起支承、操纵、调节、连接等作用。多数叉架类零件的形状不规则，外形结构比内腔复杂，且整体结构复杂多样，形状差异较大。通常由支承、工作和连接部分组成。

叉架类零件常用 1～3 个基本视图表达主要结构。主视图应按零件的工作位置或自然安放位置选择，并选取最能反映形状特征的方向作为主视图的投影方向。

支架属于叉架类零件。

（1）支架的结构形状如图 7-4-20 所示。

（2）表达该支架采用的一组图形分别为局部剖视的主视图和左视图。

（3）支架零件的工艺结构包括铸造圆角、拔模斜度、凸台、凹台、筋板、过渡线等，如图 7-4-20 所示。

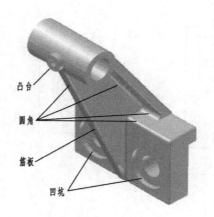

凸台
圆角
筋板
凹坑

图 7-4-20 支架结构形状

任务检验

识读如图 7-4-21 所示的底座零件图。

（1）分析底座零件图的表达方案，读懂结构形状。在指定位置画出左视图的外形图。

（2）分析尺寸标注，用符号"△"标出长、宽、高三个方向的主要尺寸基准。

（3）读懂零件图中的技术要求并填空，该零件表面粗糙度有_____种要求，它们分别是_____、_____、_____。

（4）该零件的铸造圆角是_____。

（5）该零件有_____处表面粗糙度要求，分别是_____。

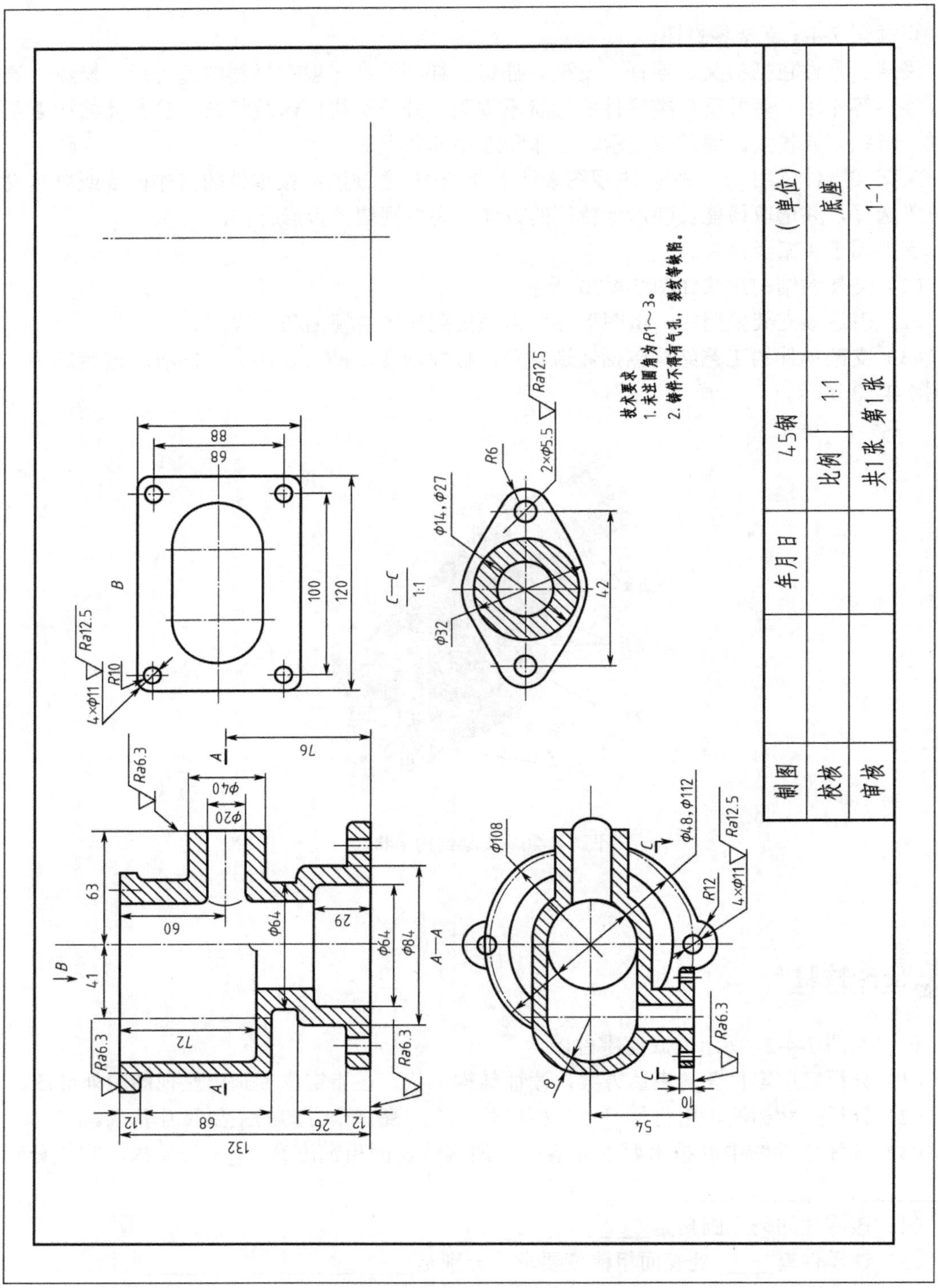

图 7-4-21 底座零件图

项目总结

（1）零件有四大类：轴套类、箱体类、盘盖类和叉架类。零件图是表示零件结构、大小及技术要求的图样，是制造零件的依据，零件图包括一组视图、若干尺寸、技术要求和标题栏等四项内容。

（2）技术要求最常见的是表面粗糙度、尺寸公差与形位公差。

（3）阅读零件图的核心是看懂零件的结构形状，要按照先主体，后细部，先易后难的顺序进行。

本项目以四个典型任务为载体，通过本项目的学习，使同学们逐渐熟悉零件图的读图方法及技术要求，并通过配套的练习，达到知识巩固和掌握的目的。

项目 八 识读装配图

项目目标

（1）装配图的表示法和画法。
（2）学会阅读装配图。

项目描述

装配图是表达机器或部件的整体结构、形状和装配连接关系的图样。在进行装配、调整、检验和维修时，都要阅读装配图。在设计新产品、改进原产品时，都必须绘制装配图，再根据装配图画出零件图。

本项目以识读球阀装配图和识读齿轮油泵装配图两个学习任务为载体，将装配图的用途和内容、装配图的规定画法和特殊画法、装配图的尺寸标注和技术要求、装配图的零部件序号和明细栏及装配图的阅读方法融入其中。

任务 1　识读球阀装配图

任务目标

（1）能说出装配图的基本内容及作用。
（2）能读懂各主要零件的结构、形状及在装配体中的功用。
（3）能读懂装配图中零、部件序号，以及标题栏和明细栏。

任务呈现

识读如图 8-1-1 所示的球阀轴测图与装配图。

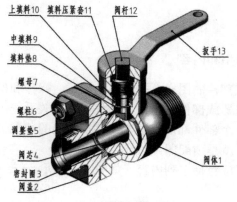

（a）球阀轴测图

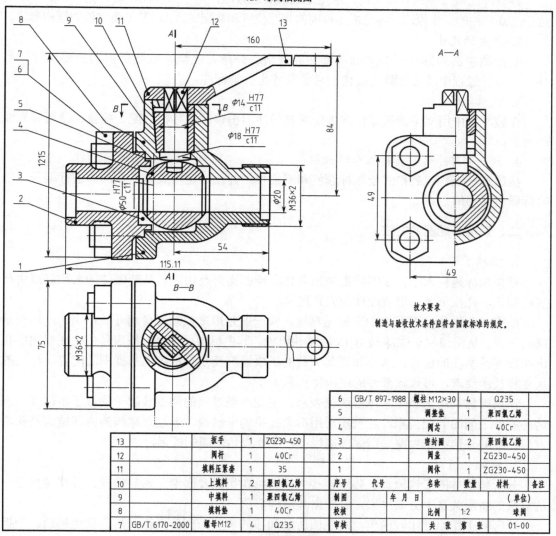

（b）球阀装配图

图 8-1-1 球阀轴测图与装配图

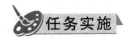

任务实施

一、识读装配图的作用和内容

装配图是表达机器或部件的图样，是安装、调试、操作和检修机器或部件的重要技术文件，装配图主要表示机器或部件的结构、形状、装配关系、工作原理和技术要求。在机械工程中，一台机器或一个部件都由若干个零件按一定的装配关系和技术要求装配起来，而表示机器或部件的图样就是装配图。

一幅完整的装配图，应包括下列内容（如图 8-1-1 所示）。

1. 一组视图

根据产品或部件的具体结构，选用适当的表达方法，用一组视图正确、完整、清晰地表达产品或部件的工作原理、各组成零件间的相互位置和装配关系，以及主要零件的结构形状。

2. 必要的尺寸

装配图中必须标注反映产品或部件的规格、外形、装配、安装所需的必要尺寸。另外，在设计过程中经过计算而确定的重要尺寸也必须标注。

3. 技术要求

在装配图中用文字或国家标准规定的符号注写出该装配体在装配、检验、使用等方面的要求。

4. 零、部件序号、标题栏和明细栏

按国家标准规定的格式绘制标题栏和明细栏，并按一定格式将零、部件进行编号，填写标题栏和明细栏。

二、识读装配图的方法

1. 概括了解

首先从标题栏入手，了解装配体的名称、绘图比例及用途。从装配体的名称联系生产实践知识，往往可以知道装配体的大致用途。

如图 8-1-1 所示装配图的名称是球阀，阀一般是用来控制流量起开关作用的，球阀是阀的一种。从明细栏可知球阀由 13 种零件组成，其中标准件两种。按序号依次在视图中找出相应零件所在的位置，从而知道其大致的组成情况及复杂程度。从视图的配置、标注的尺寸和技术要求，可知该部件的结构特点和大小。

该装配体共用了三个基本视图来表示，主视图通过阀的两条装配干线做了全剖视，表达各零件之间的装配关系；左视图采用拆去扳手的半剖视，表达对球阀的内部结构及阀盖方形凸缘的外形；俯视图采用局部剖视图，主要表达球阀的外形。

2. 详细分析

分析装配体的工作原理、装配连接关系、结构组成及润滑、密封情况，并将零件逐一从复杂的装配关系中分离出来，判断出其结构形状。

球阀的工作原理比较简单，装配图所示阀芯的位置为阀门全部开启，管道畅通。当扳手按顺时针方向旋转 90° 时（双点画线为扳手转动的极限位置），阀门全部关闭，管道断流。所以，阀芯是球阀的关键零件。

各零件之间的装配关系和连接方式分析如下。

1）包容关系

阀体 1 和阀盖 2 的凸缘部分相贴，并用四个双头螺柱和螺母连接。阀芯定位于法兰体内腔，阀芯上的凹槽与阀杆下部的凸榫配合，阀杆上部的四棱柱与扳手的方孔结合。通过转动扳手带动阀芯旋转，以控制球阀的开启和关闭。

2）密封关系

阀芯 4 通过两个密封圈 3 和调整垫 5 密封，阀体与阀杆之间通过填料垫 8 和填料 9、10 密封，并用压紧套 11 压紧。

3. 分析零件，读懂零件形状

利用装配图的表达方法和投影关系，将零件的投影从重叠的视图中分离出来，读懂零件的基本结构、形状和作用。

例如，对于球阀的阀芯，从装配图的主、左视图中，根据剖面线的方向和间隔，将阀芯的投影轮廓分离出来，根据球阀的工作原理及阀杆与阀芯的装配关系，完整地想象出阀芯的形状，如图 8-1-2 所示。

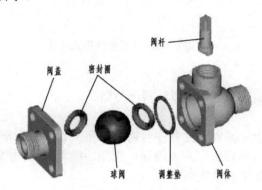

图 8-1-2　阀芯立体图

阀盖左端外部为台阶圆柱结构，有外螺纹。右端为方板结构，其上有四个螺柱孔，最右端有一小圆筒凸台，与阀体左端台阶孔配合，起径向定位作用。右端的内台阶孔起密封圈的径向定位作用。零件中心为 $\phi 20$ 的通孔，是流体的通路。

阀体形状结构如图 8-1-2 所示，其作用除了具有阀盖的作用外，还具有容纳球心、密封圈、阀杆、垫、螺纹压环等零件的重要作用。

阀杆为台阶轴类零件。上端为四棱柱结构，用来安装扳手。最下端为平行扁状凸榫结构，与阀芯凹槽配合，转动阀杆可控制球心的位置。

4. 分析尺寸，了解技术要求

装配图中的必要尺寸：$\phi 20$ 为阀的管径，是规格性能尺寸；$\phi 14H11/c11$、$\phi 18H11/c11$、$\phi 50H11/h11$ 为装配尺寸；115、75、121.5 为总体尺寸等。

任务拓展

一、装配图中零、部件序号和明细栏

1. 序号

（1）装配图中所有零、部件都必须编写序号。

（2）装配图中一个部件可只编写一个序号，同一装配图中，尺寸规格完全相同的零、部件应编写相同的序号。

（3）装配图中的零、部件的序号应与明细栏中的序号一致。

2. 序号的标注形式

标注一个完整的序号，一般应有三个部分：指引线、水平线（或圆圈）及序号数字，也可以不画水平线或圆圈。序号标注形式如图 8-1-3 所示。

1）指引线

指引线用细实线绘制，应自所指部分的可见轮廓内引出，并在可见轮廓内的起始端画一个圆点。

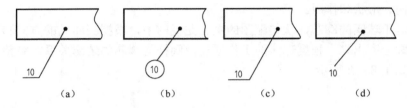

图 8-1-3　序号标注形式

2）水平线或圆圈

水平线或圆圈用细实线绘制，用以注写序号数字。

3）序号数字

在指引线的水平线上或圆圈内注写序号时，其字高比该装配图中所注尺寸数字高度大一号，也允许大两号，当不画水平线或圆圈，在指引线附近注写序号时，序号字高必须比该装配图中所标注尺寸数字高度大两号。

4）序号的编排方法

序号在装配图周围按水平或垂直方向排列整齐，序号数字可按顺时针或逆时针方向依次增大，以便查找。

在一个视图上无法连续编完全部所需序号时，可在其他视图上按上述原则继续编写。

3. 明细栏

（1）明细栏一般应紧接在标题栏上方绘制。若标题栏上方位置不够，其余部分可画在标题栏的左方。

（2）明细栏直接绘制在装配图中的格式和尺寸。

（3）明细栏最上方（最末）的边线一般用细实线绘制。

（4）当装配图中的零、部件较多位置不够时，可作为装配图的续页按 A4 幅面单独绘制出明细栏。若一页不够，可连续加页。其格式和要求参看国家标准 GB 10609.2—1989。

4. 明细栏的填写

（1）明细栏直接画在装配图中时，明细栏中的序号应按自下而上的顺序填写，以便发现有漏编的零件时，可继续向上填补。如果是单独附页的明细栏，序号应按自上而下的顺序填写。

（2）明细栏中的序号应与装配图上编号一致，即一一对应。

（3）代号栏用来注写图样中相应组成部分的图样代号或标准号。

（4）备注栏中，一般填写该项的附加说明或其他有关内容，如分区代号、常用件的主要参数（齿轮的模数、齿数，弹簧的内径或外径、簧丝直径、有效圈数、自由长度等）。

（5）螺栓、螺母、垫圈、键、销等标准件，其标记通常分两部分填入明细栏中。将标准代号填入代号栏内，其余规格尺寸等填在名称栏内。

在制图作业中，建议使用如图 8-1-4 所示的标题栏和明细栏格式。

序号	代号	名称	数量	材料	备注
8	JB/T79403—1995	油杯B12	1		
7	GB/T6170—2000	螺母B12	4		
6	GB/T8—1988	螺栓 M12×130	2		
5		轴衬固定套	1	Q235-A	
4		上轴衬	1	QAL9-4	
3		轴承盖	1	HT150	
2		下轴衬	1	QAl9-4	
1		轴承座	1	HT150	
设计			（单位）		
校核		比例	滑动轴承		
审核		共 张 第 张	（图号）		

图 8-1-4　标题栏和明细栏格式

二、装配图的表达方法

1. 规定画法

（1）零件间接触面、配合面的画法。

相邻两个零件的接触面和基本尺寸相同的配合面，只画一条轮廓线。但若相邻两个零件的基本尺寸不相同，则无论间隙大小，均要画成两条轮廓线，如图 8-1-5 所示。

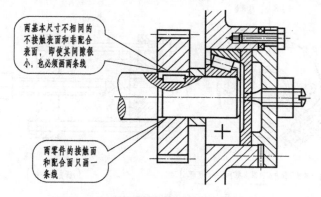

图 8-1-5　零件间接触面、配合面的画法

（2）装配图中剖面符号的画法。

装配图中相邻两个金属零件的剖面线，必须以不同方向或不同的间隔画出。要特别注意的是，在装配图中，所有剖视、剖面图中同一零件的剖面线方向、间隔必须完全一致。另外，在装配图中，宽度小于或等于 2mm 的窄剖面区域，可全部涂黑表示，如图 8-1-6 所示的垫片。

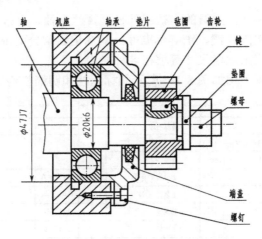

图 8-1-6　装配图中的规定画法

（3）在装配图中，对于紧固件及轴、球、手柄、键、连杆等实心零件，若沿纵向剖切且剖切平面通过其对称平面或轴线时，这些零件均按不剖绘制。如要表明零件的凹槽、键槽、销孔等结构，可用局部剖视表示。如图 8-1-6 所示的轴、螺钉和键均按不剖绘制。为表示轴和齿轮间的键连接关系，采用局部剖视。

2. 特殊画法和简化画法

为使装配图能简便、清晰地表达出部件中某些组成部分的形状特征，国家标准还规定了以下特殊画法和简化画法。

1）特殊画法

（1）拆卸画法（或沿零件结合面的剖切画法）。

在装配图的某一视图中，为表达一些重要零件的内、外部形状，可假想拆去一个或几个零件后绘制该视图。拆卸画法如图 8-1-7 所示。

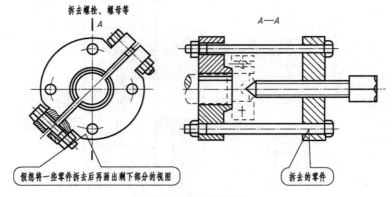

图 8-1-7　拆卸画法

（2）假想画法。

在装配图中，为了表达与本部件有装配关系但又不属于本部件的相邻零、部件时，可用双点画线画出相邻零、部件的部分轮廓。在装配图中，当需要表达运动零件的运动范围或极限位置时，也可用双点画线画出该零件在极限位置处的轮廓。假想画法如图 8-1-8 所示。

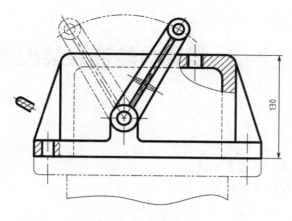

图 8-1-8　假想画法

（3）单独表达某个零件的画法。

在装配图中，当某个零件的主要结构在其他视图中未能表示清楚，而该零件的形状对部件的工作原理和装配关系的理解起着十分重要的作用时，可单独画出该零件的某一视图。如图 8-1-9 所示的转子油泵中泵盖的 *B* 向视图。

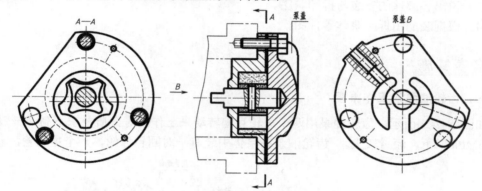

图 8-1-9　单独表达某个零件的画法

2）简化画法

在装配图中，若干相同的零、部件组，可详细地画出一组，其余只需用点画线表示其位置即可。在装配图中，零件的工艺结构，如倒角、圆角、退刀槽、拔模斜度、滚花等均可不画。简化画法如图 8-1-10 所示。

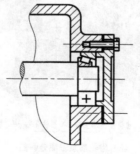

图 8-1-10　简化画法

任务2 识读齿轮油泵装配图

任务目标

（1）能识读装配图，并回答问题。

（2）能根据装配图拆画零件图。

任务呈现

识读如图 8-2-1 所示齿轮油泵轴测图和装配图，并完成以下任务。

（1）说出齿轮油泵的工作原理及各部件的作用。

（2）说明齿轮油泵的装配关系、连接关系。

（3）说出各部件的安装与拆卸顺序。

（4）根据装配图拆画泵体零件图。

任务实施

一、齿轮油泵的工作原理

如图 8-2-2 所示，齿轮油泵用两个齿轮互啮转动来工作，对介质要求不高。一般的压力在 6MPa 以下，流量较大。 齿轮油泵在泵体中装有一对回转齿轮，一个主动轮，一个

（a）齿轮油泵轴测分解图

图 8-2-1 齿轮油泵轴测分解图和装配图

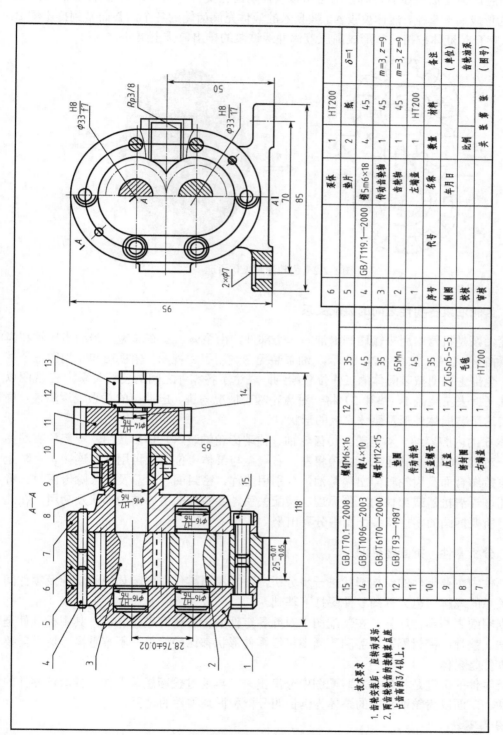

（b）齿轮油泵轴测分解图和装配图

图 8-2-1 齿轮油泵轴测分解图和装配图（续）

从动轮，依靠两齿轮的相互啮合，把泵内的整个工作腔分成两个独立的部分。A 为吸入腔，B 为排出腔。齿轮油泵在运转时主动齿轮带动被动齿轮旋转，当齿轮从啮合到脱开时在吸入侧 A 就形成局部真空，液体被吸入。被吸入的液体充满齿轮的各个齿谷而带到排出侧 B，齿轮进入啮合时液体被挤出，形成高压液体并经过泵的排出口排出泵外。

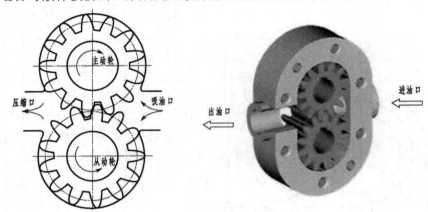

图 8-2-2　齿轮油泵工作原理

二、齿轮油泵各零件之间的装配关系

齿轮油泵是机器中用来输送润滑油的一个部件，由泵体、左右端盖、传动齿轮轴和齿轮等 15 种零件组成。如图 8-2-1 所示，油泵装配图选用了主视图、俯视图和左视图三个基本视图。全剖主视图按装配体的工作位置绘制，表达了各零件之间的装配关系。左视图以拆卸画法（拆去左泵盖 1、垫片 2）将一对齿轮啮合情况与进、出油口的关系表达清楚。局部视图表达了装配体外形及泵体底板的形状。

泵体 6 的内腔容纳一对齿轮。将齿轮轴、传动齿轮轴装入泵体后，由左端盖和右端盖支承这一对齿轮轴的旋转运动。由销将左、右端盖与泵体定位后，再用螺钉连接。为防止泵体与泵盖结合面及齿轮轴伸出端漏油，分别用垫片、密封圈、压盖及压紧螺母密封。看懂装配图，弄清机器或部件的工作原理、装配关系、各零件的主要结构形状及功用，在此基础上将所要拆画的零件从装配图中分离出来。

三、分析零件，拆画零件图

对部件中主要零件的结构形状进一步分析，可加深对零件在装配体中的功能及零件间的装配关系的理解，也为拆画零件图打下基础。

根据明细表与零件序号，在装配图中对照各零件的投影轮廓进行分析，其中标准件是规定画法。垫片、密封圈、压盖和压紧螺母等零件形状都比较简单，不难看懂。这里需要分析的零件是泵体。

分析零件的关键是将零件从装配图中分离出来，再通过投影想象形体，弄清该零件的结构形状。下面以齿轮油泵中的泵体为例说明分析和拆画零件的过程。

1. 分离零件

根据方向、间隔相同的剖面线将泵体从装配图中分离出来，如图 8-2-3（a）所示。

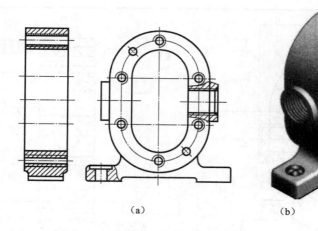

（a） （b）

图 8-2-3 拆画泵体

从序号 6 的指引线起端圆点，可找到泵体的位置和大致轮廓范围，位于左右端盖中间。由于在装配图中泵体的可见轮廓线可能被其他零件（如螺钉、销）遮挡，所以分离出来的图形可能是不完整的，必须补全。将主视图、左视图对照分析，想象出泵体的整体形状，如图 8-2-3（b）所示。

2. 确定零件的表达方案

装配图的表达方案是从整个机器或部件角度考虑的，重点是表达工作原理和装配关系；而零件表达方案则是从零件的设计和工艺要求出发，并根据零件的结构形状来确定的，零件图必须把零件结构形状表达完整清楚。因此，零件在装配图中所体现的视图方案不一定适合零件图的表达要求，故在拆画零件时不宜机械地照搬零件在装配图中的视图方案，而应重新全面考虑。

在装配图中，泵体的左视图反映了容纳一对齿轮的长圆形空腔，以及与空腔相通的进、出油孔。同时也反映了销钉与螺钉孔的分布，以及底座上沉孔的形状。因此，画零件图时将这一方向作为泵体主视图的投射方向比较合适。装配图中省略未画出的工艺结构如倒角、退刀槽等，在拆画零件图时应该按标准结构要素补全。

3. 零件图的尺寸标注

装配图中已经标注出的重要尺寸直接抄注在零件图上。例如，ϕ33H8/f7 是一对啮合齿轮的齿顶圆与泵体空腔内壁的配合尺寸；28.76±0.02 是一对啮合齿轮的中心距尺寸；R_P 3/8 是进、出油口的管螺纹尺寸。另外，还有油口中心高尺寸 50、底板上安装孔定位尺寸 70 等。其中配合尺寸，应标注公差带代号，或查表标注出上、下偏差数值。

装配图中未注的尺寸，可按比例从装配图中量取。某些标注结构，如键槽的深度和宽度、沉孔、倒角、退刀槽等，应查阅有关标准标注出。

4. 零件图的技术要求

零件的尺寸公差和形位公差等技术要求的确定，要根据该零件在装配体中的功能及该零件与其他零件的关系来确定。零件的其他技术要求可用文字注写在标题栏附近。根据齿轮油泵装配图拆画的泵体零件图如图 8-2-4 所示。

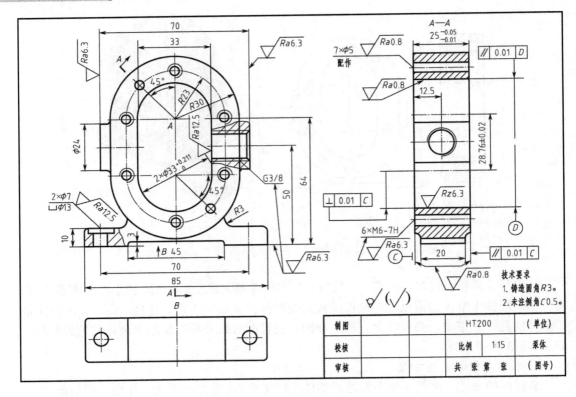

图 8-2-4 泵体零件图

任务拓展

常见的装配结构

为了保证部件（或机器）的性能，并方便零件的加工和装拆，应该考虑到装配结构是否合理。确定合理的装配结构，需要一定的设计和生产的实际经验，所以，这里仅对装配结构合理性问题做简单介绍。

（1）当轴和孔配合且轴肩与孔的端面相互接触时，应在孔的接触端面制成倒角或在轴肩根部切槽，以保证良好的接触，如图 8-2-5 所示。

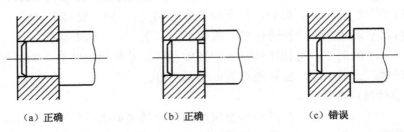

（a）正确　　　　　（b）正确　　　　　（c）错误

图 8-2-5 常见装配结构（一）

（2）当两个零件接触时为避免干涉，两零件在同一方向上只应有一个接触面，如图 8-2-6

所示。两零件有相交表面接触时，在转角处应制出倒角、圆角、凹槽等，以保证表面接触良好。

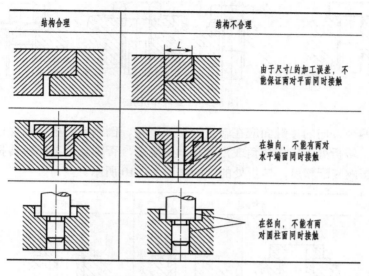

图 8-2-6 常见装配结构（二）

（3）当零件用螺纹紧固件连接时，应考虑拆卸、安装的合理性，如图 8-2-7 所示。

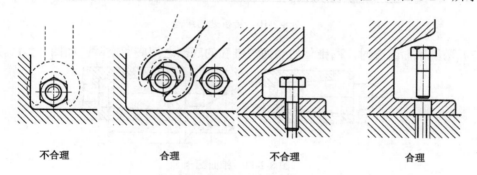

图 8-2-7 拆卸、安装的合理性

（4）为了保证螺纹旋紧，应在螺纹尾部留出退刀槽或在螺孔端部加工出凹坑或倒角，如图 8-2-8 所示。

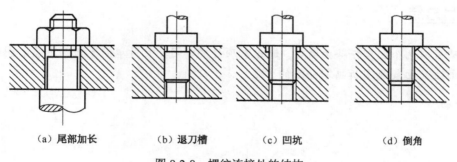

（a）尾部加长　　　（b）退刀槽　　　（c）凹坑　　　（d）倒角

图 8-2-8 螺纹连接处的结构

（5）为了保证连接件与被连接件间接触良好，被连接件上应做成沉孔或凸台，被连接件通孔的直径应大于螺孔大径或螺杆直径，如图 8-2-9 所示。

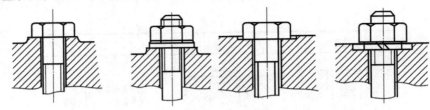

图 8-2-9　凸台和沉孔

（6）零件两个方向的接触面应在转折处做成倒角、倒圆或凹槽，以保证两个方向的接触面接触良好。转折处不应成直角或尺寸相同的圆角，否则会使装配时转折处发生干涉，因接触不良而影响装配精度。转折处的结构如图 8-2-10 所示。

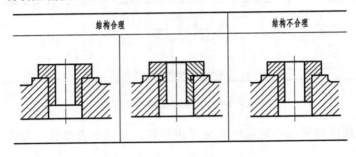

图 8-2-10　转折处的结构

（7）两圆锥面配合时，圆锥体的端面与锥孔的底部之间应留空隙，如图 8-2-11 所示。

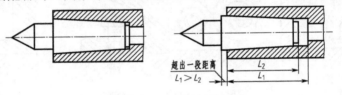

图 8-2-11　锥面配合

🖐️项目总结

本项目以两个典型任务为载体，通过本项目的学习，使同学们逐渐熟悉装配图的内容、作用、画法及由装配图拆画零件图的方法。

下　篇

项目 九　机械工程常用材料

【论一论】

从"买水杯"说起：我想买一只水杯，请同学们给点建议，并说说理由。

有的同学现在买不锈钢的水杯，说它耐用。

有的同学选塑料的水杯，说它轻便、美观、不怕摔。

有的同学选陶瓷的水杯，说它泡茶好。

……

选材有很多种，每个人都可以根据自己的需要，对性能的要求，选择合适的材料，如图9-0-1所示。现在开始大家一起来认识机械工程常用的材料及其性能。

塑料杯、玻璃杯、不锈钢杯（保温杯）它们的功能有什么不同？

图 9-0-1　不同材料水杯

任务 1　认知工程材料的力学性能

任务目标

（1）能区别工程材料的使用性能与工艺性能的不同。

（2）能说出工程材料力学性能中各指标的定义及意义。

（3）能初步认识机件失效的基本形式并说出失效的主要原因。

（4）能从材料摩擦和磨损的现象及它们的危害与材料的主要使用性能建立关系。

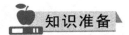任务呈现

工程材料是用于机械、车辆、船舶、建筑、化工、能源、仪器仪表、航空航天等工程领域的材料，用来制造工程构件和机械零件，也包括一些用于制造工具的材料和具有特殊性能的材料。

根据工程材料的基本性能及某一特定产品的使用特点，简单说明制作该产品的材料应具备哪些力学性能。

知识准备

一、工程材料的性能

工程材料的性能主要包含工艺性能和使用性能。

1. 工艺性能

工艺性能是指材料在加工过程中对不同加工方法的适应性，材料工艺性能的好坏影响到加工的难易程度，从而影响到零件加工后的质量、生产效率和加工成本。金属材料的常见工艺性能如图 9-1-1 所示。

（a）铸造性能　　　　　　　　　　　　　　　（b）锻压性能

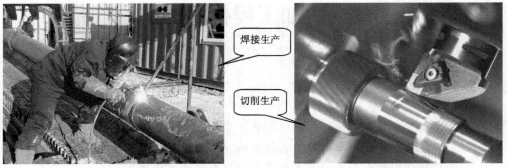

（c）焊接性能　　　　　　　　　　　　　　　（d）切削加工性能

图 9-1-1　金属材料的工艺性能

（e）热处理性能

图 9-1-1　金属材料的工艺性能（续）

2. 使用性能

使用性能是指材料在使用过程中所表现出来的性能。金属材料的使用性能主要包括物理性能、化学性能、力学性能等，如图 9-1-2 所示。

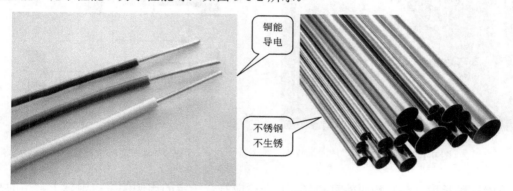

（a）电线（物理性能）　　　　　　　　　　　　　（b）不锈钢管（化学性能）

（c）汽车碰撞试验（力学性能）

图 9-1-2　材料的使用性能

二、金属材料的力学性能

力学性能是指金属在外力作用下所表现的性能。力学性能的指标包括强度、塑性、硬度、韧性和疲劳强度等。

1. 强度

金属材料在静载荷作用下，抵抗塑性变形或断裂的能力，称为强度。

材料抵抗能力越大，表示材料越能承受较大的外力而不变形和被破坏。衡量强度高低的指标有弹性极限、抗拉强度和屈服点。

拉伸试验：检测强度一般都要进行拉伸试验（GB/T 2212-2002），如图 9-1-3 所示。采用万能材料试验机，给拉伸试样缓慢施以拉力，测出拉力与变量的关系。可用于测量材料在拉力作用下的强度和塑性。

拉伸试样：按国家标准制作，试样的截面可以为圆形、矩形、多边形、环形等。其中，圆形拉伸试样如图 9-1-4 所示。

图 9-1-3　拉伸试验

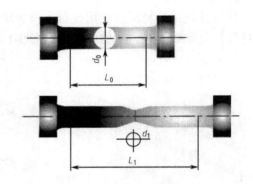

图 9-1-4　圆形拉伸试样

原始标距长度（L_0）和原始直径（d_0）一般应符合一定的比例关系：国际上常用的是 $L_0 / d_0 = 5$（短试样），原始标距长度不小于 15mm；当试样横截面太小时，可采用 $L_0 / d_0 = 10$（长试样），或采用非比例试样。

拉伸曲线：拉伸试验中记录的拉伸力 F 与伸长量 ΔL（某一拉伸力时试样的长度与原始长度的差 $\Delta L = L_u - L_0$）的 F-ΔL 曲线如图 9-1-5 所示。

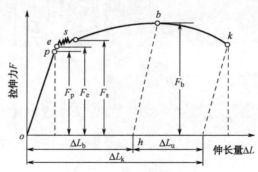

图 9-1-5　F-ΔL 曲线

"oe"为纯弹性变形阶段，卸去载荷时，试样能恢复原状；

"e"点开始塑性变形；

"s"点出现"屈服"现象，出现明显塑性变形；

"sb"为强化阶段，试样产生均匀的塑性变形，并出现了强化；

"b"点为最大载荷，试样出现"缩颈"现象；

"k"点试样被拉断。

弹性极限：保持纯弹性变形的最大应力。

屈服强度：产生屈服时的应力（屈服点），也表示材料发生明显塑性变形时的最低应力值。

抗拉强度：断裂前最大载荷时的应力（强度极限）。

强度意义：一般机械零件或工具使用时，不允许发生塑性变形，故屈服强度是机械设计强度计算的主要依据；抗拉强度代表材料抵抗拉断的能力，若应力大于抗拉强度，则会发生断裂而造成事故。工程上还通过计算屈强比（屈服强度与抗拉强度的比值）来判别材料强度的利用率，屈强比高，材料性能使用效率高，一般材料的屈强比以 0.75 为宜。

2. 塑性

金属材料在静载荷作用下，产生变形而不被破坏，当外力去除后仍能使材料恢复初始状态的性能，称为塑性。衡量塑性高低的指标有断后伸长率和断面收缩率。

1）断后伸长率

断后伸长率是指试样拉断后标距的伸长与原始标距的百分比，用符号 A 表示，即

$$A = \frac{l_k - l_o}{l_o} \times 100\%$$

式中　l_o——试样原始标距长度（mm）；

　　　l_k——试样拉断后标距长度（mm）。

断后伸长率的大小与试样尺寸有关。长试样的断后伸长率用 A 或 $A_{11.3}$ 表示，短试样的断后伸长率用 A 表示，同一材料的 $A > A_{11.3}$。

2）断面收缩率

断面收缩率是指试样拉断后，拉断处横截面面积的最大缩减值与原始横截面面积的百分比，用符号 Z 表示，即

$$Z = \frac{A_k - A_o}{A_o} \times 100\%$$

式中　A_o——试样原始横截面积（mm^2）；

　　　A_k——试样拉断后缩颈处最小横截面积（mm^2）。

特别提示：

金属材料的 A 与 Z 的数值越大，表示材料的塑性越好，可用锻压等压力加工方法成型；若零件使用中稍有超载，也会因其产生塑性变形而突然断裂，增加了材料使用的安全可靠性。

金属强度与塑性新旧标准名词和符号的对照如表 9-1-1 所示。

3. 硬度

金属材料抵抗局部变形（特别是塑性变形）、压痕或划痕的能力称为硬度。

表 9-1-1　金属强度与塑性新旧标准名词和符号的对照

新标准 GB/T 2212－2002		旧标准 GB/T 2212－1987	
性能	符号	性能	符号
断面收缩率	Z	断面收缩率	ψ
断后伸长率	A	断后伸长率	δ_5
	$A_{11.3}$		δ_{10}
屈服强度	—	屈服点	σ_s
上屈服强度	R_{eH}	上屈服点	σ_{sU}
下屈服强度	R_{eL}	下屈服点	σ_{sL}
规定残余伸长强度	R_r	规定残余伸长应力	σ_r
	如 $R_{r0.2}$		如 $\sigma_{r0.2}$
抗拉强度	R_m	抗拉强度	σ_b

　　硬度是衡量金属材料软硬的一个重要指标。常用测量硬度的试验方法有压入硬度试验法。根据压头和所加载荷不同，工程上硬度常用的指标有布氏硬度（HB）、洛氏硬度和维氏硬度，如图 9-1-6～图 9-1-8 所示。

　　金属材料的硬度越高，则材料的耐磨性越好。

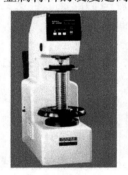

（a）布氏硬度机

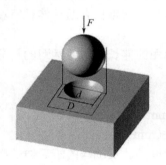

（b）布氏硬度测试压头

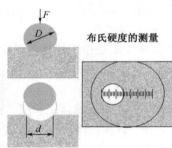

（c）布氏硬度的测量

图 9-1-6　布氏硬度的测试

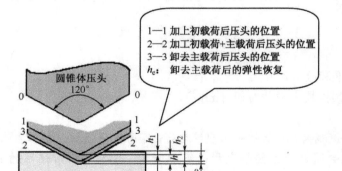

（a）洛氏硬度测试与读数

（b）洛氏硬度机

图 9-1-7　洛氏硬度的测试

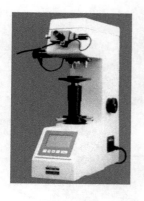

（a）维氏硬度机

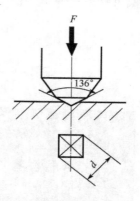

（b）维氏硬度测试读数原理

图 9-1-8　维氏硬度的测试

4. 韧性

实际生产中，许多零件会受到冲击载荷的作用，如液压锤锤头对工件施加的冲击载荷。冲击载荷比静载荷破坏能力大。

材料抵抗冲击载荷作用而不破坏的能力称为韧性。常用一次摆锤冲击弯曲试验测定金属材料的韧性。冲断试样时，在试样横截面的单位面积所消耗的功称为冲击韧度，常用 α_k 表示，单位为 J/cm^2。冲击韧度的测试如图 9-1-9 所示。

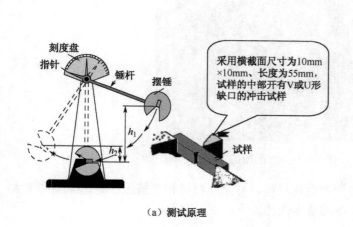

采用横截面尺寸为10mm×10mm、长度为55mm，试样的中部开有V或U形缺口的冲击试样

（a）测试原理　　　　　　　　　　　　　　　　（b）测试机

图 9-1-9　冲击韧度的测试

冲击韧度越大，材料的抗冲击能力越强。

5. 疲劳强度

金属材料在多次交变载荷作用下而不破坏的最大应力称为疲劳强度或疲劳极限。常见的受交变载荷的零件如图 9-1-10 所示。

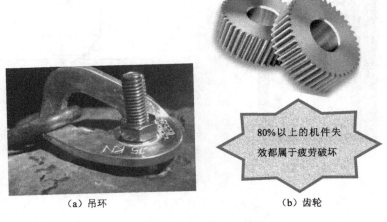

（a）吊环 （b）齿轮

80%以上的机件失效都属于疲劳破坏

图 9-1-10　常见的受交变载荷的零件

任务实施

举例说明生活中或工业生产中某一产品的力学性能要求。

例：简述如图 9-1-11 所示车床刀具材料的力学性能要求。

图 9-1-11　车削加工

车刀在车削过程中，要去除多余的金属材料，与金属材料相互挤压、高速摩擦产生大量的热量，因此车刀的材料必须具备的基本性能如下。

（1）高硬度。

（2）高强度和强韧性。

（3）较强的耐磨性和耐热性。

（4）优良的导热性。

（5）良好的工艺性与经济性。

【任务内容小结】

（1）工程材料的性能包含工艺性能和使用性能。

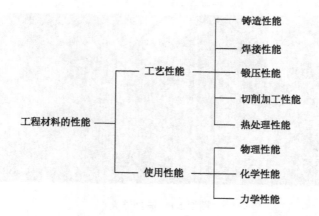

（2）材料的工艺性能是材料在加工过程中所体现出来的性质。金属材料的工艺性能常体现为铸造性能、锻造性能、焊接性能、热处理性能和切削性能等。

（3）材料的使用性能是指材料在使用过程中所体现出来的性质。金属材料的使用性能常常从物理性能、化学性能和力学性能三方面去考虑。

（4）材料物理性能是指材料的物理物性，包含密度（体密度、面密度、线密度）、黏度（黏度系数）、粒度、熔点、沸点、凝固点、燃点、闪点、热传导性能（比热、热导率、线胀系数）、电传导性能（电阻率、电导率、电阻温度系数）、磁性能（磁感应强度、磁场强度、矫顽力、铁损）。

（5）材料的化学性能是反映材料与各种化学试剂发生化学反应的可能性和反应速度大小的相关参数。体现为抗氧化性、抗酸碱性、特殊要求性能等。

（6）材料的力学性能指材料在不同环境（温度、介质、湿度）下，承受各种外加载荷（拉伸、压缩、弯曲、扭转、冲击、交变应力等）时所表现出的力学特征。主要有强度、塑性、韧性、硬度、抗疲劳强度等。

任务 2　认知钢的热处理

任务目标

（1）能说出钢的热处理的一般步骤。

（2）能简述常见热处理的目的、分类和应用。

任务呈现

如图 9-2-1 所示，在电视里或书中所描述的铸剑工艺中，最后一道工艺是将烧红的剑身迅速插入冷水中，这一工艺对宝剑的性能改善有何作用？

图 9-2-1　铸剑淬火

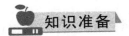

一、热处理的一般步骤

金属热处理是机械制造中的重要工艺之一，与其他加工工艺相比，热处理一般不改变工件的形状和整体的化学成分，而是通过改变工件内部的显微组织，或改变工件表面的化学成分，赋予或改善工件的使用性能。其特点是改善工件的内在质量，这不是肉眼所能看到的。

热处理工艺一般步骤包括加热、保温、冷却三个过程，有时只有加热和冷却两个过程。这些过程互相衔接，不可间断。常用的热处理加热设备如图 9-2-2 所示。

图 9-2-2　常用的热处理加热设备

二、常见的热处理方法、目的及应用

钢的常用热处理方法、目的及应用如表 9-2-1 所示。

表 9-2-1　钢的常用热处理方法、目的及应用

热处理方法	定　义	目的及应用
退火	将工件加热到适当温度，保持一定时间，然后缓慢冷却（一般随炉冷却）的热处理工艺	降低硬度，提高塑性，改善切削加工和压力加工性能；细化晶粒，改善内部组织和性能
正火	将工件加热到适当温度，保持一定时间，放入空气中冷却的热处理工艺	正火目的和应用与退火基本相同，一般作为预备热处理
淬火	将工件加热到适当温度，保持一定时间，然后放入淬火介质中急剧冷却的热处理工艺	提高钢的硬度、强度和耐磨性
回火	将工件加热到适当温度（一般低于 727℃），保持一定时间，然后空冷至室温的热处理工艺	消除工件淬火后的脆性和内应力，提高塑性和韧性
调质	淬火+高温回火	提高工件的综合力学性能，重要零件一般都需要进行调质处理
表面淬火	只对工件表面进行淬火	使工件表面具有高硬度、耐磨性，而心部具有足够的强度和韧性
渗碳	将工件在渗碳介质中加热并保温使碳原子渗入工件表层的化学热处理工艺	提高表面含碳量，使工件表面具有高硬度、耐磨性，而心部具有足够的强度和韧性
渗氮	与渗碳工艺相似	由于氮元素的特殊作用，使工件表面硬度更高、耐磨性与耐腐蚀性好
时效	先将工件加热至 120～130℃，长时间保温后再让其随炉冷却或在空气中冷却并长期放置的工艺	用来消除或减小工件的内应力，防止其变形和开裂，稳定工件的形状和尺寸

任务实施

（1）将一批相同型号的 45 号钢块（如图 9-2-3 所示）分别进行退火、正火、淬火、回火等不同的热处理，并测试它们的硬度顺序。

图 9-2-3　45 号钢块

（2）借助网络或查阅相关资料，谈一谈金属热处理有哪些新技术？它们的主要目的及应用如何？

【任务内容小结】

（1）钢材通过热处理后，能改善钢材的性能，从而满足使用要求。

（2）热处理的一般步骤包含加热、保温和冷却；有时只有加热和冷却两步。

（3）常见的热处理方法有退火、正火、淬火、回火、调质、表面淬火、表面渗碳、表面渗氮、时效处理等。

任务3　认知常用的金属材料

任务目标

（1）能说出常用碳素钢的分类、牌号、性能和应用。

（2）能说出常用合金钢和铸铁的分类、牌号、性能和应用。

（3）能说出常用有色金属材料的分类、牌号、性能和应用。

任务呈现

如图 9-3-1 所示，家中的厨具可用什么不同材料制作？你能说出多少种不同材料的锅？假如你自己设计家具，你会选用什么材料？

图 9-3-1　厨具

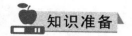 知识准备

一、碳素钢

1. 碳素钢的分类

以铁或者以铁为主形成的金属材料，称为黑色金属，它主要是指钢铁材料，即钢和铸铁的总称。

碳素钢又称为碳钢，是含碳量（W_C）小于2.11%的铁碳合金。碳素钢种类很多，碳素钢的分类如表9-3-1所示。

表9-3-1　碳素钢的分类

分类方法	类　型
按照含碳量分	低碳钢（$W_C<0.25\%$）
	中碳钢（$0.25\%\leq W_C\leq0.60\%$）
	高碳钢（$W_C>0.60\%$）
按质量等级分	普通质量碳素钢（$W_S\geq0.045\%$、$W_P\geq0.045\%$）
	优质碳素钢
	普通质量碳素钢（$W_S\leq0.02\%$、$W_P<0.02\%$）
按用途分	碳素结构钢
	碳素工具钢

含碳量对钢的力学性能影响较大，当$W_C<0.9\%$时，随着含碳量的增加，钢的强度和硬度逐步增加，塑性和韧性逐渐降低；当$W_C>0.9\%$时，随含碳量的继续增加，硬度仍然增加，但强度开始明显下降，塑性、韧性继续降低。

2. 碳素钢的牌号

我国钢材的牌号用化学元素符号、汉语拼音字母和阿拉伯数字相结合的方法来表示。各种碳素钢的牌号表示方法如表9-3-2所示。

表9-3-2　碳素钢的牌号

类　型	表示方法	牌号举例	用途举例
碳素结构钢	普通碳素结构钢由屈服点汉语拼音字母字首"Q"加屈服点数值表示	Q235，表示$\sigma_s\geq235MPa$的普通碳素结构钢	螺钉
	优质碳素结构钢用两位数字表示，数字表示钢中平均含碳量的万分数	45，表示平均$W_C=0.45\%$的优质碳素结构钢	轴
铸钢	用"铸"和"钢"两个字的汉语拼音字母字首"ZG"后加两组数字（屈服点+抗拉强度）	ZG200-400，表示$\sigma_s\geq200MPa$，$\sigma_b\geq400MPa$的铸钢	工作台
碳素工具钢	用"碳"字汉语拼音字母字首"T"加上数字表示，数字表示平均含碳量	T12，表示平均$W_C=1.2\%$碳素工具钢	锉刀

二、合金钢

1. 合金钢的分类

在碳钢的基础上加入合金元素得到合金钢。根据添加元素的不同，并采取适当的加工工艺，可获得高强度、高韧性、耐磨、耐腐蚀、耐低温、耐高温、无磁性等特殊性能。但合金钢的成本比碳钢高，所以选择钢材时，碳钢能满足性能要求，就不要选用合金钢。

合金钢种类很多，通常按合金元素含量多少分为低合金钢（含量<5%），中合金钢（含量 5%～10%），高合金钢（含量>10%）；按质量分为优质合金钢、特质合金钢；合金钢按用途分可分为合金结构钢、合金工具钢和特殊性能钢。

2. 合金钢的牌号

合金钢的牌号一般会把合金钢的含碳量、合金元素的种类、合金元素的含量均应在牌号中体现出来，即含碳量+各种合金元素的含量。

1）含碳量的数字

当含碳量数字为两位数时，表示钢中平均含碳量的万分数；当含碳量数字为一位数时，表示钢中平均含碳量的千分数；当含碳量超过 1%时则不标出。例如，60Si2Mn 中 $W_C=0.6\%$；1Cr13 中 $W_C=1\%$；Cr12 中 $W_C>1\%$。

2）合金元素含量数字

合金元素含量数字表示该合金元素平均含量的百分数。当合金元素含量低于 1.5%时不标数字。例如，60Si2Mn 中 $W_{Si}=2\%$，$W_{Mn}<1.5\%$。

低合金高强度结构钢的牌号表示方法与碳素结构钢相同，例如，Q345 表示 $\sigma_s \geqslant 345MPa$ 的低合金高强度结构钢。

轴承钢的牌号是由"滚"字的汉语拼音字首"G"后附元素符号"Cr"，Cr 元素平均含量的千分数及其他元素符号表示，如 GCr15、GCr15SiMn。

常用合金钢的种类、牌号及应用举例如表 9-3-3 所示。

表 9-3-3　常用合金钢种类、牌号及应用举例

合金钢种类		常用牌号	应用举例
合金结构钢	低合金高强度结构钢	Q345、Q390、Q420、Q460、Q500	用于桥梁、车辆、船舶、锅炉、高压容器和输油管等
	合金渗碳钢	20Cr、20CrMnTi	用于承受冲击的耐磨零件
	合金弹簧钢	60Si2Mn	汽车板簧、螺旋弹簧等
	滚动轴承钢	GCr15、GCr15SiMn	滚动轴承
合金工具钢	量具刃具钢	9SiCr、Cr06、Cr2	用于制造板牙、丝锥、铰刀等手工刀具，高精度量具如块规
	冷作模具钢	Cr12、Cr12MoV、CrWMn	冷冲模、冷挤压模、剪切模
	高速工具钢	W18Cr4V、W6MoCr4V2	铣刀、铰刀、拉刀、麻花钻等机用刀具及热作模具
特殊性能钢	不锈钢	1Cr13、3Cr13	耐蚀性能要求一般汽轮机叶片
	耐热钢	1Cr18Ni9Ti	加热炉构件

三、铸铁

铸铁是含碳质量分数大于 2.11%的铁碳合金。在实际生产中，一般铸铁的碳含量为 2.5%～4.0%，硅含量为 0.8%～3%，锰、硫、磷杂质元素的含量也比碳钢高。有时也加入一定量的其他合金元素，获得合金铸铁，以改善铸铁的某些性能。

根据碳在铸铁中的存在形式，铸铁可分为白口铸铁、灰口铸铁等。根据灰口铸铁中石墨存在形态不同，又将灰口铸铁分为灰铸铁、可锻铸铁、球墨铸铁、蠕墨铸铁等。

1. 灰铸铁

在灰铸铁中，碳主要以片状石墨的形态存在，断口呈暗灰色，故称灰铸铁。牌号用 HT+抗拉强度表示。常用灰铸铁牌号、力学性能及用途如表 9-3-4 所示。

表 9-3-4　常用灰铸铁牌号、力学性能及用途

牌　号	σ_b/MPa 不小于	用　途
HT100	100	低载荷和不重要的零件，如盖、外罩、手轮、支架
HT150	150	承受中等应力的零件，如底座、床身、工作台、阀体、管路附件及一般工作条件要求的零件
HT200	200	承受较大应力和重要的零件，如气缸体、齿轮、油缸等
HT250	250	
HT300	300	床身导轨、车床、冲床、等受力较大的床身、机座、主轴箱、卡盘、齿轮等，高压油缸、泵体、阀体、衬套、凸轮、大型发动机的曲轴、气缸体等
HT350	350	

2. 可锻铸铁

在可锻铸铁中，碳主要以团絮状石墨形态存在，基体组织较紧密，它是用白口铸铁经长期退火后获得的。牌号用 KTH+抗拉强度-延伸率表示。常用可锻铸铁牌号、力学性能及用途如表 9-3-5 所示。

表 9-3-5　常用可锻铸铁牌号、力学性能及用途

种　类	牌　号	试样直径 mm	性能 σ_b/MPa 不小于	性能 δ/% 不小于	用　途
黑心可锻铸铁	KTH300-06	12 或 15	300	6	弯头、三通管件、中低压阀门等
	KTH330-08		330	8	扳手、犁刀、犁柱、车轮壳等
	KTH350-10		350	10	汽车、拖拉机前后轮壳、减速器壳、转向节壳、制动器及铁道零件等
	KTH370-12		370	12	
珠光体可锻铸铁	KTZ450-06		450	6	载荷较高和耐磨损零件，如曲轴、凸轮轴、连杆、齿轮、活塞环、轴套、万向接头、棘轮、扳手、传动链条等
	KTZ550-04		550	4	
	KTZ650-02		650	2	
	KTZ700-02		700	2	

3. 球墨铸铁

在球墨铸铁中，碳主要呈球状石墨形态存在。球墨铸铁的力学性能比灰铸铁和可锻铸铁都高，其抗拉强度、塑性、韧性与具有相应基体组织的铸钢相近，而成本接近于灰铸铁，并保留了灰铸铁的优良性能。牌号用"QT"表示"球铁"两字的汉语拼音字首，后面的两组数字分别表示最低抗拉强度和最低延伸率。常用球墨铸铁牌号、力学性能及用途如表9-3-6所示。

表 9-3-6　　常用球墨铸铁牌号、力学性能及用途

牌　号	σ (N/mm^2)	$\sigma_{0.2}$ (N/mm^2)	δ（%）	HBS	应用举例
QT400-18	400	250	18	130～180	阀体、汽车内燃机零件、机床零件
QT400-15	400	250	15	130～180	
QT400-10	450	310	10	160～210	
QT500-7	500	320	7	170～230	机油泵齿轮、机车车辆轴瓦
QT600-3	600	370	3	190～270	
QT700-2	700	420	2	225～305	柴油机曲轴、凸轮轴、气缸体、缸套、活塞环、部分机床的主轴等
QT800-2	800	480	2	245～335	
QT900-2	900	600	2	280～360	汽车的螺旋齿轮，拖拉机减速齿轮、柴油机凸轮轴

四、铝及铝合金

1. 纯铝

纯铝是银白色金属，主要的性能特点是密度（2.7g/cm^3）小，熔点（660.4℃）低，导电性、导热性好，抗大气腐蚀性能好，塑性好，无铁磁性。因此适宜制作要求导电的电线、电缆、散热器，以及具有导热和耐腐蚀而对强度要求不高的日用品或配制合金。

纯铝的牌号：纯铝代号用L×××系列表示。例如LA35表示=99.35%的纯铝。牌号的最后两位数字表示铝的最低百分比含量，牌号第二位的字母表示原始纯铝的改型情况。其中，A为原始纯铝，B～Y为其改型。

工业高纯铝纯度可达99%～99.8%，这类铝主要用于制成管、棒（如图9-3-2所示）、线等型材及配制铝合金的原料。

图 9-3-2　铝棒

2．铝合金

铝合金是指以铝为基础，加入一种或几种合金元素（如铜、镁、硅、锰、锌等）的合金。铝合金的分类如图 9-3-3 所示。

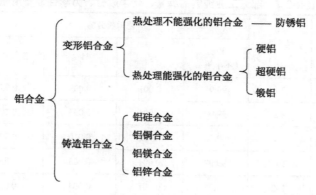

图 9-3-3　铝合金的分类

1）变形铝合金

变形铝合金牌号：用 2×××～8××× 系列表示。牌号第一位数字表示铝合金的组别。牌号的最后两位数用来区分同一组中不同的铝合金。第二位字母表示原始铝合金的改型情况，其中 A 为原始铝合金，其他是原始铝合金的改型合金。

2）铸造铝合金

性能：铸造铝合金具有优良的铸造性能和抗腐蚀性。

用途：常用于制造轻质、耐腐蚀、形状复杂的零件，如活塞、仪表外壳、发动机缸体等。

牌号：以"Z"（"铸"字的汉语拼音第一个字母）为首，后加铝的元素符号，再加主要添加元素符号及其百分比含量来表示。例如，ZAlSi9Mg 表示 Si=9%，Mg=1%，其余为铝的铸造铝合金。

五、铜及铜合金

1．工业纯铜

工业纯铜呈玫瑰红色，表面氧化膜是紫色，故称紫铜。其纯度为 99.5%～99.95%，主要用于制作导电材料及配制铜合金的原料。工业纯铜的密度为 $8.96g/cm^3$，熔点为 $1083℃$。

纯铜具有很好的导电性、导热性和抗磁性。纯铜的抗拉强度不高（200～400MPa），但伸长率很高（45%～50%），其硬度较低。

牌号：工业纯铜用"T"和数字表示。"T"表示"铜"字的汉语拼音字首，数字表示顺序号。顺序号越大，杂质含量越高。常见牌号有 T1、T2、T3 和 T4。部分工业纯铜的牌号、化学成分、力学性能及用途如表 9-3-7 所示。

2．铜合金

1）黄铜——以锌为主加元素的铜合金

（1）普通黄铜：普通黄铜是铜和锌的合金。

普通黄铜常用的牌号及用途：H80，颜色是美丽的黄金色，又称为金黄铜，可作为装饰品；H70 又称为三七黄铜，它具有较好的塑性和冷成型性，用于制造弹壳、散热器等，故又称为弹壳黄铜；H62 又称四六黄铜，是普通黄铜中强度最高的一种，主要用于制造弹簧、垫圈、金属网等。

表 9-3-7　部分工业纯铜的牌号、化学成分、力学性能及用途

组　别	牌　号	代　号	化学成分%				用　途
			W_{Cu}（不小于）	W_{Bi}	W_{Pb}	杂质总量	
纯铜	一号铜	T1	99.95	0.001	0.003	0.05	导电、导热、耐腐蚀器具材料，如电线、蒸发器、雷管、储藏器等
	二号铜	T2	99.90	0.001	0.005	0.10	
	三号铜	T3	99.70	0.002	0.010	0.30	
无氧铜	一号无氧铜	Tu1	99.97	0.001	0.003	0.03	电真空器材，高导电性导线
	二号无氧铜	Tu2	99.95	0.001	0.004	0.05	

（2）特殊黄铜：在普通黄铜中再加入其他合金元素所组成的铜合金，称为特殊黄铜。常加入的元素有铅、锡、铝、锰、硅等，相应地可称这些特殊黄铜为铅黄铜、锡黄铜、铝黄铜、锰黄铜和硅黄铜。加入合金元素提高了黄铜的强度、耐蚀性和改善工艺性。

特殊黄铜常用的牌号及用途：由"H"与主加合金元素符号、铜含量百分数、合金元素含量百分数组成。例 HPb59-1 表示含铜质量分数为 59%，含铅质量分数为 1%，其余为含锌的铅黄铜。铅黄铜主要用于制造大型轴套、垫圈等；锰黄铜（HMn58-2）主要用于制造在腐蚀条件下工作的零件，如气阀、滑阀等。

2）白铜——以镍为主加元素的铜合金

普通白铜是铜镍合金，在普通白铜中加入其他元素时所组成的铜合金，称为特殊白铜，如锌白铜、锰白铜、铁白铜等。

3）青铜——除黄铜和白铜以外的铜合金

青铜按其化学成分主要分为锡青铜和无锡青铜。根据生产方法的不同，青铜又分为加工青铜与铸造青铜两大类。

青铜的牌号：由"Q"，主加元素符号及其含量百分数，其他元素含量的百分数组成。如 QSn4-3 表示含锡质量分数为 4%，其他元素为 3%，其余为铜的锡青铜。

特别提示：

铸造黄铜和铸造青铜都以"ZCu"（"铸"字的汉语拼音第一个字母）为首，后加铜的元素符号，再加主要添加元素符号及其百分比含量来表示。例如，ZCuSn10Zn2 表示 Sn=10%，Zn=2%，其余为铜的铸造铜合金。

六、钛及钛合金

1．工业纯钛

1）纯钛的性能

纯钛呈银白色，密度为 4.5g/cm³，熔点为 1677℃，热膨胀系数小。钛在 882℃时同素异晶转变，由密排六方晶格结晶为体心立方晶格。

$$\alpha\text{-Ti（密排六方）} \xrightarrow{\ 882\ ℃\ } \beta\text{-Ti（体心立方）}$$

纯钛低密度、高熔点，能耐高温、耐腐蚀，又具有塑性好，强度低，有良好的低温韧性，容易加工成形，在多种介质中钛的耐腐蚀性比普通不锈钢还优良，所以钛是一种很有发展价值的新型金属材料。

2）纯钛的牌号

纯钛用"T"（"钛"的汉语拼音字首）、"A"（表示 α 钛）加数字顺序号表示。常用的工业纯钛有 TA0、TA1、TA2、TA3 四种。随着数字增加，杂质含量增加，硬度增高，而塑性、韧性降低。它可制成板、棒、管、线和带材，作为航空、航天、化工、造船及医疗器械等耐腐蚀零件。

2. 钛合金

向钛中加入铝、硼、钼、铬、钒、锰等元素，可得到不同类型的钛合金，满足不同的使用需要。钛合金按使用状态组织的不同，分为 α 钛合金、β 钛合金和（$\alpha+\beta$）钛合金三大类。它们的牌号分别用汉语拼音字母"TA"、"TB"、"TC"和其后的数字顺序表示。

七、轴承合金

滑动轴承由轴承体和轴瓦组成。在轴的正常工作运转中，轴和轴瓦之间存在着不可避免的磨损，而轴是机器上重要的零件，其加工和更换不合算。为了尽可能延长轴的使用寿命，设置了轴瓦（或称轴套），轴瓦与轴的轴颈直接相接触，轴瓦采用较耐磨和散热等综合性能更好的轴承合金制造。

（1）轴瓦材料应具备以下条件。

①具有足够的强度、塑性、韧性和一定的耐磨性，以抵抗冲击和振动。

②具有较小低的硬度，以免轴的磨损量加大。

③具有较小的摩擦系数和良好的磨合性（指轴和轴瓦在运转时互相配合的性能），并能在磨合面上保存润滑油，以保持轴和轴瓦之间处于正常的润滑状态。

④具有良好的热导性与耐腐蚀性。既能保证轴瓦在高温下不软化或熔化，又能抗润滑油腐蚀。

⑤抗咬合性好。即在摩擦条件不好时，轴瓦材料不会与轴粘合或焊合。

⑥具有良好的工艺性，易于铸造成形，易于和瓦底焊合。

⑦成本低廉。

（2）轴承合金牌号：由"Z"（"铸"字汉语拼音字首）、基体金属元素、主要金属元素符号和各主要合金元素平均的百分数组成。如果合金元素的质量分数不小于 1%，该数字用整数表示，如果合金元素的质量分数小于 1%，一般不标数字，必要时可用一位小数表示。例如，ZSnSbllCu6 表示平均锑的质量分数为 11%、铜的质量分数为 6%、其余锡的质量分数为 83% 的铸造锡基轴承合金。

八、硬质合金

（1）定义：硬质合金是指以一种或几种难溶碳化物（如碳化钨、碳化钛等）的粉末为主要成分，加入起黏结作用的金属钴粉末，用粉末冶金方法制作的材料。

（2）性能特点：硬质合金具有硬度高、红硬性好、耐磨性好的特点。用硬质合金做成的刀具比高速钢切削速度可高 4～7 倍，刀具寿命大大提高，可切削约 50HRC 的硬质材料。但硬质合金脆性大、成型性能差，不能制成复杂形状的刀具。

（3）分类：常用硬质合金按成分和性能特点分为钨钴类硬质合金，钨钛钴类硬质合金，钴钛钽（铌）硬质合金三大类。

常用硬质合金牌号、性能特点及用途如表 9-3-8 所示。

表 9-3-8　常用硬质合金牌号、性能特点及用途

类别	成分	用途	被加工材料	常用代号	性能		适用于的加工阶段	相对于旧牌号
					耐磨性	韧性		
K 类（钨钴类）	Wc–Co	铸铁、有色金属等脆性材料、冲击大的场合、难切削材料或断续切削	加工短切屑的黑色金属、有色金属及非金属材料	K01	↑	↓	精加工	YG3
				K10			半精加工	YG6
				K20			粗加工	YG8
P 类（钨钛钴类）	WC-Ti-Co	钢或其他韧性较大的塑性金属，不宜用于加工脆性材料	适用于加工长切屑的黑色金属	P01	↑	↓	精加工	YT30
				P10			半精加工	YT15
				P30			粗加工	YT5
M 类（钨钛钽钴类）	WC-Ti-TaC（NbC）-Co	通用合金。主要用于加工高温合金、高锰钢、不锈钢以及可锻铸铁、球墨铸铁、合金铸铁等难加工材料	适于加工长切屑或短切屑的黑色金和有色金属	M10	↑	↓	精加工、半精加工	YW1
				M20			半精加工、粗加工	YW2

任务实施

借助网络或相关的参考资料，分析如图 9-3-4 所示的 C6132 普通车床用了哪些主要材料，选材的依据是什么？把主要部分的材料填入下表中，填得越全越好。

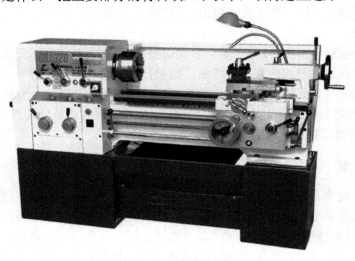

图 9-3-4　C6132 普通车床

序　号	部位名称	材　料	依据（材料的性能）
1			
2			
3			
4			
5			
6			

【任务内容小结】

（1）黑色金属是指以铁为主形成的金属。

（2）铁碳合金的含碳量在一定的范围内，随着含碳量增加强度、硬度增加，韧性、塑性降低。

（3）把含碳量在 2.11% 以下的铁碳合金称为钢；含碳量大于 2.11% 小于 7.9% 的铁碳合金称为铸铁。

（4）碳素钢按含碳量可分为低碳钢、中碳钢、高碳钢；按质量等级可分为普通钢、优质钢；按用途可分为结构钢和工具钢。

（5）在碳素钢的基础上加入一定量的合金元素便得到合金钢，可获得高强度、高韧性、耐磨、耐腐蚀、耐低温、耐高温、无磁性等特殊性能。

（6）铸铁具有良好的铸造性能、耐磨性能、减振性能。

（7）有色金属通常指除去铁（有时也除去锰和铬）和铁基合金以外的所有金属。

（8）常用的有色金属及合金主要有铝及铝合金、铜及铜合金、钛及钛合金、轴承合金及硬质合金等。

知识拓展

机械工程材料以钢铁为主，但钢材在很多情况下或因满足不了某些特殊的性能要求，或因成本高，而被有色金属或其他材料所代替。如波音 787 飞机使用了多种材料，钢材料只占有 10%。

在我们的生活中，有很多生活、生产用具由非黑色金属材料制造，大家想一想举一例产品说明是由哪些材料制成的？

一、高分子材料

高分子材料是以高分子化合物（分子量一般在 5000 以上）为主要成分的材料。常用的高分子材料有塑料、橡胶、胶黏剂等。

1. 塑料

塑料是以树脂为主要成分，加入填充剂、增塑剂、稳定剂、着色剂、润滑剂等制成的。

1）通用塑料和工程塑料

按应用范围常将塑料分为通用塑料、工程塑料和耐高温塑料。

（1）通用塑料：它是产量大、价格低、应用广的常用塑料。主要有聚乙烯、聚丙烯、酚醛塑料、氨基塑料等。通用塑料占塑料总产量的 3/4 以上，主要用于制造日常生活用品、包装材料和一般零件。

（2）工程塑料：它有一定的强度，常在工程中作结构材料。这类塑料具有耐高温、耐腐蚀、耐辐射等特殊性能，因而可部分代替金属，特别是代替有色金属来制作某些机械构件或某些特殊用途的构件。常用的工程塑料有聚酰胺（尼龙）、聚甲醛、ABS、有机玻璃等。

（3）耐高温塑料：这类塑料能耐 100～200℃ 或以上的工作温度，如聚四氟乙烯（称塑料王）、环氧塑料和有机硅塑料等。耐高温塑料在发展国防工业和尖端技术中起着重要作用。

2）热塑性塑料和热固性塑料

按塑料受热性能将塑料分为热塑性塑料和热固性塑料。

（1）热塑性塑料。

热塑性塑料受热软化、冷却变硬，并可多次重复。常用的热塑性塑料有尼龙（聚酰胺）、聚乙烯等。

（2）热固性塑料。

热固性塑料加热时软化，可塑制成型，但只能塑制一次，不能重复进行。常用的有酚醛塑料、氨基塑料、环氧塑料等。

3）塑料的特性及选用

塑料与金属材料相比，它具有密度小、比强度高、化学稳定性好、电绝缘性好，有一定耐磨性、减振性，能消声和成型加工性能好的优点，且生产方法简单，生产效率高、成本低。

塑料的缺点：强度、刚度和耐磨性比金属材料低，易燃烧，易老化，热导性差，热膨胀系数大，几何精度稳定性差。选用塑料时可从使用性能、工艺性能和经济性这三方面综合考虑。

2. 橡胶

橡胶是以生胶为主要原料，加入适量的硫化剂、软化剂、填充剂、防老化剂等而制成的。

1）橡胶的分类

（1）按生胶来源不同，橡胶分为天然橡胶和合成橡胶。合成橡胶是从石油、天然气、煤和农副产品中提炼制得的合成产物。

（2）按应用范围不同，橡胶分为通用橡胶和特种橡胶。特种橡胶是指能在特殊条件下（如高温、低温、酸、碱、油、辐射等）下使用的橡胶。

2）橡胶的特性及其保护方法

橡胶主要的特性是弹性好，去除外力后迅速恢复原状。同时绝缘性好，耐磨性好，具有隔音性、吸振能力、积储能量的能力、有一定的耐蚀性和强度。橡胶最大的缺点是易老化。老化影响橡胶的性能及使用寿命，加入防老化剂可延长和减轻老化过程。由于橡胶失去弹性的主要原因是被氧化、光的辐射和受热影响，因此橡胶制品在非工作时间应使之处于松弛状态，避免与油脂、燃油、酸等腐蚀介质及有机溶剂接触。存放要远离热源（温度在 3～35℃ 为较适中）、湿度尽量保持在 50～80% 之间。

3）橡胶的用途

工业上用作轮胎、密封件、减振件、防振件、传动件、运输胶带、管道、电线、电缆和绝缘材料等。

3. 胶黏剂

在工程上，有些地方不能或不便用焊接或用其他机械夹紧来连接，可考虑用胶黏剂来连接。胶接是借助于某种物质在固体表面产生的黏合力将材料牢固地连接在一起的方法。胶黏剂是指能够产生黏合力的物质。

胶黏剂的分为有机胶黏剂和无机胶黏剂。

二、陶瓷材料

陶瓷是以天然硅酸盐或人工合成无机化合物为原料，用粉末冶金法生产的无机非金属材料的总称。用普通陶瓷制作的茶壶如图 9-3-5 所示，用氮化物陶瓷制作的刀粒如图 9-3-6 所示。

图 9-3-5　普通陶瓷制作的茶壶　　　　　图 9-3-6　用氮化物陶瓷制作的刀粒

三、复合材料

金属材料、高分子材料和陶瓷材料在性能上都各有优点和不足，因此它们的使用范围受到一定的限制。由于科学技术的发展，对工程材料提出越来越高的要求。目前出现了将多种单一材料采用不同方式组合成一种新的材料——复合材料。有人预言，21 世纪是复合材料的时代。

复合材料是指由两种或两种以上不同物理、化学性质或不同组织结构的材料，经人工组合而成的新型多相材料。

1. 复合材料的组成

复合材料的组成分为基体材料和增强材料。

（1）基体材料：一般具有强度低、刚度小、韧性好、能够形成几何形状并起黏结作用的特点。基体材料可以是非金属基体材料和金属基体材料，但较多采用高分子材料为基体。

（2）增强材料：一般具有强度高、刚度大、较脆、能提高强度或韧性作用的特点。增强材料按种类和形状的不同可分为纤维增强、颗粒增强、层叠、骨架等。

特别提示：

一般将增强材料均匀地混合分散在基体材料中，使组成的材料取长补短，并保持各种材料的特性，从而有效发挥各种不同材料的潜力。

2. 复合材料的分类

复合材料按性能不同分为结构复合材料、功能复合材料。结构复合材料用于制造结构件，功能复合材料是指具有某些物理功能和效应的复合材料。

3. 复合材料的特点

复合材料具有比强度和比模量高、高温性能和化学稳定性好、吸振能力和抗疲劳性能好、成型工艺简单的特点。

项目十 机械连接

【论一论】

如图 10-0-1 所示,自行车由很多零件组成,这些零件又是如何连接在一起形成一个整体的呢?

图 10-0-1　自行车

在机械中,应用着各种各样的连接,连接是两个或两个以上的零件连成一体的结构。比较常用的连接形式有螺纹连接、键连接、销连接和轴与轴上零件的连接等。

任务1　认知螺纹连接

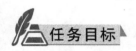　任务目标

(1)说出螺纹的特点、类型和应用。

（2）说出螺纹连接的基本形式及防松方法。

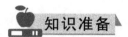

任务呈现

螺纹连接由螺纹连接件（紧固件）与被连接件构成，是一种应用广泛的可拆卸连接。螺纹连接具有结构简单、装拆方便、连接可靠等特点。

根据螺纹连接的形式、特点，分析如图 10-1-1 所示的齿轮减速器中所选用的螺纹连接及防松方法。

知识准备

一、螺纹的形成与类型

1. 螺纹形成

如图 10-1-2 所示，将直角三角形 ABC 绕到直径为 d 的圆柱上，并使其底边 AB 与圆柱底面的圆周线重合，则斜边 AC 在圆柱体表面就形成了一条螺旋线。螺纹是在该圆柱面上、沿螺旋线所形成的、具有相同剖面的凸起和沟槽。

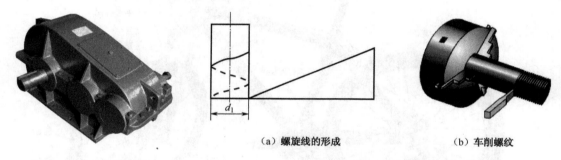

（a）**螺旋线的形成**   （b）车削螺纹

图 10-1-1　齿轮减速器　　　　图 10-1-2　螺旋线的形成及车削螺纹

2. 螺纹分类（如图 10-1-3 所示）

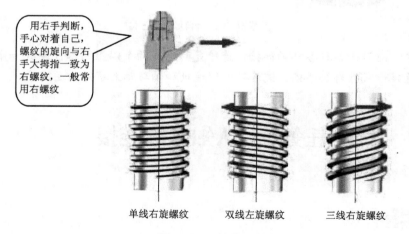

用右手判断，手心对着自己，螺纹的旋向与右手大拇指一致为右螺纹，一般常用右螺纹

单线右旋螺纹　　　双线左旋螺纹　　　三线右旋螺纹

图 10-1-3　螺纹分类

（1）按螺旋线绕行方向，螺纹可分为左旋螺纹和右旋螺纹，顺时针旋入的为右螺纹，逆时针旋入的为左螺纹。

（2）按螺旋线的数目，螺纹可分为单线和多线螺纹。单线螺纹一般用于连接，多线螺纹多用于传动。

（3）如图 10-1-4 所示，按螺纹截面形状，螺纹可分为梯形、锯齿形、矩形及其他特殊形状的螺纹。

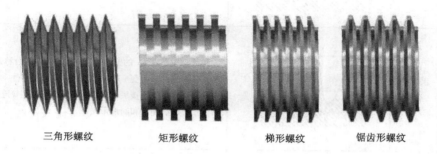

| 三角形螺纹 | 矩形螺纹 | 梯形螺纹 | 锯齿形螺纹 |

图 10-1-4　螺纹的牙型

（4）按用途不同，一般可将螺纹分为连接螺纹和传动螺纹，如图 10-1-5、图 10-1-6 所示。

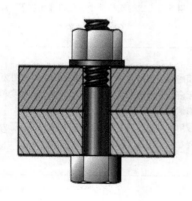

图 10-1-5　连接螺纹

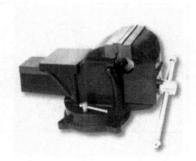

图 10-1-6　传动螺纹

3. 常用螺纹的类型

常用的螺纹有普通螺纹、管螺纹、矩形螺纹、梯形螺纹和锯齿形螺纹等。除矩形螺纹外，其他螺纹均已标准化。除管螺纹采用英制外，均采用公制。螺纹的牙型如表 10-1-1 所示。

表 10-1-1　螺纹的牙型

种　类		截面牙型	特点与应用
连接螺纹	普通螺纹	（60°）	牙型为等边三角形，螺纹牙的根部削弱较小，强度大；螺纹面间的摩擦力大，自锁性能好，适用于连接螺纹。同一公称直径，按螺距大小，可分为粗牙与细牙两类一般连接多用粗牙，细牙用于薄壁零件，也常用于受冲击、振动和微调机构

续表

种 类		截面牙型	特点与应用
连接螺纹	圆柱管螺纹	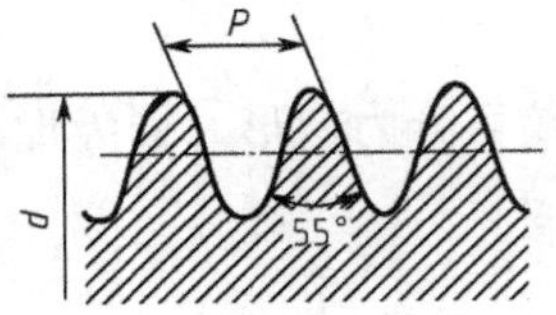	公称直径近似为管子内径。螺纹副本身不具有密封性 多用于水、油、气的管路及电气管路系统的连接中
	圆锥管螺纹	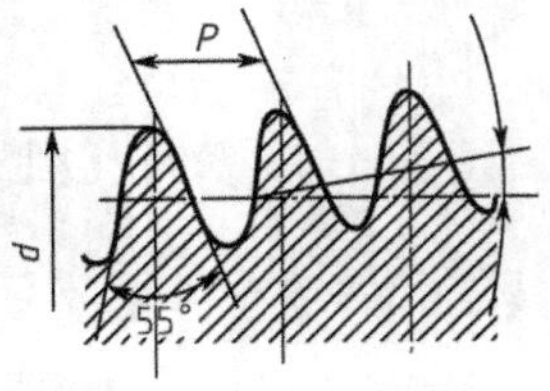	螺纹分布在 1:16 的圆锥管上,内、外螺纹公称牙间没有间隙,依靠螺纹牙的变形就可以保证连接的紧密性 适用于管子、管接头、旋塞、阀门和其他螺纹连接的附件,多用于高温、高压和润滑系统
传动螺纹	梯形螺纹	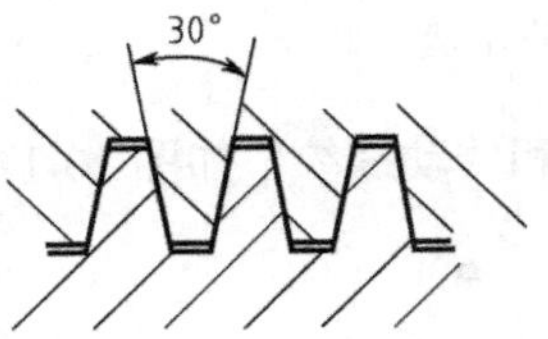	牙型为等腰梯形,内径与外径处有相等间隙,效率较低,但加工工艺性好,强度高,螺旋副的对中性好 广泛应用于传力或螺旋传动中,如机床丝杠等
	锯齿形螺纹	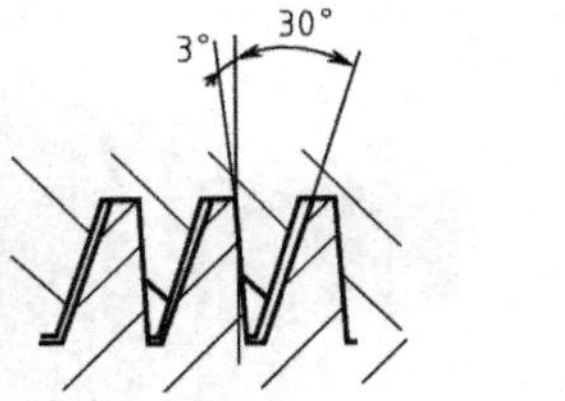	工作面的牙型侧角为 3°,非工作面的牙型侧角为 30°,外螺纹的牙根处有圆角,减小应力集中,其牙根强度和传动效率都比梯形螺纹高 广泛应用于单向受力的传动机构,如轧钢机、压力机和机车架修理台等
传动螺纹	矩形螺纹	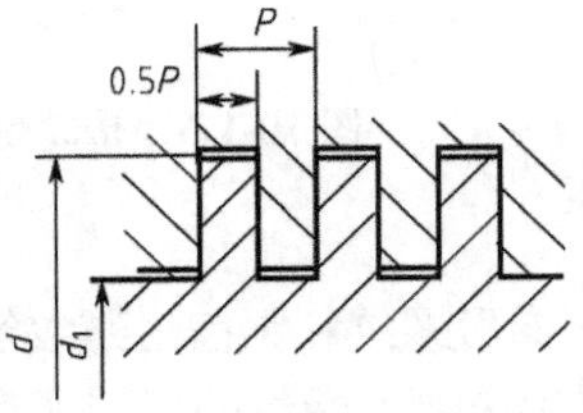	牙型为正方形,牙型角为 0°,牙厚为螺距的一半,螺纹牙根部削弱大,强度小;螺旋副磨损后,间隙难以修复和补偿,使传动精度降低,已逐渐被梯形螺纹所代替 多应用于传力或螺旋传动中,传动效率高,对中性精度低

二、普通螺纹的主要参数

普通螺纹主要参数有 8 个:大径、中径、小径、螺距 、线数、导程、牙型角和螺纹升角。螺纹的参数如图 10-1-7 所示。

对标准螺纹来说,只要知道大径、线数、螺距和牙型角就可以了,而其他参数可通过计算或查表得出。

1. 大径 (D, d)

大径是指与外螺纹牙顶(或内螺纹牙底)相重合的假想圆柱面的直径。内螺纹用 D

表示，外螺纹用 d 表示，标准中将螺纹大径的基本尺寸定为公称直径，是代表螺纹尺寸的直径。

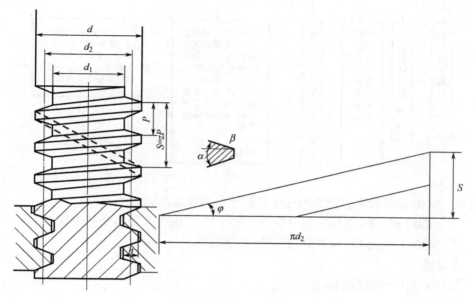

图 10-1-7　螺纹的参数

2. 小径（D_1，d_1）

小径是指与外螺纹牙底或内螺纹牙顶相重合的假想圆柱面的直径。内螺纹用 D_1 表示，外螺纹用 d_1 表示。

3. 中径（D_2，d_2）

中径是一个假想圆柱的直径。该圆柱的母线通过牙型上沟槽和凸起宽度相等的地方，假想圆柱称为中径圆柱。内螺纹用 D_2 表示，外螺纹用 d_2 表示。

4. 螺距（P）

螺距是相邻两牙在中径线上对应两点间的轴向距离，用 P 表示。

5. 线数（z）

线数是指一个螺纹零件的螺旋线数目，用 z 表示。

6. 导程（S）

导程是指同一条螺旋线上的相邻两牙在中径上对应两点间的轴向距离，即

$$S = zP$$

7. 牙型角和牙侧角（α，β）

牙型角是指在螺纹牙型上相邻两牙侧间的夹角，用 α 表示，普通螺纹 $\alpha=60°$。牙侧角是指在螺纹牙型上牙侧与螺纹轴线的垂线间夹角，用 β 表示。

8. 螺纹升角（φ）

螺纹升角是指在中径圆柱面上，螺旋线的切线与垂直于螺纹轴线的平面的夹角。

三、螺纹的代号与标记

1. 普通螺纹

普通螺纹代号：

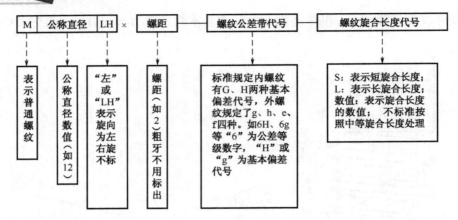

例如，M40 表示公称直径为 40mm 的粗牙普通螺纹；

   M20-5g6g 中，"5g" 为中径公差带代号，"6g" 为顶径公差带代号；

   M30×1-5g6g-S 中，"S" 表示短旋合长度。

2. 管螺纹

1）螺纹密封的管螺纹的标记

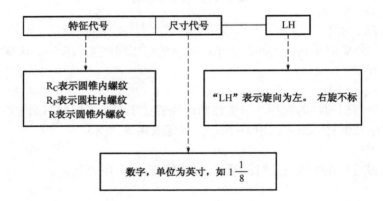

例如，$R_C 1\frac{1}{8}$ 表示圆锥内螺纹，公称直径（管子内径）为 $1\frac{1}{8}$ in；

   $R1\frac{1}{8} - LH$ 表示左旋圆锥外螺纹，公称直径（管子内径）为 $1\frac{1}{8}$ in。

2）螺纹密封的管螺纹的配合标记

装配时，内、外螺纹用斜线分开，左边表示内螺纹，右边表示外螺纹。

$$\boxed{内螺纹标记} / \boxed{外螺纹标}$$

例如，$R_P 1\frac{1}{8} / R1\frac{1}{8}$ 表示公称直径为 $1\frac{1}{8}$ in 的圆柱内螺纹与圆锥外螺纹配合。

3）非螺纹密封的管螺纹的标记

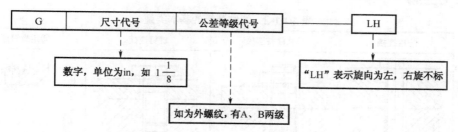

例如，尺寸代号为 $\frac{3}{8}$ 的管螺纹的标记为

内螺纹：$G\frac{3}{8}$ ；

外螺纹：$G\frac{3}{8}A$ ，$G\frac{3}{8}B$ ；

左旋内螺纹：$G\frac{3}{8}-LH$ 。

4）非螺纹密封的管螺纹的配合标记

内螺纹标记 / 外螺纹标记

例如，$G\frac{3}{8}/G\frac{3}{8}A$ 表示内螺纹与 A 级外螺纹配合。

3. 梯形螺纹

梯形螺纹代号：

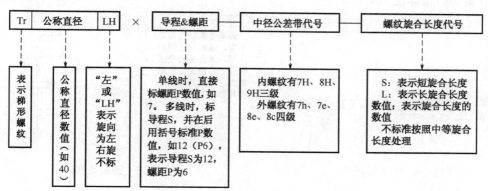

例如，Tr40×7LH-7H-L 中，"Tr"指梯形螺纹，"40"指公称直径为 40 mm，"7"指螺距为 7 mm，"LH"指左旋（右旋不注），"7H"指中径公差带代号（顶径公差带代号不注），"L"指长旋合长度。

四、螺纹连接的基本类型及防松方法

1. 螺纹连接的基本类型

螺纹连接是利用螺纹零件构成可拆卸的固定连接。螺纹连接具有结构简单、紧固可靠、装拆迅速而方便的特点，因此应用极为广泛。

螺纹连接的基本类型如表 10-1-2 所示。

表 10-1-2　螺纹连接的基本类型

类　型	螺栓连接	双头螺柱连接	螺钉连接	紧定螺钉连接
结构				
应用	适用于被连接件厚度不大且能够从两面进行装配的场合	适用于被连接件之一较厚、不宜制作通孔及需要经常拆卸，连接紧固或紧密程度要求较高的场合	适用于被连接件之一较厚，受力不大，且不经常装拆，连接紧固或紧密程度要求不太高的场合	利用螺钉的末端顶住另一被连接件的凹坑中，以固定两零件的相对位置，可传递不大的横向力或转矩

2. 螺纹连接的预紧

绝大多数螺纹连接，装配时都要把螺母拧紧，使螺栓和被连接件受到预紧力的作用，这种连接称为紧螺纹连接。也有少数情况，螺纹连接在装配时不拧紧，这种连接称为松螺纹连接。

螺纹连接预紧的目的是增强连接的刚性，提高紧密性和防松能力，确保连接安全工作。

一般螺母的拧紧靠经验控制。重要的紧螺纹连接，在装配时常用测力矩扳手（见图 10-1-8）和定力矩扳手控制预紧力的大小。

3. 螺纹的防松

1）摩擦力防松

弹簧垫防松如图 10-1-9 所示。

弹簧垫圈材料为弹簧钢，装配后垫圈被压平，其反弹力使螺纹间保持压紧力和摩擦力。结构简单、工作可靠、应用较广泛

图 10-1-8　测力矩扳手　　　　　　　图 10-1-9　弹簧垫圈防松

双螺母防松如图 10-1-10 所示。

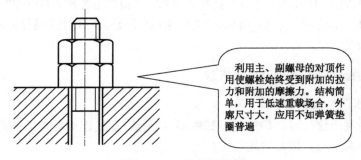

利用主、副螺母的对顶作用使螺栓始终受到附加的拉力和附加的摩擦力。结构简单，用于低速重载场合，外廓尺寸大，应用不如弹簧垫圈普遍

图 10-1-10　双螺母防松

2）利用机械方法防松

槽形螺母防松如图 10-1-11 所示。止动垫片防松如图 10-1-12 所示。串铁丝防松如图 10-1-13 所示。止动垫圈防松如图 10-1-14 所示。

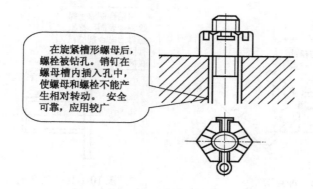

在旋紧槽形螺母后，螺栓被钻孔。销钉在螺母槽内插入孔中，使螺母和螺栓不能产生相对转动。 安全可靠，应用较广

图 10-1-11　槽形螺母防松

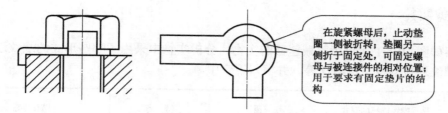

在旋紧螺母后，止动垫圈一侧被折转；垫圈另一侧折于固定处，可固定螺母与被连接件的相对位置；用于要求有固定垫片的结构

图 10-1-12　止动垫片防松

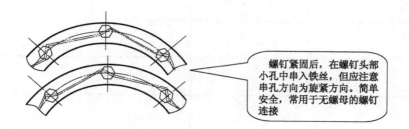

螺钉紧固后，在螺钉头部小孔中串入铁丝，但应注意串孔方向为旋紧方向。简单安全，常用于无螺母的螺钉连接

图 10-1-13　串铁丝防松

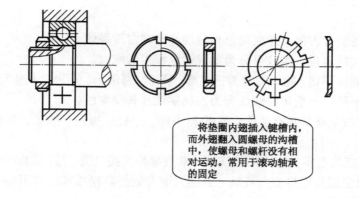

将垫圈内翅插入键槽内，而外翅翻入圆螺母的沟槽中，使螺母和螺杆没有相对运动。常用于滚动轴承的固定

图 10-1-14　止动垫圈防松

3）其他防松方法

冲点防松如图 10-1-15 所示。

黏合剂防松如图 10-1-16 所示。

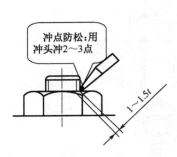

图 10-1-15　冲点防松

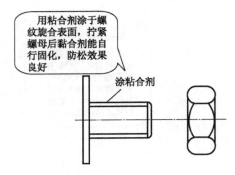

图 10-1-16　黏合剂防松

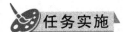

观察如图 10-1-1 所示齿轮减速器的实物，分析实物中采用了哪些形式的螺纹连接，阐述该种螺纹连接的特点及防松等，并填入下表中。

序　号	采用螺纹连接的形式	作　用	特　点	防松要求

【任务内容小结】

（1）螺纹分类。

① 按螺旋线绕行方向，螺纹可分为左旋螺纹和右旋螺纹。

② 按螺旋线的数目，螺纹可分为单线螺纹和多线螺纹。

③ 按螺纹截面形状，螺纹可分为三角形、梯形、锯齿形、矩形及其他特殊形状的螺纹。

④ 按用途不同，一般可将螺纹分为连接螺纹和传动螺纹。

（2）普通螺纹主要参数有 8 个：大径、小径、中径、螺距、线数、导程、牙型角和螺纹升角。

（3）螺纹连接的基本类型有螺栓连接、双头螺柱连接、螺钉连接和紧定螺钉连接四种。

（4）为了保证螺纹连接安全可靠，必须采取有效的防松措施。常用的防松措施有摩擦力防松和机械防松两类。

任务 2　认知键连接

任务目标

（1）阐述键连接的功用和分类。
（2）阐述平键连接的结构和标准。
（3）说出普通平键的选用。
（4）说出花键连接的类型。

任务呈现

观察类似如图 10-2-1 所示的齿轮减速器及普通车床挂轮箱实物，分析如何选用不同类型的键连接。

（a）齿轮减速器

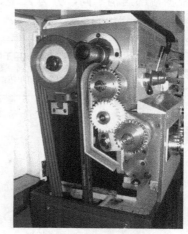

（b）普通车床挂轮箱

图 10-2-1　齿轮减速器及普通车床挂轮箱

知识准备

一、键连接的类型及特点

键连接如图 10-2-2 所示。

因键的结构简单，工作可靠，装拆方便，因此应用较广。

键是标准件，根据键在连接时的松紧状态不同，可分为松键连接和紧键连接两类。

1. 松键连接

常用的松键连接有：平键、半圆键、花键连接。

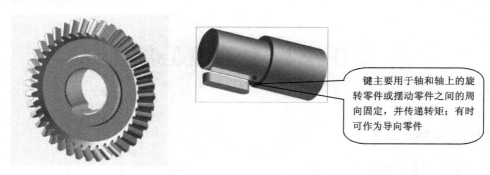

键主要用于轴和轴上的旋转零件或摆动零件之间的周向固定，并传递转矩；有时可作为导向零件

图 10-2-2　键连接

松键连接以键的两侧面为工作面，故键宽与键槽需紧密配合，而键的顶面与轴上零件之间有一定的间隙。因此松键连接时轴与轴上零件连接时的对中性好，特别在高速精密传动中应用更多。但松键连接不能承受轴向力，所以轴上零件需要轴向固定时，则应用其他固定方法。

1）平键连接

（1）普通平键。

根据端部结构不同，分为 A 型、B 型和 C 型三种，如图 10-2-3 所示。

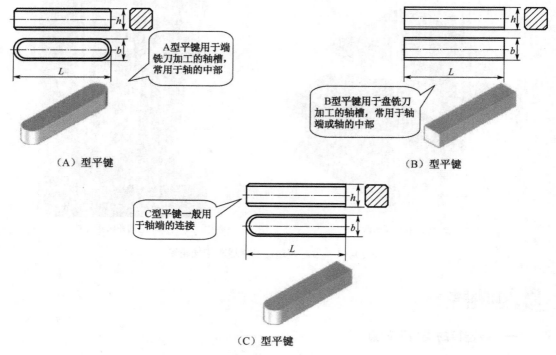

A型平键用于端铣刀加工的轴槽，常用于轴的中部

B型平键用于盘铣刀加工的轴槽，常用于轴端或轴的中部

C型平键一般用于轴端的连接

（A）型平键　　　　　　　　　　　　（B）型平键

（C）型平键

图 10-2-3　平键的类型

（2）导向平键和滑键。

当轴上零件在工作过程中轴向移动时，则要采用由导向平键或滑键组成的动连接。导向平键如图 10-2-4 所示。

导向平键端部有圆头（A 型）和平头（B 型）两种，如图 10-2-5、图 10-2-6 所示。

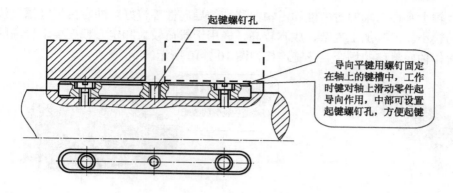

起键螺钉孔

导向平键用螺钉固定在轴上的键槽中,工作时键对轴上滑动零件起导向作用,中部可设置起键螺钉孔,方便起键

图 10-2-4　导向平键

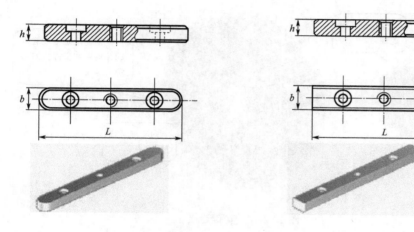

图 10-2-5　导向平键 A 型　　　　　图 10-2-6　导向平键 B 型

当零件滑移距离较大时,宜采用滑键,滑键是将键固定在轮毂上,并与轮毂一起在轴上的键槽中滑动。滑键如图 10-2-7 所示。

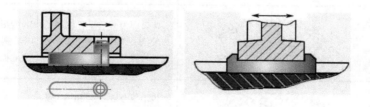

图 10-2-7　滑键

2）半圆键连接

半圆键工作时,依靠其侧面来传递转矩。这种键连接的优点是工艺性较好,装配方便;缺点是轴上键槽较深,对轴的强度削弱较大,主要用于轻载或辅助性连接中,尤其适用于锥形轴与轮毂的连接。半圆键如图 10-2-8 所示。半圆键连接如图 10-2-9 所示。

3）花键连接

花键工作时,依靠键齿的侧面来传递转矩,由于连接的键齿较多,因此能传递较大的载荷，且轴上零件与轴的对中性和沿轴向移动的导向性都较好。同时由于键槽较浅，故对轴的削弱较小。但其加工复杂、成本较高、多用于载荷较大和定心精度要求较高的场合或轮毂经常作轴向滑移的场合。花键连接如图 10-2-10 所示。

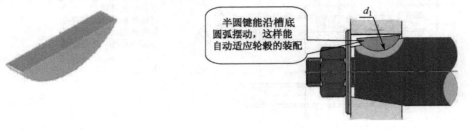

半圆键能沿槽底圆弧摆动，这样能自动适应轮毂的装配

图 10-2-8　半圆键　　　　　　　　　图 10-2-9　半圆键连接

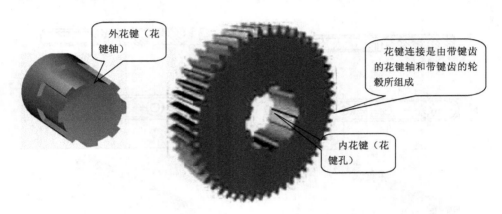

外花键（花键轴）

花键连接是由带键齿的花键轴和带键齿的轮毂所组成

内花键（花键孔）

图 10-2-10　花键连接

花键连接已经标准化，按其齿形不同，如表 10-2-1 所示，其中以矩形花键应用最广。

表 10-2-1　花键的种类

类　型		特　点	应　用
矩形花键		齿侧面为两平行平面,加工方便,可用磨削的方法获得较高的精度	应用广泛,如飞机、汽车、拖拉机、机床制造业、农业机械等
渐开线花键	($\alpha=30°$)	齿形压力角 $\alpha = 30°$（或 $45°$）的渐开线,可用加工齿轮的方法来制造,精度较高,承载能力强	常用于重载及尺寸较大的连接
三角形花键	($\alpha=45°$)	内花键为直线形,外花键齿形为压力角 $45°$ 的渐开线,承载能力较小	常用于轻载和直径较小或薄壁零件与轴的连接上

2. 紧键连接

1）楔键连接

楔键连接如图 10-2-11 所示。钩头楔键连接如图 10-2-12 所示。

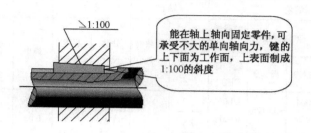

图 10-2-11　楔键连接

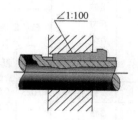

图 10-2-12　钩头楔键连接

注：楔键连接多用于承受单向轴向力，对精度要求不高的低速机械上。钩头楔键用于不能从另一端将键打出的场合，钩头供拆卸用。

2）切向键连接

切向键连接如图 10-2-13 所示。

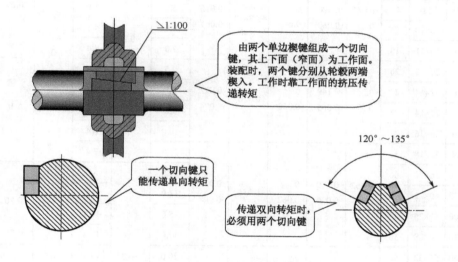

图 10-2-13　切向键连接

注：切向键连接用于载荷较大，对同心精度要求不高的重型机械上。

二、平键的标准及选用

1. 平键的标准

平键是标准零件，可以按照国标来选用，普通平键的类型、尺寸与配合公差可查表 10-2-2。

平键的主要尺寸为键宽 b、键高 h 和长度 L。普通平键的标记可用这三个主要尺寸来表示。

表 10-2-2　平键的键和键槽剖面尺寸及键槽公差（mm）

轴	键	键槽										
		宽　度					深　度				半径 r	
		公称尺寸 b	极限偏差				轴 t		毂 t			
公称直径 d	公称尺寸 b×h		较松键连接		一般键连接		较紧键连接	公称尺寸	极限偏差	公称尺寸	极限偏差	最小	最大
			轴H9	毂D10	轴N9	毂Js9	轴和毂P9						
自6～8	2×2	2	+0.025 0	+0.060 +0.020	−0.004 −0.029	±0.0125	−0.006 −0.031	1.2	+0.1 0	1.0	+0.1 0	0.08	0.16
>8～10	3×3	3						1.8		1.4			
>10～12	4×4	4	+0.030 0	+0.078 +0.030	0 −0.030	±0.015	−0.012 −0.042	2.5		1.8		0.16	0.25
>12～17	5×5	5						3.0		2.3			
>17～22	6×6	6						3.5		2.8			
>22～30	8×7	8	+0.036 0	+0.098 +0.040	0 −0.036	±0.018	−0.015 −0.051	4.0		3.3		0.25	0.40
>30～38	10×8	10						5.0		3.3			
>38～44	12×8	12	+0.043 0	+0.120 +0.050	0 −0.043	±0.0215	−0.015 −0.061	5.0		3.3			
>44～50	14×9	14						5.5		3.8			
>50～58	16×10	16						6.0	+0.2 0	4.3	+0.2 0		
>58～65	18×11	18						7.0		4.4			
>65～75	20×12	20	+0.052 0	+0.149 +0.065	0 −0.052	±0.026	−0.022 −0.074	7.5		4.9		0.40	0.60
>75～85	22×14	22						9.0		5.4			
>85～95	25×14	25						9.0		5.4			
>95～110	28×16	28						10.0		6.4			
>110～130	32×18	32						11.0		7.4			
>130～150	36×20	36	+0.062 0	+0.180 +0.080	0 −0.062	±0.031	−0.026 −0.088	12.0		8.4		0.70	1.0
>150～170	40×22	40						13.0		9.4			
>170～200	45×25	45						15.0		10.4			
>200～230	50×28	50						17.0		11.4			
>230～260	56×32	56	+0.074 0	+0.220 +0.100	0 −0.074	±0.037	−0.032 −0.106	20.0	+0.3 0	12.4	+0.3 0	1.2	1.6
>260～290	63×32	63						20.0		12.4			
>290～330	70×36	70						22.0		14.4			
>330～380	80×40	80						25.0		15.4			
>380～440	90×45	90	+0.087 0	+0.260 +0.120	0 −0.087	±0.0435	−0.037 −0.124	28.0		17.4		2.0	2.5
>440～500	100×50	100						31.0		19.5			

注：①（d−t）和（d+t）两组组合尺寸的极限偏差按相应的 t 和 t₁ 的极限偏差选取，但（d−t）极限偏差值应取负号（−）。

②平键轴槽长度公差用 H14。

例 10-1：试根据已知条件，写出平键的标记。

（1）圆头普通平键（A 型），b = 18mm，h =11mm，L=100mm。

解：键 18×100GB101010.710（A 型字头 A 可以省略不标）

（2）方头普通平键（B型）, $b = 18mm$, $h = 11mm$, $L = 100mm$。

解： 键 B18×100GB101010.710

（3）单圆头普通平键（C型）, $b = 18mm$, $h = 11mm$, $L = 100mm$。

解： 键 C18×100GB101010.710

2. 平键连接形式和选用

根据平键与轴槽、轮毂槽宽度尺寸的公差配合有三种连接形式，即较松键连接、一般键连接和较紧键连接。较松键连接主要应用在导向平键上；一般键连接应用于常用的机械装置；较紧键连接用于传递重载荷、冲击性载荷及双向传递转矩。平键连接采用基轴制，并对键的宽度 b 仅规定了 h10 一种公差，松紧不同是依靠改变轴槽和轮毂槽的公差带的位置来获得。

平键的选用先根据连接的结构特点和工作要求选择键的类型，再根据轴的直径 d 由标准中选定键的截面尺寸。键的长度一般可按轮毂的长度而定，即键长要略短于（或等于）轮毂的长度，所选定的键长还要符合标准系列。轮毂的长度一般可取 $(1.5\sim2d)$，d 为轴的直径。

3. 平键选用举例

例 10-2： 如图 10-2-14 所示的减速器输出轴与齿轮采用平键连接。已知轴在轮毂处的直径 d =100mm，齿轮和轴的材料为 45 钢，轮毂的长度 B = 150mm，试选用平键。

解： 按轴的直径 d=100mm 和轮毂的长度 B =150mm

查表 10-2-2，选用 $b×h×L$=28×16×140 的 A 型普通平键。

平键尺寸的公差：

键宽　b = 28h10

键高　h = 16h11

键长　L = 140h14

标记：键 28×140GB10106-710。

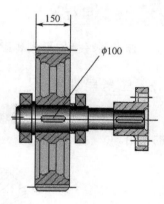

图 10-2-14　键的选用

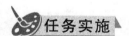

把观察到的齿轮减速器及普通车床挂轮箱采用的键连接形式填入下表中，并分析选用的原因（该种键连接的特点）。

名　称	键连接的形式	选用原因
齿轮减速器		
普通车床挂轮箱		

【任务内容小结】

（1）键主要用于轴和轴上的旋转零件或摆零件之间的周向固定，并传递转矩；有时可作导向零件。根据键连接的结构和承载方式的不同，分为松键连接和紧键盘连接。常用的松键连接有平键、半圆键和花键连接。紧键可分为楔连接和切向键连接。

（2）平键盘的选用先根据连接的结构特点和工作要求选择键的类型，再根据的直径 d 由标准中选定键的截面尺寸 $b×h$。键的长度一般可按轮毂的长度而定，即键长要略短于（或等于）轮毂的长度，所选定的键长还要符合标准系列。

任务3　认知销连接

任务目标

说出销连接的形式和应用。

任务呈现

如图 10-3-1 所示，观察所示生活或工业产品中采用了销连接的哪种形式，并分析它们的作用。

图 10-3-1　摇头电扇销连接

知识准备

1. 销的几种基本形式

销主要有圆柱销和圆锥销两种，其他形式是由此演化而来的。销已标准化，使用时，可根据工作情况和结构要求，按标准选择其形式和规格尺寸。圆柱销如图 10-3-2 所示。圆锥销如图 10-3-3 所示。

图 10-3-2 圆柱销

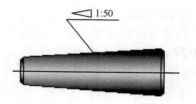

图 10-3-3 圆锥销

2. 销连接的功用及示例

销连接的主要功用是：定位、传递运动和动力，以及作为安全装置中的过载剪断零件。圆柱销连接如图 10-3-4 所示。圆锥销连接如图 10-3-5 所示。

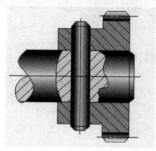

图 10-3-4 圆柱销连接

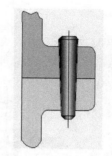

图 10-3-5 圆锥销连接

注：定位销常采用圆锥销，可以在同一销孔中，多次装拆而不影响被连接零件的相互位置精度。定位销使用数目不得少于 2 个。

任务实施

电扇中的扇叶与电动机的连接采用的是销连接中的哪一种形式，销的作用是什么，请举例说明销连接的形式及作用。

【任务内容小结】

销连接是用销将两个零件连接在一起。销主要有圆柱形和圆锥形两种。销连接的主要功用有定位、传递运动和动力，以及作为安全装置中的被切断零件。

知识拓展

联轴器与离合器

一、联轴器主要类型、结构、特点和应用

1. 刚性联轴器

刚性联轴器是通过若干刚性零件将两轴连接在一起，可分为固定式和可移式两类。这类联轴器结构简单、成本较低，但对中性要求高，一般用于平稳载荷或只有轻微冲击的场合。

1）刚性固定式联轴器

（1）凸缘联轴器如图 10-3-6 所示。凸缘联轴器孔对中如图 10-3-7 所示。凸缘联轴器凸台对中如图 10-3-8 所示。

凸缘联轴器，由两个带凸缘的半联轴器用键分别和两轴联在一起，再用螺栓把两半联轴器联成一体

图 10-3-6 凸缘联轴器

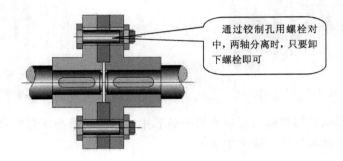

通过铰制孔用螺栓对中，两轴分离时，只要卸下螺栓即可

图 10-3-7 凸缘联轴器孔对中

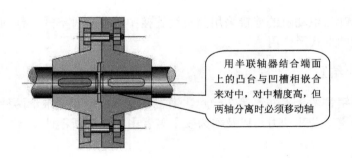

用半联轴器结合端面上的凸台与凹槽相嵌合来对中，对中精度高，但两轴分离时必须移动轴

图 10-3-8 凸缘联轴器凸台对中

凸缘联轴器构造简单，成本低，工作可靠，装拆方便，可传递较大转矩；但不能补偿轴的偏移，没有吸振、缓冲的作用。凸缘联轴器常用于对中精度较高，载荷平稳的两轴连接。

（2）套筒联轴器如图 10-3-9 所示。套筒如图 10-3-10 所示。

当用销钉作为连接件时，若按过载时销钉被剪断的条件设计，这种联轴器可作为安全联轴器，以避免薄弱环节零件受到损坏。

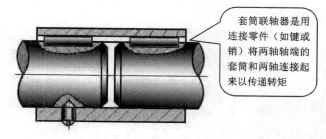

图 10-3-9　套筒轴器

图 10-3-10　套筒

套筒联轴器是用连接零件（如键或销）将两轴轴端的套筒和两轴连接起来以传递转矩

2）可移式刚性联轴器

（1）滑块联轴器如图 10-3-11 所示。

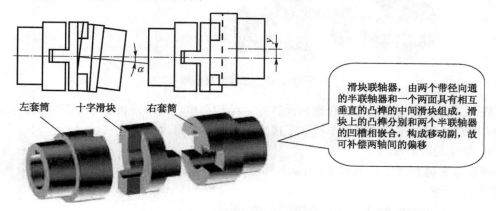

左套筒　　十字滑块　　右套筒

滑块联轴器，由两个带径向通的半联轴器和一个两面具有相互垂直的凸榫的中间滑块组成，滑块上的凸榫分别和两个半联轴器的凹槽相嵌合，构成移动副，故可补偿两轴间的偏移

图 10-3-11　滑块联轴器

转速较高时，由于中间浮动盘的偏心将会产生较大的离心惯性力，给轴和轴承带来附加载荷，所以只适用于低速、冲击小的场合。

（2）万向联轴器如图 10-3-12 所示。

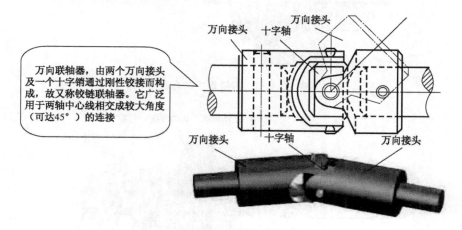

万向接头　十字轴

万向接头　十字轴　万向接头

万向联轴器，由两个万向接头及一个十字销通过刚性铰接而构成，故又称铰链联轴器。它广泛用于两轴中心线相交成较大角度（可达45°）的连接

图 10-3-12　万向联轴器

万向联轴器结构紧凑、维护方便，广泛用于汽车、拖拉机、切削机床等机器的传动系统中。

二、离合器主要类型、结构、特点和应用

1. 牙嵌式离合器（见图 10-3-13）

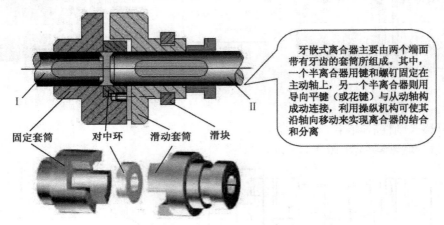

牙嵌式离合器主要由两个端面带有牙齿的套筒所组成。其中，一个半离合器用键和螺钉固定在主动轴上，另一个半离合器则用导向平键（或花键）与从动轴构成动连接，利用操纵机构可使其沿轴向移动来实现离合器的结合和分离

固定套筒　　对中环　　滑动套筒　　滑块

图 10-3-13　牙嵌式离合器

嵌入式离合器依靠齿的嵌合来传递转矩，结构简单，两轴连接后无相对运动，但在接合时有冲击，只能在低速或停车状态下接合，否则容易将齿打坏。

2. 摩擦式离合器

圆锥盘式离合器如图 10-3-14 所示。圆盘式离合器如图 10-3-15 所示。多片式离合器如图 10-3-16 所示。

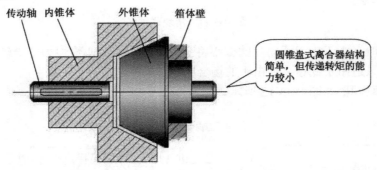

传动轴　内锥体　　外锥体　　箱体壁

圆锥盘式离合器结构简单，但传递转矩的能力较小

图 10-3-14　圆锥盘式离合器

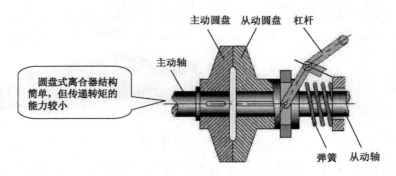

主动圆盘　从动圆盘　杠杆

主动轴

圆盘式离合器结构简单，但传递转矩的能力较小

弹簧　从动轴

图 10-3-15　圆盘式离合器

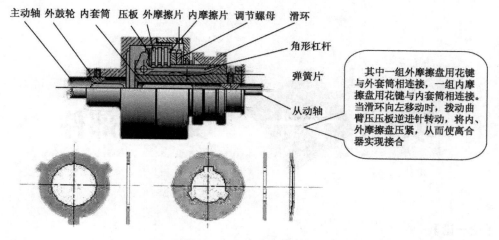

主动轴 外鼓轮 内套筒 压板 外摩擦片 内摩擦片 调节螺母 滑环

角形杠杆

弹簧片

从动轴

其中一组外摩擦盘用花键与外套筒相连接，一组内摩擦盘用花键与内套筒相连接。当滑环向左移动时，拨动曲臂压压板逆进针转动，将内、外摩擦盘压紧，从而使离合器实现接合

图 10-3-16　多片式离合器

摩擦式离合器的优点：在运转过程中能平稳地离合；当从动轴发生过载时，离合器摩擦表面之间发生打滑，因而能保护其他零件免于损坏。

摩擦式离合器的缺点：摩擦表面之间存在相对滑动，以致发热较高，磨损较大。

项目十一 支承零部件

【论一论】

自行车上的轮子、汽车的轮子等转动零部件是如何支承在机架上的呢？如何减小它们旋转时的摩擦力呢？

任务1 认 知 轴

任务目标

（1）说出轴的功用、分类和常用材料。

（2）阐述轴的结构。

任务呈现

轴是组成机器的重要零件之一。轴的主要功用是支承旋转零件（如齿轮、蜗轮等）、传递运动和动力。齿轮减速器由齿轮、轴、轴承、箱体等零件组成，观察如图 11-1-1 所示的齿轮减速器，简述轴的结构、轴与轴上零件的连接形式。

知识准备

一、轴的分类

1. 根据轴的功用和承载情况分类

根据轴的功用和承载情况可分为心轴、传动轴和转轴三种。轴按功用和承载情况的分类如图 11-1-2 所示。

2. 根据轴心线形状分类

根据轴心线形状可分为直轴（包括光轴

图 11-1-1 齿轮减速器

和阶梯轴)、曲轴和挠性轴三种。轴按轴心线形状分类如图 11-1-3 所示。

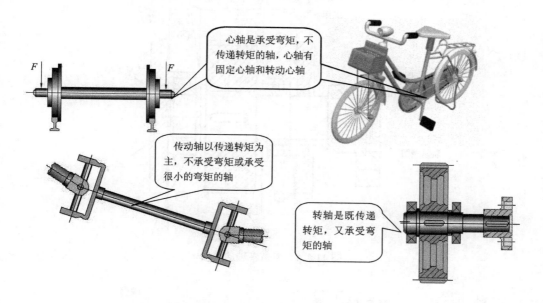

图 11-1-2　轴按功用和承载情况的分类

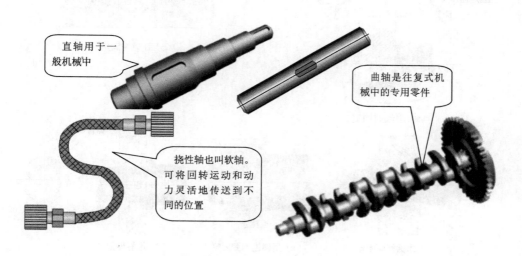

图 11-1-3　轴按轴心线形状的分类

二、轴的结构

轴主要由轴颈和连接各轴颈的轴身组成。典型转轴的结构如图 11-1-4 所示。

1. 轴上零件的轴向定位与固定

轴上零件的轴向定位与固定的目的是保证零件在轴上有确定的轴向位置，防止零件的轴向移动，并能承受轴向力。常见的轴向固定形式有轴肩、轴环、弹性挡圈、螺母、套筒、轴端挡圈、圆锥面和紧定螺钉等，轴上零件的轴向固定如图 11-1-5 所示。

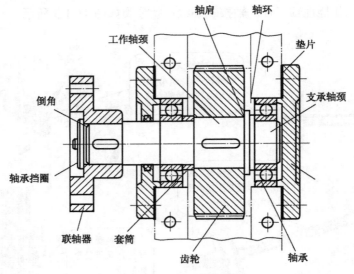

图 11-1-4　典型转轴的结构

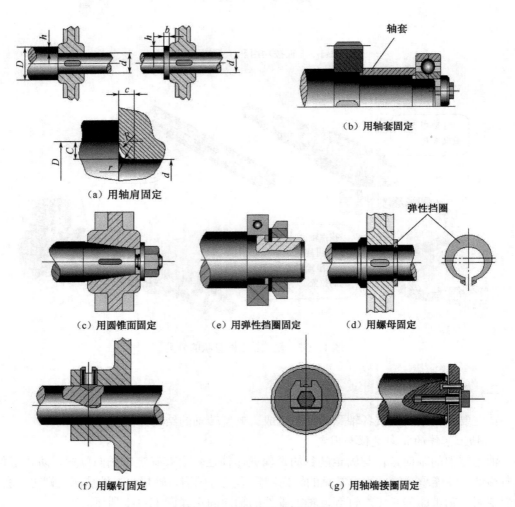

图 11-1-5　轴上零件的轴向固定

2. 轴上零件的周向定位与固定

轴上零件的周向定位与固定的作用和目的是为了保证零件传递转矩和防止零件与轴产生相对转动。实际使用时常采用键、花键、销、紧定螺钉、过盈配合、非圆轴等结构，均可起到周向定位和固定的作用。轴上零件的周向固定如图 11-1-6 所示。

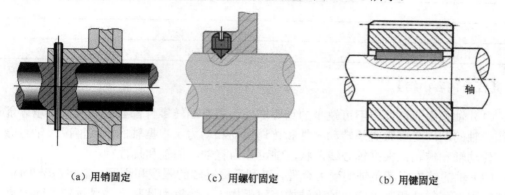

（a）用销固定　　　　　　（c）用螺钉固定　　　　　　（b）用键固定

图 11-1-6　轴上零件的周向固定

3. 轴的结构工艺性

轴的结构应具有良好的加工和装配工艺性能，设计时可从以下几方面考虑。

（1）形状应简单，以便于加工，轴的台阶尽量少，台阶越多，加工工艺越复杂，成本也越高。

（2）磨削轴径和定位轴肩时，应留有砂轮越程槽；轴上切制螺纹时，应留有退刀槽。轴上沿长度方向开有几个键槽时，应将它们安排在同一母线上，且槽宽尽可能统一。退刀槽如图 11-1-7 所示。越程槽如图 11-1-8 所示。

（3）轴的结构设计应满足轴上零件装拆方便的要求，一般设计成二头细，中间粗。同一轴上所有圆角半径和倒角的大小尽可能一致，以减少加工时刀具的数目。

（4）滚动轴承轴向固定的轴肩高度应低于轴承内圈高度，以便于滚动轴承的拆卸。

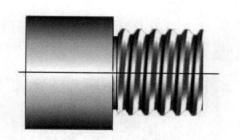

图 11-1-7　退刀槽

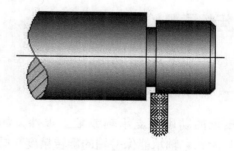

图 11-1-8　越程槽

任务实施

观察如图 11-1-1 所示的齿轮减速器。

（1）简述轴的结构。

（2）轴与轴上零件的连接形式有哪些？

【任务内容小结】

（1）轴是组成机器中不可缺少的重要零件。所有回转零件都必须用轴来支承才能进行工作。轴的功用主要有支承转动零件和传递运动和动力。根据轴的承载情况，轴可分为心轴、传动轴和转轴；根据轴心线形状，轴可分为直轴、曲轴和挠性轴。

（2）轴的结构应满足轴的受力合理，以利于提高轴的强度和刚度；安装在轴上的零件，应能牢固而可靠地相对固定；轴上结构应便于加工、装拆和调整，并尽量减少应力集中。

任务2　认知轴承

任务目标

（1）说出滑动轴承的类型及特点。

（2）阐述滚动轴承主要类型的代号和应用。

（3）说出轴承选用的一般原则。

任务呈现

请观察如图 11-1-1 所示的齿轮减速器，简述轴承的作用。

一、轴承的功用

轴承的功用是支承轴或轴上零件，如图 11-2-1 所示。轴承能保持轴的旋转精度和减少轴与支承间的摩擦和磨损。

二、轴承的分类

轴承按照工作时摩擦性质不同，可分为滚动轴承和滑动轴承。

按照轴承受力方向的不同，轴承可分为三种形式：向心轴承、推力轴承和向心推力轴承

图 11-2-1　轴承

如图 11-2-2、图 11-2-3、图 11-2-4 所示。

承受径向力的向心轴承

图 11-2-2 向心轴承

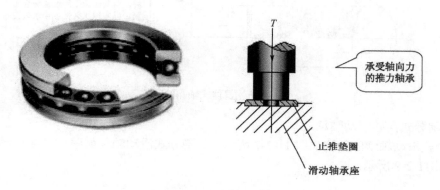

承受轴向力的推力轴承

止推垫圈
滑动轴承座

图 11-2-3 推力轴承

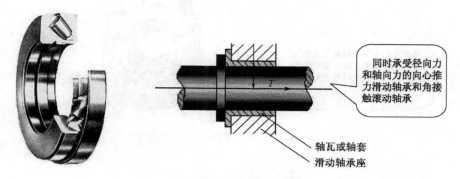

同时承受径向力和轴向力的向心推力滑动轴承和角接触滚动轴承

轴瓦或轴套
滑动轴承座

图 11-2-4 向心推力轴承

三、滑动轴承的类型、结构及润滑

1. 滑动轴承的类型及结构

1）整体式向心滑动轴承

如图 11-2-5 所示，整体式向心滑动轴承具有结构简单、成本低廉、刚度大的特点，但轴颈只能从端部装入，安装和检修不方便，且工作表面磨损后无法调整轴承与轴颈的间隙，间隙过大时要更换轴瓦。

轴承衬套
轴承座

图 11-2-5 整体式向心滑动轴承的结构

整体式轴瓦的结构如图 11-2-6 所示。整体式向心滑动轴承通常只用于轻载、低速及间歇性工作的机器设备中，如绞车、手动起重机等。

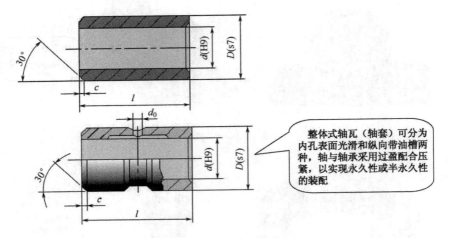

整体式轴瓦（轴套）可分为内孔表面光滑和纵向带油槽两种，轴与轴承采用过盈配合压紧，以实现永久性或半永久性的装配

图 11-2-6　整体式轴瓦的结构

2）剖分式向心滑动轴承

剖分式滑动轴承的结构如图 11-2-7 所示。斜剖分式滑动轴承如图 11-2-8 所示。剖分式轴瓦如图 11-2-9 所示。

剖分式向心滑动轴承（又称为对开式滑动轴承）轴承座与轴承盖的剖分面制成阶梯形的配合止口，以便定位

螺栓
轴承盖
剖分轴瓦
轴承座

图 11-2-7　剖分式滑动轴承的结构

斜剖分式结构轴承装拆方便，间隙调整容易，因此应用广泛

图 11-2-8　斜剖分式滑动轴承

3）调心式滑动轴承

调心式滑动轴承如图 11-2-10 所示。轴颈与轴瓦接触不良如图 11-2-11 所示。

剖分式轴瓦的结构如图所示，两端凸缘用来限制轴瓦轴向窜动，轴瓦凸缘外径均匀为轴颈直径的1.25～1.7倍

图 11-2-9　剖分式轴瓦

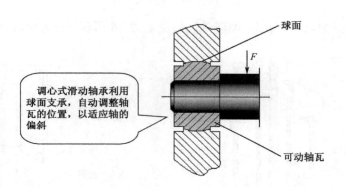

球面

F

调心式滑动轴承利用球面支承，自动调整轴瓦的位置，以适应轴的偏斜

可动轴瓦

图 11-2-10　调心式滑动轴承

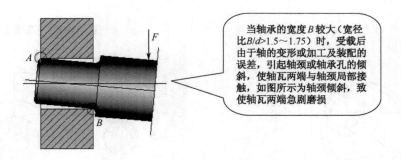

F

A

当轴承的宽度B较大（宽径比$B/d>1.5～1.75$）时，受载后由于轴的变形或加工及装配的误差，引起轴颈或轴承孔的倾斜，使轴瓦两端与轴颈局部接触，如图所示为轴颈倾斜，致使轴瓦两端急剧磨损

B

图 11-2-11　轴颈与轴瓦接触不良

2. 滑动轴承的润滑

滑动轴承润滑的目的在于减小摩擦和磨损，降低功率消耗。润滑剂还可起到冷却、防锈和吸振的作用。润滑剂的选择直接影响轴承使用效果。

润滑剂分为液体（润滑油）、半固体（润滑脂）、固体。润滑方法和润滑装置按供油方式不同可分为间歇润滑和连续润滑。

1）间歇供油

间歇供油可采用油壶注油和提起针阀通过油杯注油，脂润滑只能采用间歇供油。压配式压注油杯如图 11-2-12 所示。旋套式注油油杯如图 11-2-13 所示。针阀式注油油杯如图 11-2-14 所示。

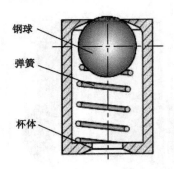

钢球
弹簧
杯体

图 11-2-12　压配式压注油杯

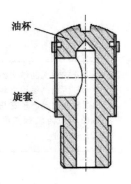

油杯
旋套

图 11-2-13　旋套式注油油杯

2）连续供油

芯垫供油如图 11-2-15 所示。油环供油如图 11-2-16 所示。压力供油如图 11-2-17 所示。

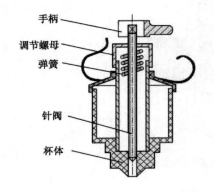

手柄
调节螺母
弹簧
针阀
杯体

图 11-2-14　针阀式注油油杯

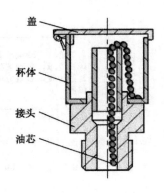

盖
杯体
接头
油芯

图 11-2-15　芯垫供油

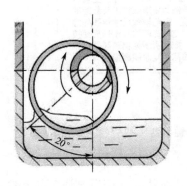

20°

图 11-2-16　油环供油

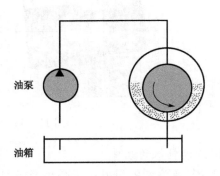

油泵
油箱

图 11-2-17　压力供油

四、滚动轴承主要类型的代号和应用

1. 滚动轴承的基本构造

滚动轴承一般由外圈、内圈、滚动体和保持架组成。滚动轴承的结构如图 11-2-18 所示。常用的滚动体有球、圆柱滚子、圆锥滚子、球面滚子和滚针等，如图 11-2-19 所示。

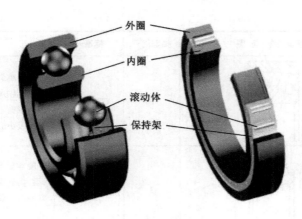

图 11-2-18   滚动轴承的结构

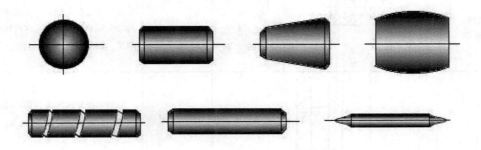

图 11-2-19   滚动体的种类

2. 滚动轴承的应用特点

滚动轴承具有摩擦阻力小，起动灵敏，效率高；可用预紧的方法提高支承刚度与旋转精度；润滑简便和有互换性等优点，主要缺点是抗冲击能力较差；高速时出现噪声和轴承径向尺寸大；与滑动轴承相比，寿命较低。

3. 滚动轴承的基本类型

（1）按滚动轴承所能承受载荷的方向分为：向心轴承、推力轴承。

（2）按滚动体形状分为：球轴承和滚子轴承。

（3）按轴承在工作中能否调心可分为：非调心轴承和调心轴承（球面型）。

（4）按一个轴承中滚动体的列数可分为：单列、双列和多列轴承。常用滚动轴承的类型、主要特性和应用如表 11-2-1 所示。

表 11-2-1   常用滚动轴承的类型、主要特性和应用

轴承类型	轴承类型 简 图	类型代号	标准号	特 性
调心 球轴承		1	GB/T 281	主要承受径向载荷，也可同时承受少量的双向轴向载荷。外圈滚道为球面，具有自动调心性能，适用于弯曲刚度小的轴

轴承类型	轴承类型 简图		类型代号	标准号	特 性
调心滚子轴承			2	GB/T 288	用于承受径向载荷，其承载能力比调心球轴承大，也能承受少量的双向轴向载荷。具有调心性能，适用于弯曲刚度小的轴
圆锥滚子轴承			3	GB/T 297	能承受较大的径向载荷和轴向载荷。内外圈可分离，故轴承游隙可在安装时调整，通常成对使用，对称安装
双列深沟球轴承			4	—	主要承受径向载荷，也能承受一定的双向轴向载荷。它比深沟球轴承具有更大的承载能力
推力球轴承	单向		5（5100）	GB/T 301	只能承受单向轴向载荷，适用于轴向力大而转速较低的场合
	双向		5（5200）	GB/T 301	可承受双向轴向载荷，常用于轴向载荷大、转速不高的场合
深沟球轴承			6	GB/T 276	主要承受径向载荷，也可同时承受少量双向轴向载荷。摩擦阻力小，极限转速高，结构简单，价格便宜，应用最广泛
角接触球轴承			7	GB/T 292	能同时承受径向载荷与轴向载荷，接触角 有15°、25°、40°三种。适用于转速较高、同时承受径向和轴向载荷的场合
推力圆柱滚子轴承			8	GB/T 4663	只能承受单向轴向载荷，承载能力比推力球轴承大，不允许轴线偏移。适用于轴向载荷大而不需调心的场合
圆柱滚子轴承	外圈无挡边圆柱滚子轴承		N	GB/T 283	只能承受径向载荷，不能承受轴向载荷。承受载荷能力比同尺寸的球轴承大，尤其是承受冲击载荷能力大

4. 滚动轴承代号

滚动轴承的代号由基本代号、前置代号和后置代号三部分组成。

| 前置代号 | + | 基本代号 | + | 后置代号 |

1）基本代号

基本代号表示轴承类型、结构和尺寸，由类型代号、尺寸系列代号、内径代号依次排列构成。

（1）类型代号：右起第五位数字或字母为类型代号，轴承尺寸系列代号如表 11-2-2 所示。

（2）尺寸系列代号：包括直径系列代号和宽度（对推力轴承为高度）系列代号。直径系列代号为右起第三位数字，指内径相同的轴承配有不同外径的尺寸系列。宽（高）度系列代号为右起第四位数字，指内径相同的轴承，配有不同宽（高）度的尺寸系列。

表 11-2-2　轴承尺寸系列代号

直径系列代号	向心轴承								推力轴承			
	宽度系列代号								高度系列代号			
	8	0	1	2	3	4	5	6	7	8	1	2
	尺寸系列代号											
7	—	—	17	—	37	—	—	—	—	—	—	—
8	—	08	18	28	38	48	58	68	—	—	—	—
9	—	09	19	29	39	49	59	69	—	—	—	—
0	—	00	10	20	30	40	50	60	70	90	10	—
1	—	01	11	21	31	41	51	61	71	71	11	—
2	82	02	12	22	32	42	52	62	72	72	12	22
3	83	03	13	23	33	—	—	—	73	73	13	23
4	—	04	—	24	—	—	—	—	74	74	14	24
5	—	—	—	—	—	—	—	—	—	—	—	—

（3）内径代号：基本代号中右起第一、二位表示内径代号，用以表示轴承内径，如表 11-2-3 所示。

表 11-2-3　轴承内径代号

轴承公称内径 mm	内 径 代 号	示　　例
0.6～10（非整数）	用公称内径毫米直接表示，在其与尺寸系列代号之间用"/"分开	深沟球轴承 618/2.5 d=2.5mm
1～9（整数）	用公称内径毫米数直接表示，对深沟及角接触球轴承 7、8、9 直径系列，内径与尺寸系列代号之间用"/"分开	深沟球轴承 625 d=5mm 深沟球轴承 618/5 d=5mm

轴承公称内径 mm		内径代号	示例
10～17	10 12 15 17	00 01 02 03	深沟球轴承 6200 $d=10mm$
20～480 （22、28、32 除外）		公称内径除以 5 的商数，商数为个位数，需在商数左边加"0"，如 08	调心滚子轴承 23208 $d=40mm$
等于和大于 500 以及 22、28、32		用公称内径毫米数直接表示，但在与尺寸系列代号之间用"/"分开	调心滚子轴承 230/500 $d=500mm$ 深沟球轴承 62/22 $d=22mm$

2）前置、后置代号

前置代号用大写拉丁字母或加阿拉伯数字表示，它表明成套的轴承分部件。后置代号用大写拉丁字母或加阿拉伯数字表示，它标明技术内容的改变，其排序为：内部结构、密封与防尘套圈变型、保持架及其材料、轴承材料、公差等级、游隙、配置和其他。

后置代号标注规则是：4 组（含 4 组）以后代号前用"/"隔开，公差代号与游隙代号同时标注，可省去后者字母，如/P5/C4，标注为/P54，当代号间可能产生混淆时，则应在其中空半格。可参照国标。

例 11-1： 试说明轴承代号 6202 和 23224 的意义。

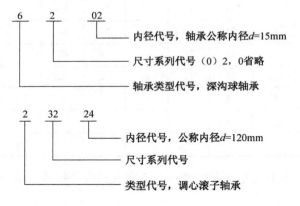

5. 滚动轴承选用时考虑的因素

1）考虑承受载荷的大小、方向和性质

（1）载荷小而平稳时，可选用球轴承；载荷大而有冲击时，选用滚子轴承。

（2）轴承仅承受径向载荷时，可选用径向接触轴承，当仅受轴向载荷时，可选用推力轴承。

（3）轴承同时承受径向载荷和轴向载荷时，应根据径向和轴向载荷的相对值来选取：

①以径向载荷为主时可选用深沟球轴承（60000 型）或接触角不大的角接触球轴承（70000 型）及圆锥滚子轴承（30000 型）。

②当与径向载荷相比轴向载荷较大时，可采用接触角较大的角接触球轴承（70000AC

型）及圆锥滚子轴承（30000B 型）。

③当轴向载荷比径向载荷大很多时，可选用径向接触轴承和推力轴承的组合结构。

2）考虑轴承的转速

（1）当轴承的尺寸和精度相同时，球轴承的极限转速比滚子轴承高，所以球轴承宜用于转速高的轴上。

（2）受轴向载荷较大的高速轴，最好选用角接触球轴承，而不选用推力球轴承，因为转速高时滚子离心惯力很大，会使推力轴承工作条件恶化。

3）考虑某些特殊要求

当跨距较大时，轴的弯曲变形大或多支点轴，则可选用调心性能好的"自位轴承"。

4）考虑经济性

同一类型尺寸的轴承，精度等级不同，价格相差很大，公差等级 0 级为标准级，价格最为便宜，而 2 级最贵。因此在满足工艺要求的条件下应尽量选用价格较低的轴承，另外，球轴承较滚子轴承的价格低；球面轴承最贵。

任务实施

观察如图 11-1-1 所示的齿轮减速器。

（1）简述轴承的分类。

_____

_____

_____

（2）举例说明轴承的代号。

_____

_____

_____

（3）轴承选用的原则。

_____

_____

_____

_____

【任务内容小结】

（1）轴承是支承机器转动或摆动零、部件的零件。其功用是支承轴及轴上的零件，并保持轴线的旋转精度；同时也用来减少转轴与支承之间的摩擦和磨损。

（2）轴承按照工作时摩擦种类的不同，可分滑动轴承和滚动轴承。按照轴承受力方向的不同，轴承可分为向心轴承、推力轴承和向心推力轴承。

（3）常驻机构用的滑动轴承结构形式有整体式、剖分式和调心式。

（4）滚动轴承一般由内圈、外圈、滚动体和保持架组成。滚动轴承的类型有调心球轴承、调心滚子轴承、推力调心滚子轴承、圆锥滚子轴承、推力球轴承、深沟球轴承、角接触球轴承、推力圆柱滚子轴承、圆柱滚子轴承和滚针轴承。滚动轴承的选用应考虑受载荷情况、轴承的转速及某些特殊要求和经济性等方面的因素。

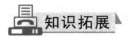知识拓展

弹　簧

弹簧是靠弹性变形工作的弹性零件，又称为弹性元件。在外载荷作用下，弹簧能够产生较大的弹性变形并吸收一定的能量；当外载荷卸除后，又能迅速恢复原状，并释放出吸收的能量。由于弹簧具有变形和储能的特点，被广泛应用于机械和日常用品中。

1. 弹簧的常用功能

弹簧的常用功能一般有以下四种。

（1）缓冲和吸振，如图 11-2-20（a）所示。

（2）储存、释放能量，如图 11-2-20（b）所示。

（a）汽车底盘支承弹簧　　　　　　　　　（b）钟表发条

（c）弹簧称　　　　　　　　　　　　（d）自行车支架

图 11-2-20　弹簧的常用功能

（3）测量力的大小，如图 11-2-20（c）所示。

（4）控制构件运动，如图 11-2-20（d）所示。

2. 弹簧的主要类型、特点及应用

弹簧的种类很多，依承受载荷情况可分为压缩弹簧、拉伸弹簧、扭转弹簧和弯曲弹簧四大类；依材料横截面的形状不同可分为线弹簧与板弹簧两大类；也可依外形的不同进行分类。

弹簧的主要类型、特点及应用如表 11-2-4 所示。弹簧的调整多采用螺旋结构。装拆大弹簧时要使用专用工具。装拆小弹簧时要注意防止弹飞丢失。

表 11-2-4 弹簧的主要类型、特点及应用

类 型	外 形 图	特点及应用
螺旋压缩弹簧		应用广泛。螺旋压缩弹簧每圈之间具有足够的间隙，受压后可以缩短，当外力消失时，又可以恢复原来长度。为了使弹簧承受压力的接触面积增加，可把弹簧两端磨平。一般情况下，不必磨平端部
螺旋拉伸弹簧		亦称为拉力弹簧，应用广泛。初始状态时弹簧丝紧密排列，受外力的拉伸作用后伸长；当外力消失时，可恢复原来形状。一般两端各有一环圈，以供钩挂使用
扭力弹簧		扭力弹簧有两种：一为螺旋扭力弹簧，把弹簧丝绕制成螺旋状，利用径向绕轴传动的扭力来控制机件，如使用在纱门上能自动关闭的弹簧及枪的扳机弹簧，其中只有一圈的又称为扣环，多用于软管和硬管的连接处；二为平面蜗卷弹簧，用长而窄的薄片金属绕成螺旋形，能储存能量，如钻床上的弹簧，在钟表机构中可作为动力源
螺旋锥旋形弹簧		用弹簧丝绕成圆锥形螺旋圈，为变刚度弹簧，可承受压力或拉力。受拉力时，最大拉伸长度有限，受压力时可将弹簧压至最低点而成为圆形板状。多用于弹簧床、沙发椅及手电筒后盖上用于压紧电池
碟形弹簧		使用薄片材料冲压而成，其形状如盘，承受压缩，刚度可变，用于大载荷、空间狭小受到限制的场合。如使用在离合器上的弹簧

类　型	外　形　图	特点及应用
简易平弹簧		采用平面金属板制成，承受弯曲，一般要预先折弯。用于载荷较小的场合或电器触点处。支持点的应力最大，可做成三角形，以使断面等强度
叠片弹簧		使用数片长度不同且具有曲度的弹簧钢片组成，在承受压力时，弹簧即逐渐变形而储存能量或吸收振动。常应用在汽车、火车的底盘处

项目十二 常用机构

【论一论】

如图 12-0-1 所示，汽车前挡风玻璃的雨刮器采用了曲柄摇杆机构。当驱动电机运转时，雨刮片左右刮动将玻璃表面的水刮干净。在生活中，还有哪些装置用到了机构呢？

图 12-0-1　汽车雨刮器

任务1　认知平面铰链四杆机构

任务目标

（1）说出铰链四杆机构的基本类型和应用实例。
（2）说出铰链四杆机构的基本性质。
（3）说出铰链四杆机构的演化及应用实例。

✎ 任务呈现

起重机的机构模型如图 12-1-1 所示，用所学知识制作一平面连杆机构应用的模型，并说明其特点。

图 12-1-1　起重机的机构模型

🍎 知识准备

一、铰链四杆机构的组成、分类及应用

当平面四杆机构中的运动副都是转动副时，称为铰链四杆机构。

1. 组成

铰链四杆机构由两个连架杆、连杆和机架三部分组成，如图 12-1-2 所示。

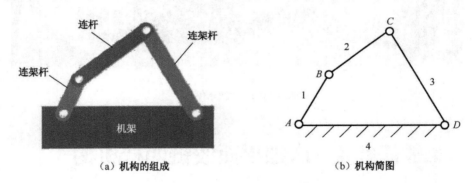

（a）机构的组成　　　　　　　　（b）机构简图

图 12-1-2　铰链四杆机构

曲柄：能做整周旋转的连架杆。

摇杆：不能做整周旋转的连架杆。

2. 铰链四杆机构基本类型、特点及应用

在铰链四杆机构中，机架和连杆总是存在的，因此按连架杆存在情况，分为三种基本形式：曲柄摇杆机构、双曲柄机构、双摇杆机构，如图 12-1-3 所示。

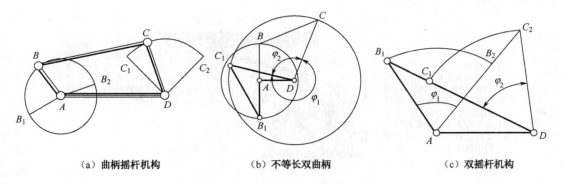

（a）曲柄摇杆机构　　　　　（b）不等长双曲柄　　　　　（c）双摇杆机构

图 12-1-3　铰链四杆机构的分类

1）曲柄摇杆机构的运动特点及应用

（1）曲柄摇杆机构能将主动件的整周回转运动转换成从动件的往复摆动。曲柄摇杆机构的应用如图 12-1-4 所示。

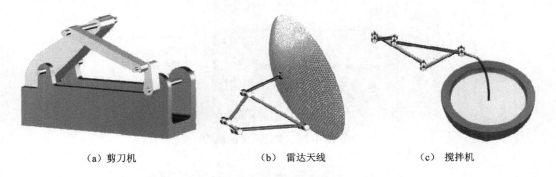

（a）剪刀机　　　　　　　（b）雷达天线　　　　　　（c）搅拌机

图 12-1-4　曲柄摇杆机构的应用

（2）取摇杆 CD 为主动件，曲柄 AB 为从动件，可将摇杆的往复摆动经连杆转换为曲柄的连续旋转运动。这在生产中应用也很广泛。缝纫机的踏板机构如图 12-1-5 所示。

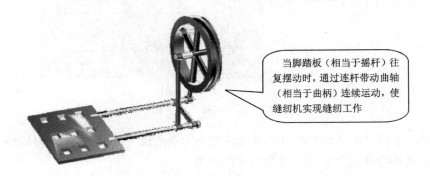

当脚踏板（相当于摇杆）往复摆动时，通过连杆带动曲轴（相当于曲柄）连续运动，使缝纫机实现缝纫工作

图 12-1-5　缝纫机的踏板机构

2）双曲柄机构的运动特点及应用

（1）不等长双曲柄机构。

惯性筛如图 12-1-6 所示。

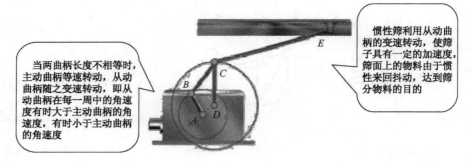

当两曲柄长度不相等时，主动曲柄等速转动，从动曲柄随之变速转动，即从动曲柄在每一周中的角速度有时大于主动曲柄的角速度，有时小于主动曲柄的角速度

惯性筛利用从动曲柄的变速转动，使筛子具有一定的加速度，筛面上的物料由于惯性来回抖动，达到筛分物料的目的

图 12-1-6　惯性筛

（2）平行双曲柄机构。

平行四边形机构的运动特点是：两曲柄的旋转方向相同，角速度也相等。平行双曲柄机构如图 12-1-7 所示。机车轮如图 12-1-8 所示。

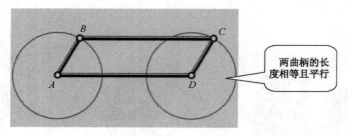

两曲柄的长度相等且平行

图 12-1-7　　平行双曲柄机构

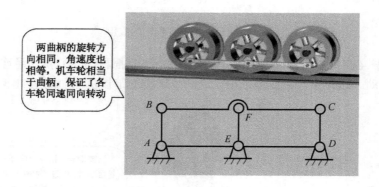

两曲柄的旋转方向相同，角速度也相等，机车轮相当于曲柄，保证了各车轮同速同向转动

图 12-1-8　机车轮

注意：平行双曲柄机构的机车联动装置中需要增设一个曲柄 *EF* 作辅助构件，以防止平行双曲柄机构 *ABCD* 变成为反向双曲柄机构。

（3）反向双曲柄机构的运动特点及应用。

反向双曲柄的旋转方向相反，且角速度也不相等。公交车门启闭机构如图 12-1-9 所示。

3）双摇杆机构的运动特点及应用

双摇杆机构在机械工程上应用也不少，载重车自卸翻斗装置如图 12-1-10 所示。港口起重机如图 12-1-11 所示。

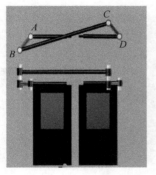

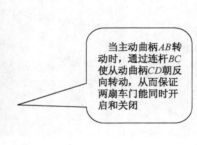

当主动曲柄AB转动时，通过连杆BC使从动曲柄CD朝反向转动，从而保证两扇车门能同时开启和关闭

图 12-1-9　公交车门启闭机构

当液压缸活塞向右伸出时，可带动双摇杆AB和CD向右摆动，从而使翻斗车内的货物滑下

图 12-1-10　载重车自卸翻斗装置

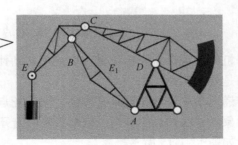

在起重机中，在双摇杆AB和CD的配合下，起重机能将起吊的重物沿水平方向移动，以省时省功

图 12-1-11　港口起重机

二、平面四杆机构的运动特性

1. 急回特性与行程速比系数 K

如图 12-1-12 所示的曲柄摇杆机构，设等速转动的曲柄 AB 为主动件，它在回转一周的过程中，与连杆 BC 有两次共线位置 AB_1 和 AB_2，此时从动件摇杆 CD 分别位于左、右两个极限位置 C_1D 和 C_2D，其夹角称为摇杆的摆角。

当曲柄等速转动时，摇杆来回摆动的速度是不同的，其空回行程的平均速度大于工作行程的平均速度，这种性质为机构的急回特性。为了表达这个特征的相对程度，该值称为从动件的行程速比系数 K。

$$K = \frac{v_{进}}{v_{回}} = \frac{t_1}{t_2} = \frac{180° + \theta}{180° - \theta}$$

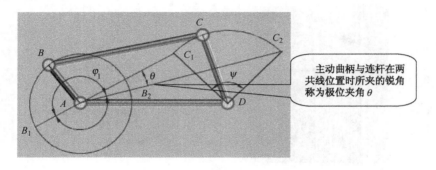

图 12-1-12 曲柄摇杆机构

（1）K 的大小表示急回的程度。当 $\theta = 0$ 时，$K = 1$，说明该机构无急回特性。

（2）当 $\theta > 0$，则机构具有急回特性，θ 越大，K 值越大，急回特性越明显。

2. 死点（如图 12-1-13 所示）

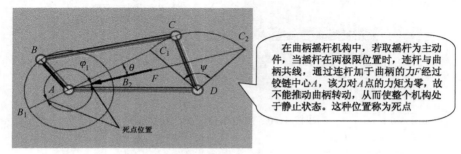

图 12-1-13 死点

平面四杆机构是否存在死点位置，取决于从动件是否与连杆共线。凡是从动件与连杆共线的位置都是死点。

对机构传递运动来说，死点是有害的，因为死点位置常使机构从动件无法运动或出现运动不确定现象。克服死点的实例：机车车轮的错开排列如图 12-1-14 所示；拖拉机在曲柄轴上装飞轮如图 12-1-15 所示。

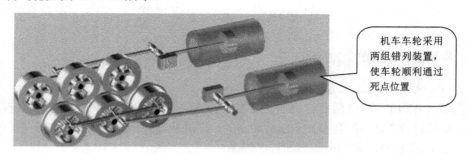

图 12-1-14 机车车轮的错开排列

在工程上，有时利用死点进行工作，如图 12-1-16 所示的铰链四杆机构中，就是应用死点的性质来夹紧工件的一个实例。另一个应用死点的实例是飞机起落架机构，如图 12-1-17 所示。

利用其惯性作用使机构顺利地通过死点位置

图 12-1-15　拖拉机在曲柄轴上装飞轮

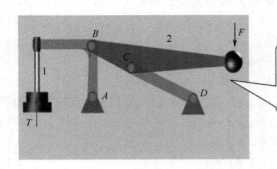

当夹具通过手柄，施加外力F使铰链的中心B、C、D处于同一条直线上时，工件被夹紧，此时如将外力F去掉，也仍能可靠地夹紧工件，当需要松开工件时，则必须向上扳动手柄，才能松开夹紧的工件

图 12-1-16　铰链四杆机构

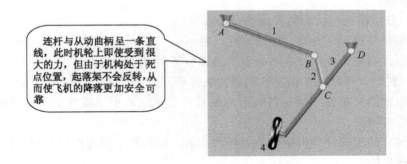

连杆与从动曲柄呈一条直线，此时机轮上即使受到很大的力，但由于机构处于死点位置，起落架不会反转，从而使飞机的降落更加安全可靠

图 12-1-17　飞机起落架机构

三、铰链四杆机构曲柄存在的条件

1. 曲柄存在的条件

从铰链四杆机构的三种基本形式可知，它们的根本区别在于连架杆是否有曲柄。而连架杆能否成为曲柄，取决于机构中各杆的长度关系和选择哪个构件为机架。要使连架杆成为能整周转动的曲柄，各杆必须满足一定的长度条件，这就是所谓的曲柄存在的条件。

2. 铰链四杆机构中构件的几何关系

如图 12-1-18 所示的曲柄摇杆机构中，AB 为曲柄，BC 为连杆，CD 为摇杆，AD 为机架，它们的长度分别用 a、b、c、d 来表示。在 AB 转动一周中，曲柄 AB 与机架 AD 两次共线。借助这两个位置，可找出一些铰链四杆机构的几何关系。

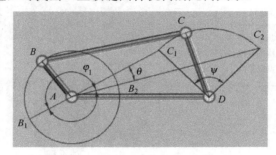

图 12.1-18　曲柄摇杆机构

当连杆在 B_1 点时，形成△B_1C_1D。根据三角形两边之和必大于第三边的定理，得

$$b+c>d+a \tag{12-1-1}$$

当连杆在 B_2 点时，形成△B_2CD，得

$$(d-a)+c>b \quad 即\ d+c>b+a \tag{12-1-2}$$

$$(d-a)+b>c \quad 即\ d+b>c+a \tag{12-1-3}$$

考虑到四杆位于同一直线时，则式（12-1-1）、式（12-1-2）、式（12-1-3）可写成如下形式：

$$b+c \geqslant d+a \tag{12-1-4}$$

$$d+c \geqslant b+a \tag{12-1-5}$$

$$d+b \geqslant c+a \tag{12-1-6}$$

将式（12-1-4）、式（12-1-5）、式（12-1-6）分别两两相加，则得 $c \geqslant a$，$b \geqslant a$，$d \geqslant a$，即 AB 杆为最短杆。

结论 1：铰链四杆机构曲柄存在的必要条件。

（1）连架杆与机架中必有一个最短杆。

（2）最短杆与最长杆长度之和必小于或等于其余两杆长度之和。

结论 2：铰链四杆机构曲柄存在的必要条件和充分条件。

（1）若铰链四杆机构中最短杆长度与最长杆长度之和小于或等于其余两杆长度之和，可能有以下三种情况。

①以最短杆的相邻杆为机架，最短杆为曲柄，而与机架相连的另一杆为摇杆，则该机构为曲柄摇杆机构。

②以最短杆为机架，则其相邻两杆均为曲柄，该机构为双曲柄机构。

③以最短杆相对杆为机架，则无曲柄存在，该机构为双摇杆机构。

（2）若铰链四杆机构中最短杆长度与最长杆长度之和大于其余两杆长度之和，则无论以哪一杆为机架，均为双摇杆机构。

四、铰链四杆机构的演化

除了铰链四杆机构的上述三种形式外，人们还广泛采用其他形式的平面四杆机构。分析、研究这些平面四杆机构的运动特性可以发现：这些平面四杆机构是由铰链四杆机构通过一定途径演化而来的。

1. 曲柄滑块机构

铰链四杆机构演化为曲柄滑块机构如图 12-1-19 所示。

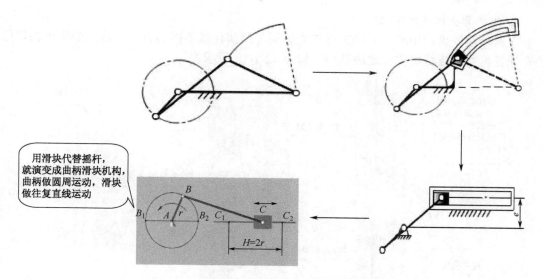

用滑块代替摇杆，就演变成曲柄滑块机构，曲柄做圆周运动，滑块做往复直线运动

图 12-1-19　铰链四杆机构演化为曲柄滑块机构

曲柄滑块机构在机械中应用十分广泛，如内燃机、搓丝机、自动送料装置及压力机，如图 12-1-20、图 12-1-21 所示。

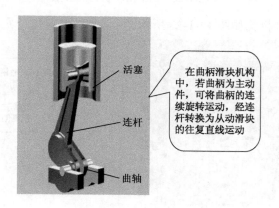

活塞

连杆

曲轴

在曲柄滑块机构中，若曲柄为主动件，可将曲柄的连续旋转运动，经连杆转换为从动滑块的往复直线运动

图 12-1-20　内燃机

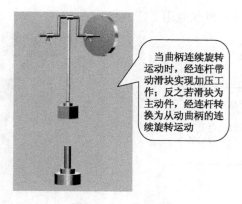

当曲柄连续旋转运动时，经连杆带动滑块实现加压工作；反之若滑块为主动件，经连杆转换为从动曲柄的连续旋转运动

图 12-1-21　压力机

2. 曲柄滑块机构的演化

在曲柄滑块机构中取不同的构件作为机架，就演化成不同的机构。这些演化机构常用的有导杆机构、摇块机构和定块机构，如图 12-1-22 所示。

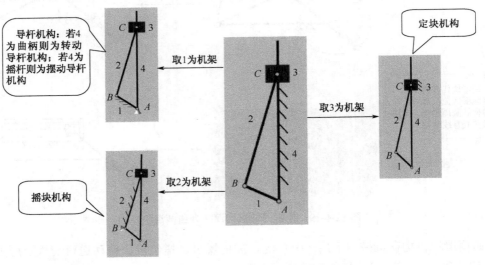

图 12-1-22　曲柄滑块机构的演化

刨床中的摆动导杆机构如图 12-1-23 所示。

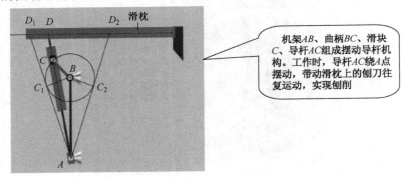

图 12-1-23　刨床中的摆动导杆机构

如图 12-1-24 所示的抽水机就应用了定块机构。

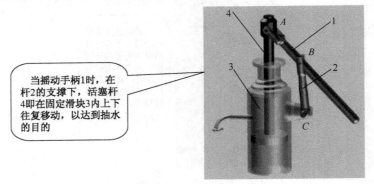

图 12-1-24　抽水机

如图 12-1-25 所示的自卸翻斗车就应用了摇块机构。

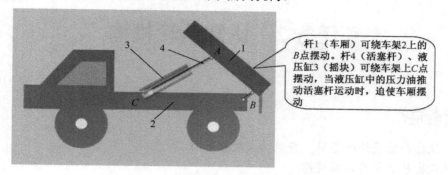

杆1（车厢）可绕车架2上的 B 点摆动。杆4（活塞杆）、液压缸3（摇块）可绕车架上 C 点摆动，当液压缸中的压力油推动活塞杆运动时，迫使车厢摆动

图 12-1-25　自卸翻斗车

任务实施

制作一平面连杆机构模型，并说明其类型和特点。

提示：操作步骤如下。

（1）构思选型。

（2）准备材料：硬纸板、薄木板、木条、小螺钉、螺母等。

（3）动手制作。

（4）小结。

【任务内容小结】

（1）如果连架杆能绕铰链整周连续旋转，此构件称为曲柄；如果连架杆不能整周连续旋转，只能来回摇摆一个角度，此构件称为摇杆。

（2）平面连杆机构是一些刚性构件用转动副或移动副连接而组成的、在同一平面或互相平行的平面内运动的机构。常用的铰链四杆机构的 3 种基本形式是：曲柄摇杆机构、双曲柄机构和双摇杆机构。

（3）在曲柄作为主动件等角速旋转时，从动件有急回特性。具有急回特性的机构有曲柄摇杆机构、双曲柄机构和摆动导杆机构等

（4）在曲柄作为从动件时，许多机构中连杆和从动件都有共线位置，会出现死点，导致机构卡死或出现运动方向不确定的现象。

（5）铰链四杆机构的分类：

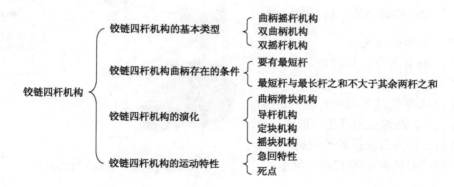

任务 2 认知凸轮机构

任务目标

（1）说出凸轮机构的组成、特点、类型及应用。

（2）说出从动件的运动规律。

（3）说出简单凸轮机构轮廓曲线的画法。

任务呈现

内燃机的配气机构如图 12-2-1 所示，请解释它的工作原理是什么？

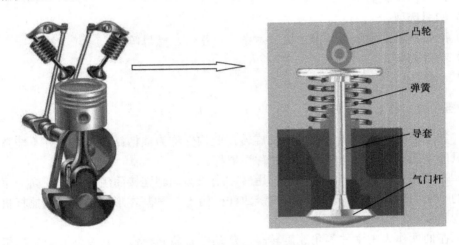

凸轮

弹簧

导套

气门杆

图 12-2-1 内燃机的配气机构

知识准备

一、凸轮机构的组成、特点和应用

1. 凸轮机构的组成

凸轮机构由凸轮、从动件和机架组成，如图 12-2-2 所示。

凸轮机构是机械工程中广泛应用的一种高副机构。凸轮机构常用于低速、轻载的自动机或作为自动机的控制机构。自动车床上的走刀机构如图 12-2-3 所示。

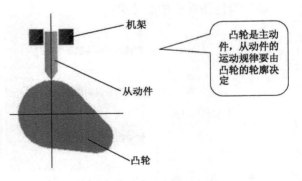

机架

从动件

凸轮

凸轮是主动件，从动件的运动规律要由凸轮的轮廓决定

图 12-2-2 凸轮机构的组成

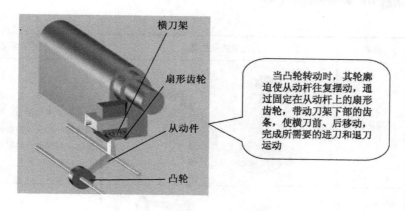

图 12-2-3　自动车床上的走刀机构

2. 凸轮机构的基本类型、特点和应用

凸轮机构按不同的分类方法有不同的类型，如表 12-2-1 所示。

表 12-1-1　凸轮机构的类型、特点和应用

分类方法	名称	凸轮机构简图	主要特点及应用
按凸轮的形状分	盘形凸轮	机架 从动件 凸轮	盘形凸轮是一个具有变化半径的盘，其从动件在垂直于凸轮回转轴的平面内运动。适用于从动杆行程较小的场合
	圆柱凸轮	*d* *e* *f* I II *a* *b* *c* 三联滑移齿轮 拨叉 III IV 圆柱凸轮	凸轮为一个具有凹槽或曲面端面的圆柱体。适用于从动杆行程较大的场合
	移动凸轮	工件 从动件 移动凸轮	当盘形凸轮的回转中心趋于无穷大时，即成为移动凸轮。移动凸轮作往复直线运动

分类方法	名称	凸轮机构简图	主要特点及应用
按从动结构形式分	尖顶从动件	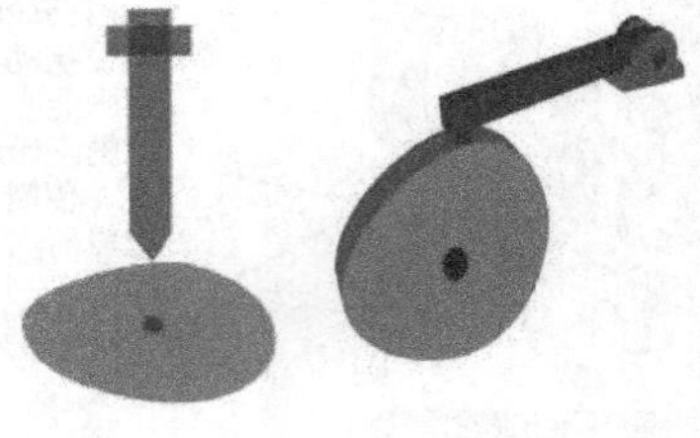	结构最简单，且尖顶能与各种形式的凸轮廓保持接触，可实现任意的运动规律。但尖顶易磨损，故只适用于低速、轻载的凸轮机构
	滚子从动件	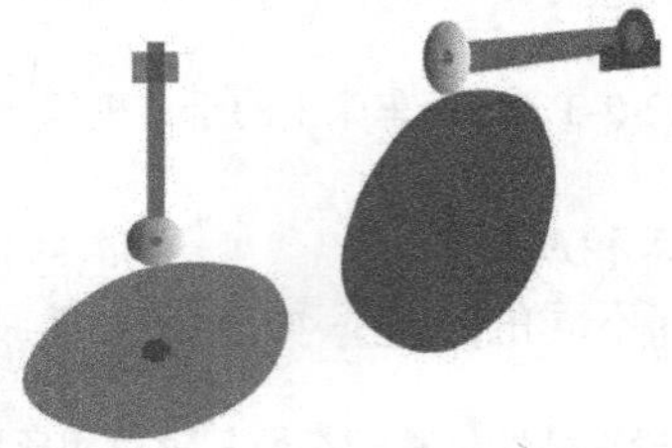	滚子与凸轮为滚动摩擦，磨损小，承载能力较大，但运动规律有一定限制，且滚子与转轴之间有间隙，故不适用于高速的凸轮机构
	平底从动件	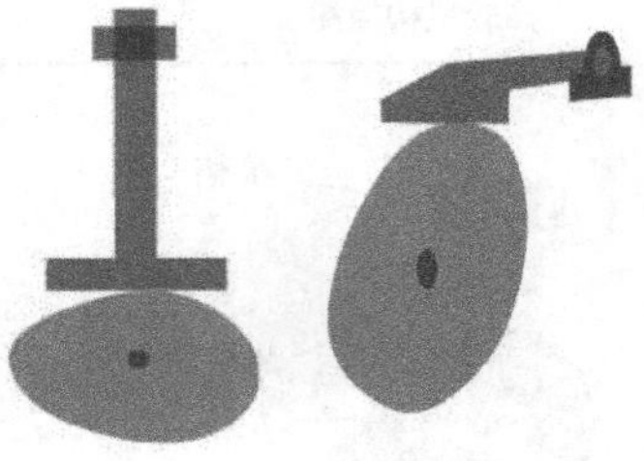	结构紧凑，润滑性能和动力性能好，效率高，故适用于高速。但要求凸轮轮廓曲线不能呈凹形，因此使从动件的运动规律受到限制
按从动件运动形式分	移动	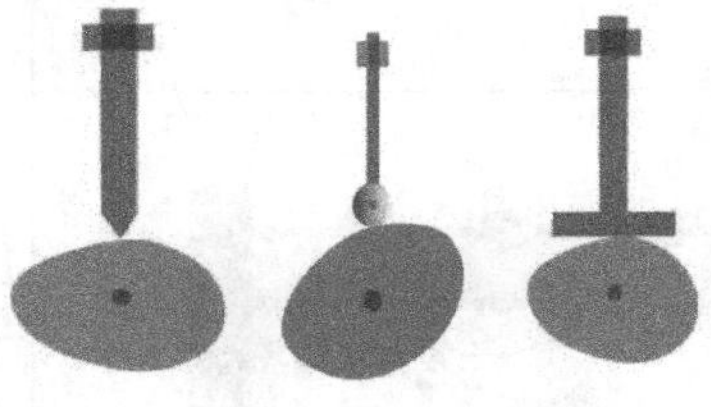	从动杆往复直线移动
	摆动	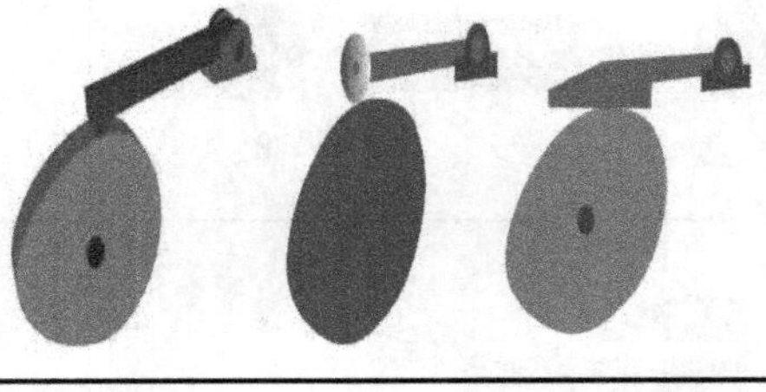	从动杆往复绕固定铰链摆动

二、凸轮机构的工作原理

1. 凸轮机构的工作过程和有关参数

凸轮机构中最常用的运动形式是凸轮等速回转，从动件往复移动。凸轮机构工作过程与参数关系如图 12-2-4 所示，是最基本的对心外轮廓盘形凸轮机构。凸轮机构各有关参数如下：

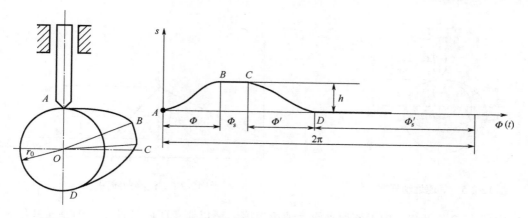

图 12-2-4　凸轮机构工作过程与参数关系

（1）基圆半径——以凸轮的转动中心 O 为圆心，以凸轮的最小向径为半径 r_0 所作的圆。

（2）升程——当凸轮以等角速度 ω 逆时针转动时，从动杆在凸轮廓线的推动下，将由最低位置被推到最高位置（凸轮在从动杆运动的这一过程，相应的转角 Φ 称为推程运动角）的距离。

（3）远休止程——凸轮继续转动，从动杆将处于最高位置而静止不动的这一过程。

（4）远休止角——与远休止程相应的凸轮转角 Φ_s 称为远休止角。

（5）回程——凸轮继续转动，从动杆又由最高位置回到最低位置的这一过程（相应的凸轮转角 Φ' 称为回程运动角）。

（6）近休止程——当凸轮转过角 Φ_s' 时，从动杆与凸轮廓线上向径最小的一段圆弧接触，而处在最低位置静止不动的这一过程。

（7）近休止角——与近休止程相应的凸轮转角 Φ_s'。

（8）行程——从动杆在推程或回程中移动的距离 h。

（9）位移曲线图——描述位移 s 与凸轮转角 Φ 之间关系的图形。

2. 从动件的常用运动规律

从动件的运动规律是指其位移、速度和加速度随时间变化的规律。从动件的运动规律是根据机器工作要求确定的。从动件不同的运动规律对应于不同的凸轮轮廓。在设计凸轮机构时，首先选定从动件的运动规律，再根据运动规律设计凸轮轮廓。最常用的运动规律有以下两种。

1）等速运动规律——产生刚性冲击

当凸轮以等角速度转动时，从动件在推程和回程的速度为常数，这种运动规律称为等速运动规律，如图 12-2-5 所示。

由图 12-2-6 可知，从动件在运动开始和停止的瞬间，速度由零变为 v，或由 v 突变到零，由于速度突变，使从动件（杆）的瞬时加速度急剧增大，因而产生很大的惯性力，由此产生的冲击称为刚性冲击。因此，等速运动规律只适用于低速、轻载或特殊需要的凸轮机构中。

2）等加速等减速运动规律——产生柔性冲击

等加速等减速运动规律是从动件在一个推程或者回程中，前半段做等加速运动，后半段做等减速运动；而且前后两段加速度的绝对值相等。

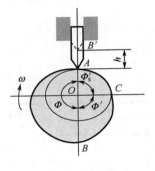

图 12-2-5　等速运动规律

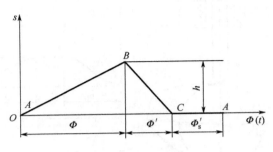

图 12-2-6　位移曲线图

由图 12-2-7 可知，由于该运动没有速度突变，所以避免了刚性冲击。但是某些位置加速度有限突变，惯性力将为有限值，由此产生的冲击称为柔性冲击。因此，这种运动规律也只适应于中低速、轻载的场合。

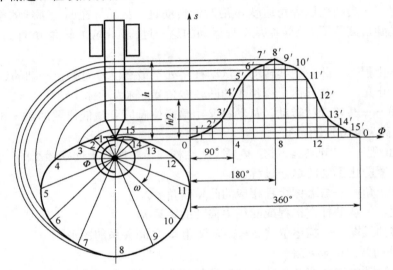

图 12-2-7　等加速等减速运动规律

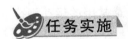

解释内燃机配气机构的工作原理：

_____

_____

_____

【任务内容小结】

（1）凸轮机构主要由凸轮、从动件和机架三部分组成。凸轮轮廓曲线能使从动件实现预期的有规律的运动。

（2）凸轮机构以凸轮形状可分为盘形凸轮、移动凸轮和圆柱凸轮；按从动件的形式可分为尖顶、滚子、平面和曲面四种基本类型。

（3）等速运动规律的凸轮机构，从动件上升、下降运动的速度为一常数，位移曲线为一斜直线。机构速度稳定，但在开始、最高点及终止时有冲击。等加速运动规律的凸轮机构，从动件运动的加速度为一常数，位移曲线为抛物线，机构在转速较高时能改善运动性能且减少冲击。

知识拓展

间歇运动机构

在实际生产中，需要做时动时停间歇运动的机构有很多，如自动化生产线上的送料运动、牛头刨床工作台的横向进给运动等，均可通过间歇运动机构来完成。间歇运动机构是将主动件连续转动，转变为从动件的间歇运动的机构。

间歇运动机构的种类很多，这里介绍棘轮机构和槽轮机构。

一、棘轮机构

1. 棘轮机构的组成和工作原理

棘轮机构如图 12-2-8 所示，当摇杆向左摆动时，装在摇杆上的棘爪嵌入棘轮的齿槽内，推动棘轮逆时针转过一角度；当摇杆向右摆动时，棘爪便在棘轮的齿背上滑过，棘轮则静止不动。

2. 棘轮机构的类型

（1）齿啮式棘轮机构如图 12-2-9 所示。

特点：齿啮式棘轮机构结构简单，棘轮转角可实现有级调节，但传动平稳性差。适合于转速不高，转角不大和小功率场合。

（2）摩擦式棘轮机构如图 12-2-10 所示。

特点：摩擦式棘轮机构传递运动平稳、无噪声，棘轮可实现无级调节，但易打滑，运动准确性差。

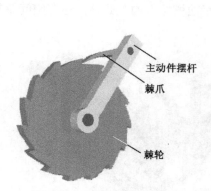

主动件摆杆

棘爪

棘轮

图 12-2-8 棘轮机构　　　图 12-2-9 齿啮式棘轮机构　　图 12-2-10 摩擦式棘轮机构

3. 棘轮机构的特性

（1）棘轮机构具有间歇运动特性。

（2）棘轮机构具有快速超越运动特性。

（3）棘轮机构能实现有级变速传动（通过改变棘轮转角）。

二、槽轮机构

1. 槽轮机构的组成和工作原理

槽轮机构如图 12-2-11 所示，它由主动拨盘、从动槽轮及机架等组成。

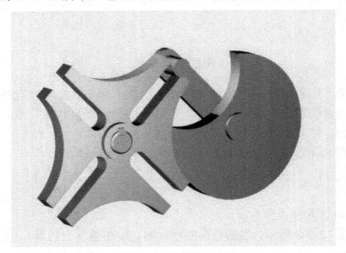

图 12-2-11　槽轮机构

拨盘以等角速度连续回转，槽轮做间歇运动。当拨盘上的圆柱销没有进入槽轮的径向槽时，槽轮的内凹锁止弧面被拨盘上的外凸锁止弧面卡住，槽轮静止不动。当圆柱销进入槽轮的径向槽时，锁止弧面被松开，则圆柱销驱动槽轮转动。当拨盘上的圆柱销离开径向槽时，下一个锁止弧面又被卡住，槽轮又静止不动。由此将主动拨盘的连续转动转换为从动槽轮的间歇转动。

2. 槽轮机构的类型

槽轮机构有外啮合槽轮机构和内啮合槽轮机构（如图 12-2-12 所示），前者拨盘与槽轮的转向相反，后者拨盘与槽轮的转向相同，它们均为平面槽轮机构。此外，还有空间槽轮机构，如图 12-2-13 所示。

图 12-2-12　内啮轮槽轮机构

图 12-2-13　空间槽轮机构

　　槽轮机构中拨盘（杆）上的圆柱销数、槽轮上的径向槽数及径向槽的几何尺寸等均可根据运动要求的不同而定。圆柱销的分布和径向槽的分布可以不均匀，同一拨盘（杆）上若干个圆柱销离回转中心的距离也可以不同，同一槽轮上各径向槽的尺寸也可以不同。

　　3．槽轮机构的特点和应用

　　槽轮机构结构简单，工作可靠，但槽轮转角不能调节，适应于速度不高的场合。

　　例如，电影放映机的卷片机构如图 12-2-14 所示；六角自动车床转塔刀架的转位机构如图 12-2-15 所示。

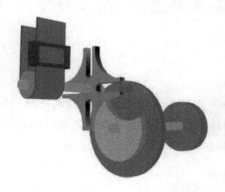

图 12-2-14　电影放映机的卷片机构

图 12-2-15　六角自动车床转塔刀架的转位机构

项目 十三 机 械 传 动

【论一论】

汽车行驶时，发动机输出的动力，要经过一系列的动力传递装置才能到达驱动轮。发动机到驱动轮之间的动力传递机构，称为汽车的传动系，主要由离合器、变速器、传动轴、主减速器、差速器及半轴等部分组成，如图13-0-1所示。

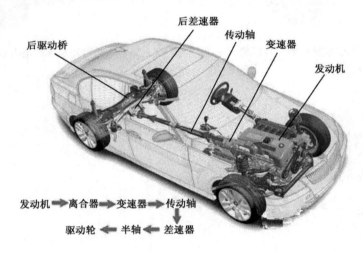

图 13-0-1　汽车传动系统

请结合生活经验，谈一谈汽车上都使用了哪些传动机构。

任务 1　带传动的选用

任务目标

（1）说出带传动的组成、原理和类型。

（2）简述 V 带的结构、型号和使用特点。

（3）阐述 V 带传动安装和维护。

（4）说出带传动的张紧。

（5）说出同步带传动特点及应用。

任务呈现

带传动在机械传动中应用广泛，钻床和车床的带传动如图 13-1-1 所示，分析它们的异同点，说明带传动的选用原则。

（a）钻床的带传动   （b）普通车床的带传动

图 13-1-1　钻床和车床的带传动

知识准备

一、带传动的组成、原理和类型

1. 带传动的组成

如图 13-1-2 所示，带传动一般由主动带轮、从动带轮和挠性带组成。

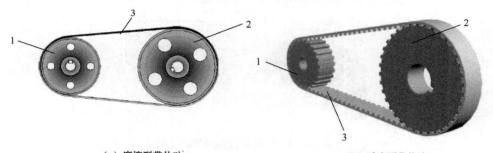

（a）摩擦型带传动   （b）啮合型带传动

1—主动带轮；2—从动带轮；3—挠性带

图 13-1-2　带传动的组成

2. 带传动的工作原理

（1）摩擦带传动：靠传动带与带轮间的摩擦力实现传动，如 V 带传动、平带传动等。

（2）啮合带传：靠带内侧凸齿与带轮外缘上的齿槽相啮合实现传动，如同步带传动。

3. 带传动的基本类型

（1）按传动原理可以分为摩擦型和啮合型两种。

（2）按用途分可以分为传动带和输送带两种，如图 13-1-3 所示。

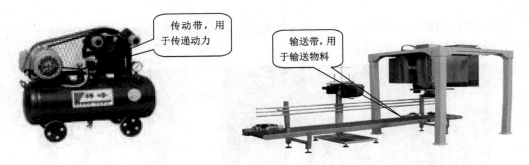

传动带，用于传递动力

输送带，用于输送物料

图 13-1-3　带传动按用途分类

（3）按传动带的截面形状可以分为平带、V 带、圆形带、多楔带和齿形带。

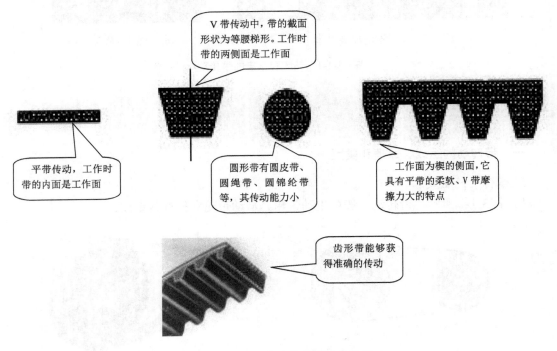

V 带传动中，带的截面形状为等腰梯形。工作时带的两侧面是工作面

平带传动，工作时带的内面是工作面

圆形带有圆皮带、圆绳带、圆锦纶带等，其传动能力小

工作面为楔的侧面，它具有平带的柔软、V 带摩擦力大的特点

齿形带能够获得准确的传动

图 13-1-4　带传动按截面形状分类

4. 带传动的传动比

机构中瞬时输入角速度与输出角速度的比值称为机构的传动比。对于带传动的传动比就是主动轮转速 n_1 与从动轮转速 n_2 之比，通常用 i_{12} 表示：

$$i_{12} = \frac{n_1}{n_2}$$

式中　n_1、n_2——分别为主动轮、从动轮的转速（r/min）。

带传动的传动比与两带轮的直径成反比，用 $i_{12}=\dfrac{D_2}{D_1}$ 表示，但因传动过程中有弹性滑动和过载打滑现象，所以带传动的传动比不恒定。

二、V 带的结构、标准和标记

1. V 带及带轮

（1）V 带的结构如图 13-1-5 所示。

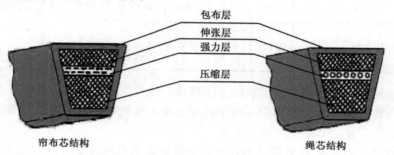

图 13-1-5　V 带的结构

（2）带轮的类型如图 13-1-6 所示。

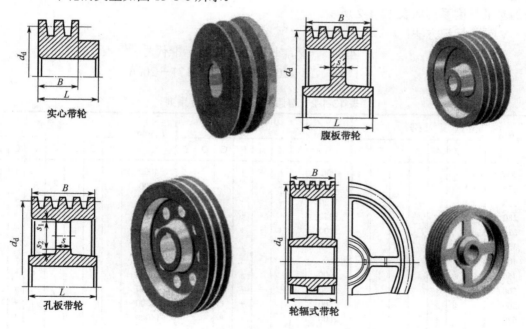

图 13-1-6　带轮的类型

2. 普通 V 带的标准

V 带已标准化，按截面高度与节宽比值不同，V 带又可分为普通 V 带、窄 V 带、半宽 V 带和宽 V 带等多种形式。普通 V 带按截面尺寸由小到大分别为 Y、Z、A、B、C、D、E 七种型号，其中 E 型截面积最大，传递功率也最大。生产现场中使用最多的是 A、B、C

三种型号。普通 V 带剖面基本尺寸如表 13-1-1 所示。

表 13-1-1　普通 V 带剖面基本尺寸

型号	Y	Z	A	B	C	D	E
顶宽 b/mm	6.0	10.0	13.0	17.0	22.0	32.0	38.0
节宽 b_p/mm	5.3	8.5	11.0	14.0	19.0	27.0	32.0
高度 h/mm	4.0	6.0	8.0	11.0	14.0	19.0	25.0
每米带长质量 m/（kg/m）	0.04	0.06	0.10	0.17	0.30	0.60	0.87

　　V 带绕在带轮上产生弯曲，顶胶层受拉伸长，底胶层受压缩短，其中必有一处既不受拉也不受压，周长不变。在 V 带中这种保持原长度不变的任一条周线称为节线，由全部节线构成的面称为节面，节面宽度称为节宽。

　　在 V 带轮上，与所配用 V 带节面处于同一位置的槽形轮廓宽度称为基准宽度。基准宽度处的带轮直径称为基准直径。V 带在规定张紧力下，位于带轮基准直径上的周线长度称为基准长度。V 带的型号和基准长度都压印在胶带的外表面上，以供识别和选用。普通 V 带的基准长度系列如表 13-1-2 所示。

　　V 带的标记方法：

　　　　型号　　基准长度　　国家标准代号
　　　　B　　　　2500　　　GB/T 1171—2006

表 13-1-2　普通 V 带的基准长度系列

L_d/mm	型号							L_d/mm	型号							L_d/mm	型号						
	Y	Z	A	B	C	D	E		Y	Z	A	B	C	D	E		Y	Z	A	B	C	D	E
200	+							900		+	+	+				4000				+	+	+	
224	+							1000		+	+	+				4500				+	+	+	+
250	+							1120		+	+	+				5000				+	+	+	+
280	+							1250		+	+	+				5600					+	+	+
315	+							1400		+	+	+				6300					+	+	+
355	+							1600		+	+	+	+			7100					+	+	+
400	+	+						1800			+	+	+			8000					+	+	+
450	+	+						2000			+	+	+			10000					+	+	+
500	+	+	+					2240			+	+	+			11200						+	+
560		+	+					2500			+	+	+			12500						+	+
630		+	+					2800			+	+	+	+		14000						+	+
710		+						3150				+	+	+		16000							+
800		+						3550				+	+	+									

三、摩擦型带传动的使用与维护

1. 带传动的张紧装置

带传动不仅安装时必须把带张紧在带轮上，而且当带工作一段时间之后，因永久伸长而松弛时，还应将带重新张紧。张紧装置分定期张紧和自动张紧两类，如表 13-1-3。

2. 带传动的使用与维护

为了延长带的使用寿命，保证传动的正常运行，必须正确地使用和维护摩擦型带传动。

表 13-1-3　带传动的张紧装置

中心距是否可调		中心距可调	中心距不可调
定期张紧	类型		
	特点	通过调整螺栓来改变中心距	平带张紧轮应设置在松边外侧靠近小带轮处，V 带张紧轮宜设置在松边内侧靠近带轮处
自动张紧	类型		
	特点	依靠电动机的自重拉紧皮带，用于中小功率	利用重锤的重量拉紧皮带

（1）选用 V 带时要注意型号和长度，型号要和带轮轮槽尺寸相符。新旧不同的 V 带不能同时使用。

（2）安装皮带时应先缩短中心距，然后再装皮带，不能硬撬。

（3）安装 V 带时应按规定的初拉力应适中，对于中等中心距的带传动，带的张紧程度以用手按下 15mm 为宜，如图 13-1-7 所示。

（4）带传动安装后应保证两轮轴线平行、相对应轮槽的中心线重合（见图 13-1-8）其偏差不能超过有关规定。

（5）水平布置的摩擦型带传动应保证紧边在下，松边在上。

（6）多根 V 带传动应采用配组带。使用中应定期检查，如发现有的 V 带出现疲劳撕裂现象时，应及时更换全部 V 带。

（7）为确保安全，带传动应设防护罩。

（8）带的工作温度不应超过 60℃

（9）带与带轮之间要防止油脂进入。

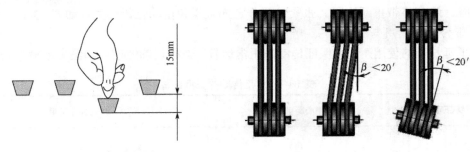

图 13-1-7 V 带的张紧程度   图 13-1-8 带轮位置

3. 摩擦型带传动的特点

结构简单、维护方便、成本低、能减振、缓冲、转动平稳；过载时，传动带与带轮间可发生相对滑动，起到保护作用；可用于中心距较大的传动，但传动比不准确。

四、同步带传动的特点及应用

1. 同步带传动的特点（见图 13-1-9）

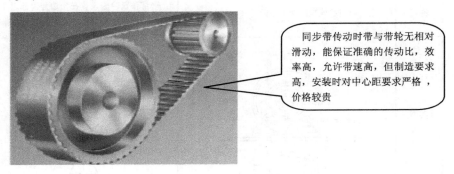

同步带传动时带与带轮无相对滑动，能保证准确的传动比，效率高，允许带速高，但制造要求高，安装时对中心距要求严格，价格较贵

图 13-1-9 同步带传动的特点

2. 同步带传动的应用见图 13-1-10

同步带在汽车发动机中的应用

同步带在机械中的应用

图 13-1-10 同步带传动的应用

同步带传动主要用于要求传动比准确的中、小功率传动中，如计算机、录音机、数控机床、汽车等。

任务实施

（1）分析如图 13-1-1 所示钻床与普通车床使用的带传动的异同点。

提示：可以从带的类型、皮带的根数、带轮的形状、带轮的张紧装置等方面去分析。

_____

_____

_____

_____

（2）指出图 13-1-11 中哪一个是 V 带安装后的正确位置。

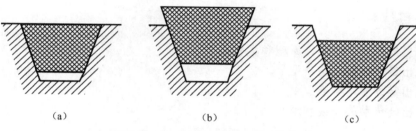

  （a）   （b）   （c）

图 13-1-11　V 带的正确的安装位置

_____

_____

_____

（3）简述带传动的选用原则。

_____

_____

_____

_____

_____

_____

【任务内容小结】

（1）带传动是由主动带轮、从动带轮和从动带组成，分为摩擦带传动和啮合带传动两大类。按传动带横截面的形状，可分为平带传动、V 带传动、圆带传动和同步带传动。

（2）传动比就是主动轮转速 n_1 与从动轮转速 n_2 的比值，用符号 i 表示。带传动的传动比与两带轮的直径成反比，即 $i = n_1/n_2 = D_2/D_1$。

（3）因为带具有弹性，所以传动平稳、吸振、噪声小。过载时带可在轮面上"打滑"，避免其他薄弱零部件的损坏，起到了安全保护的作用。同时，"打滑"现象造成带传动不能严格保证精确的传动比。

（4）V 带是以两侧面为工作面，夹角为 40°。V 带按截面的面积大小，分为 Y、Z、A、B、C、D、E 七种型号，在生产现场中，使用最多的是 A、B、C 三种型号。基准长度是位于带轮基准直径上的周线长度，用 L_d 表示。

（5）带传动的张紧采用两种方法，即调整中心距和使用张紧轮。平带传动使用张紧轮时，张紧轮应放在松边的外侧，靠近小带轮；V 带传动使用张紧轮时，张紧轮应放在松边的内侧，靠近大带轮。

任务 2　链传动的选用

任务目标

（1）说出链传动的组成、原理和类型。
（2）说出链传动的结构、型号。
（3）说出链的使用特点。
（4）说出链传动的安装和维护。

任务呈现

如图 13-2-1 所示，变速自行车是人们比较常用的出行工具，具有骑行轻便、快速和环保等特点，请进行以下分析。

（1）变速自行车的传动机构为什么要选用链传动而不选用带传动？
（2）变速自行车为什么能实现变速？
（3）变速自行车的链条如何实现张紧的？

（a）后链轮　　　　　　　（b）变速自行车

图 13-2-1　变速自行车

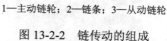

1—主动链轮；2—链条；3—从动链轮

图 13-2-2　链传动的组成

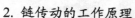

一、链传动的组成、原理和类型

1. 链传动的组成

如图 13-2-2 所示，链传动一般由主动链轮、链条和从动链轮组成。

2. 链传动的工作原理

链传动是靠链条与链轮轮齿的啮合实现传动，以此传递平行轴间的运动和动力。

3. 链传动基本型

按用途不同，链传动分为传动链、起重链和牵引链。

（1）传动链：用于传递运动和动力。

（2）起重链：用于起重机械中提升重物。

（3）牵引链：用于运输机械驱动输送带等。

传动链种类繁多，最常用的是滚子链和齿形链。

4. 链传动的传动比

链传动中，主动链轮的齿数为 z_1，转速为 n_1，从动链轮的齿数为 z_2，转速为 n_2。由于是啮合传动，在单位时间里两链轮转过的齿数应相等，即 $z_1 \cdot n_1 = z_2 \cdot n_2$；$n_1/n_2 = z_2/z_1$ 并用 i 表示传动比，所以

$$i = \frac{n_1}{n_2} = \frac{z_2}{z_1}$$

二、链传动的结构、型号

1. 滚子链

1）组成

如图 13-2-3 所示，滚子链又称为套筒滚子链，由内链板、外链板、销轴、套筒和滚子组成。

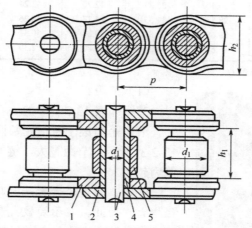

1—内链板；2—外链板；3—销轴；4—套筒；5—滚子

图 13-2-3　滚子链的组成

2）链接头

为了让链条首尾相接形成环形，必须使用链接头。

如果链节数目正好是偶数，链条连成环形时可以将内、外链板搭接；如果链节数为奇数，则要采用图 13-2-4 所示中的过渡链节，才能首尾相连。

| 弹性销片 | 开口销 | 过渡链节 |

图 13-2-4　链接头

3）参数

滚子链的规格及主要参数如表 13-2-1 所示。

表 13-2-1　滚子链的规格及主要参数（摘自 GB/T 1243－2006）

链号	节距 p/mm	排距 p_1/mm	滚子外径 d_1/mm	内链节链宽 b_1/mm	销轴直径 d_2/mm	内链板高度 h_2/mm	极限拉伸载荷（单排） Q/N	每米质量（单排） q/（kg/m）
05B	8.00	5.64	5.00	3.00	2.31	7.11	4400	0.18
06B	9.525	10.24	6.35	5.72	3.28	8.26	8900	0.40
08A	12.70	14.38	7.95	7.85	3.96	12.07	13800	0.60
08B	12.70	13.92	8.51	7.75	4.45	11.81	17800	0.70
10A	15.875	18.11	10.16	9.40	5.08	15.09	21800	1.00
12A	19.05	22.78	11.91	12.57	5.94	18.08	31100	1.50
16A	25.40	29.29	15.88	15.75	7.92	24.13	55600	2.60
20A	31.75	35.76	19.05	18.90	9.53	30.18	86700	3.80
24A	38.10	45.44	22.23	25.22	11.10	36.20	124600	5.60
28A	44.45	48.87	25.40	25.22	12.70	42.24	169000	7.50
32A	50.80	58.55	28.58	31.55	14.27	48.26	222400	10.10
40A	63.50	71.55	39.68	37.85	19.24	60.33	347000	16.10
48A	76.20	87.93	47.63	47.35	23.80	72.39	500400	22.60

注：过渡链节的极限拉伸载荷按 $0.8Q$ 计算。

图 13-2-5　多排链

（1）节距。

节距即表 13-2-1 中的 p，是滚子链的主要参数。

节距是指滚子链上相邻两销轴中心的距离。如图 13-2-3 所示，节距越大，链的各元件尺寸越大，承载能力越大。

注意：当链轮齿数一定时，节距增大将使链轮直径增大。因此，在承受较大载荷，传递功率较大时，可用多排链（如图 13-2-5 所示），它相当于几个普通单排链之间用长销轴连接而成。但排数越多，就越难使各排受力均匀，故排数不能过多，常用双排链或三排链，四排以上的很少用。

（2）长度。

链条的长度常以链节数表示。一般情况下要尽量采用偶数链节的链条，以避免使用过渡链节。

4）型号

滚子链的标记为：

| 链号 | — | 排数×整链链节数 | 标准编号 |

例如，12A—1×88　GB/T 1243—2006 表示链号是 12A（$p=19.05\text{mm}$）、单排、88 节的滚子链。

2. 齿形链

如图 13-2-6 所示，齿形链根据铰接的结构不同，可分圆销铰链式、轴瓦铰链式和滚子铰链式三种。图 13-2-6 所示为圆销铰链式齿形链。

圆销铰链式齿形链主要由套筒、齿形板、销轴和外链板组成。销轴与套筒为间隙配合。它比套筒滚子链传动平稳，传动速度高，且噪声小，因而齿形链又称为无声链，但摩擦力较大，易磨损，成本较高。

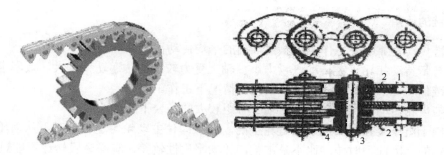

1—套筒；2—齿形板；3—销轴；4—外链板

图 13-2-6　齿形链

3. 链轮

为保证链轮轮齿面具有足够的强度和耐磨性，链轮的材料通常采用优质碳素钢或合金钢，并经过热处理。

链轮的齿形已标准化，标准刀具如图 13-2-7 所示。

图 13-2-7　标准刀具

如图 13-2-8 所示，链轮的结构可根据尺寸的大小来确定，直径小的链轮制成实心式，中等直径的链轮可做成腹板式或孔板式，直径较大时可采用组合式结构，轮齿磨损后可更换齿圈。

实心式　　　　　　　　　孔板式　　　　　　　　　组合式

图 13-2-8　链轮形式

三、链的使用

（1）链传动是靠啮合工作，可获得准确的平均传动比。

（2）与带传动相比，链传动张紧力小，轴上受力较小，传递功率较大，效率也较高，必要时，链传动可以在低速、高温、油污的情况下工作。

（3）与齿轮传动相比，它可在两轴中心距较大的场合下工作。

（4）由于链条是按照折线绕在链轮上的，所以即使主动轮匀速转动时，从动轮的瞬时转速是变化的，因此瞬时传动比不是常数，传动平稳性较差，有噪音且转速不能过高。

以上特点说明，链传动主要适用于不宜采用带传动和齿轮传动，而两轴平行，且中心距较大，功率较大，而又要求平均传动比准确的场合，目前在矿山、石油、化工、印刷、交通运输及建筑工程等部门的机械中均有应用。

通常传动链传递的功率 $P \leqslant 100kW$，链速 $v \leqslant 15 \, m/s$，传动比 $i \leqslant 6 \sim 8$，中心距 $a \leqslant 8m$，润滑良好时，效率可达 0.97～0.98。

图 13.2-9　链传动的张紧轮张紧

四、链传动的安装和维护

（1）安装链传动时，两链轮轴线必须平行，并且两链轮旋转平面应位于同一平面内，否则会引起脱链和不正常的磨损。

（2）为了防止链传动松边垂度过大，引起啮合不良和抖动现象，应采取张紧措施。张紧方法有：当中心距可调时，可增大中心距，一般把两链轮中的一个链轮安装在滑板上，以调整中心距；当中心距不可调时，可去掉两个链节，或采用如图 13-2-9 所示张紧轮张紧，张紧轮应放在松边外侧靠近小轮的位置上。

（3）良好的润滑可减轻磨损、缓和冲击和振动，延长链传动的使用寿命。采用的润滑油要有较大的运动黏度和良好的油性，通常选用的牌号为 L—AN32、L—AN46、L—AN68 等全损耗系统用油。对于不便使用润滑油的场合，可用润滑脂，但应定期涂抹，定期清洗链轮和链条。

（4）在链传动的使用过程中，应定期检查润滑情况及链条的磨损情况。

🎨 任务实施

（1）分析变速自行车的传动机构为什么要选用链传动而不选用带传动。

_____

_____

_____

_____

（2）分析变速自行车为什么能实现变速。

_____

_____

_____

_____

（3）变速自行车的链条是如何实现张紧的？

_____

_____

_____

_____

【任务内容小结】

（1）链传动由主动链轮、从动链轮和传动链组成。链传动靠链条与链轮轮齿的啮合来传递平行轴间的运动和动力。

（2）链传动能保持准确的平均传动比，传动效率也较高，能在恶劣的条件下工作，但瞬时传动比不能保持恒定，因此传动时有冲击和振动。

（3）按用途不同，链传动分为传动链、起重链和牵引链。常用的传动链是滚子链和齿形链。

（4）套筒滚子链的接口形式有开口销式、弹簧夹式、和过渡链节式。

（5）链条的失效形式主要有：链条疲劳破坏、链条铰链的磨损、链条铰链的胶合、链条冲击破断、链条的过载拉断。

（6）链传动的张紧方法有：调整中心距、可去掉 2 个链节或采用张紧轮张紧，张紧轮应放在松边外侧靠近小轮的位置上。

任务3 齿轮传动的选用

任务目标

（1）说出齿轮传动的分类和应用特点。

（2）说出渐开线的形成及性质。

（3）能计算标准直齿圆柱齿轮的基本尺寸。

（4）说出其他常用齿轮传动的应用特点。

（5）说出齿轮的根切、最少齿数、精度和失效形式。

任务呈现

现有一个损坏的标准圆柱直齿齿轮如图13-3-1所示，须采购部门去市场购买，请您提供该齿轮的模数及主要尺寸，并谈一谈齿轮主要的失效形式有哪些？

图13-3-1 普通车床变速箱齿轮

知识准备

一、齿轮传动的分类和应用特点

齿轮传动用来传递任意两轴间的运动和动力，其圆周速度可达到300m/s，传递功率可达 10^5KW，齿轮直径可从不到1mm 至 150m 以上，是现代机械中应用最广的一种机械传动。

1. 齿轮传动的组成

齿轮传动由两个相互啮合的齿轮和支承它们的轴及机座组成。

2. 齿轮传动的常用类型

按照一对齿轮两轴线的相对位置和轮齿的齿向，齿轮传动可分为平行轴齿轮传动、相交轴齿轮传动和交错轴齿轮传动三类，如图13-3-2所示。

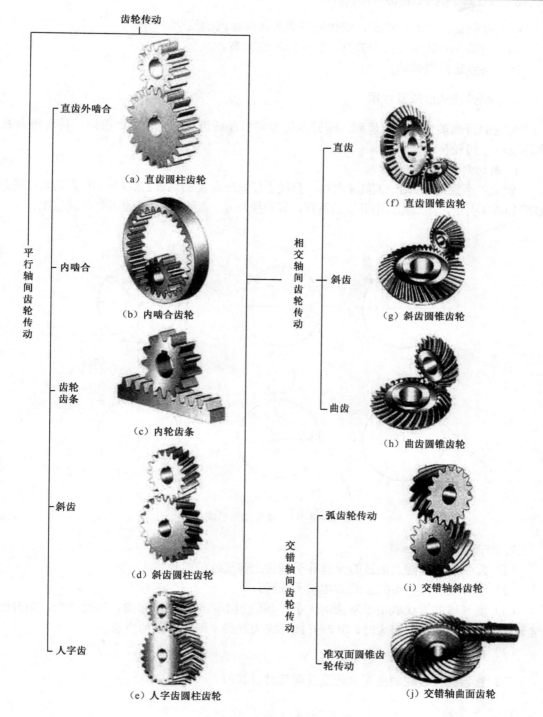

图 13-3-2　齿轮传动的分类

3. 齿轮传动的特点

齿轮传动与其他传动相比主要有以下特点。

（1）传递动力大、效率高。

（2）寿命长，工作平稳，可靠性高。

（3）能保证恒定的传动比，能传递任意夹角两轴间的运动。

（4）制造、安装精度要求较高，因而成本也较高。

（5）不宜远距离传动。

二、渐开线的形成及性质

齿轮的齿廓多为渐开线齿廓，渐开线齿廓可以保证齿轮瞬时传动比准确，传动压力方向不变，使齿轮传动平稳。

1. 圆的渐开线的形成原理

定义：当直线 AB 沿一圆纯滚动时，直线上任意一点 K 的轨迹 CKD 称为该圆的渐开线。如图 13-3-3 所示，此圆称为渐开线的基圆，其半径为 r_b。直线 AB 称为渐开线的发生线。

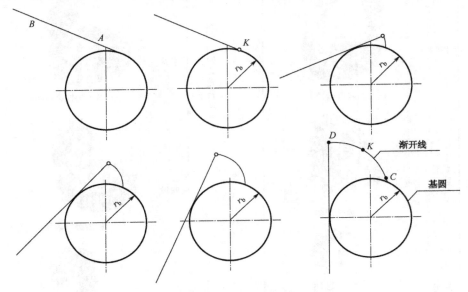

图 13-3-3　渐开线的形成

2. 渐开线的基本性质

（1）发生线在基圆上滚过的长度等于基圆上被滚过的弧长。

（2）渐开线上任一点的法线必相切于基圆。

（3）渐开线的形状取决于基圆的大小。基圆越小，渐开线越弯曲；基圆越大，渐开线越平直。当基圆半径无穷大时，其渐开线将成为直线，即为齿条的齿廓。

（4）基圆内无渐开线。

三、直齿圆柱齿轮的主要参数及几何尺寸计算

1. 主要参数

在一齿轮上，齿数、压力角和模数是几何尺寸计算的主要参数和依据。

1）齿数（z）

在齿轮的整个圆周上，均匀分布的轮齿总数，称为齿数，用 z 表示。

2）压力角（α）

在标准齿轮齿廓上，分度圆上的端面压力角，简称压力角 α，如图 13-3-4 所示。该压

力角已经标准化了，我国标准规定，分度圆上的压力角 $\alpha=20°$。

渐开线圆柱齿轮分度圆上齿形角的大小可表示为

$$\cos\alpha = \frac{r_b}{r}$$

式中　α——分度圆上的齿形角；

　　　r_b——基圆半径；

　　　r——分度圆半径。

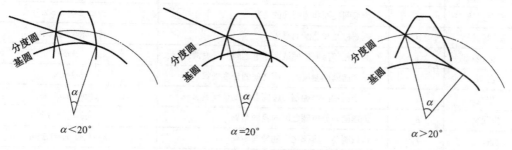

图 13-3-4　分度圆上的压力角

3）模数

模数是齿轮几何尺寸计算中最基本的一个参数。齿距除以圆周率所得的商，称为模数，由于 π 为一无理数，为了计算和制造上的方便，人为地把 p/π 规定为有理数，用 m 表示，模数单位为 mm，即 $m = p/\pi = d/z$

国家对模数值，规定了标准模数系列，如表 13-3-1 所示。

表 13-3-1　标准模数系列表（GB 1357—87）　　　　　　　　　　　　单位：mm

第一系列	0.1　0.12　0.15　0.2　0.25　0.3　0.4　0.5　0.6　0.8　1　1.25　1.5　2
	2.5　3　4　5　6　8　10　12　16　20　25　32　40　50
第二系列	0.35　　0.7　0.9　　1.75　　2.25　2.75　（3.25）　3.5　（3.75）4.5　　5.5
	（6.5）　7　（11）　14　18　　22　　28　　36　　45

注：本表适用于渐开线圆柱齿轮，对斜齿轮是指法面模数；选用模数时，应优先采用第一系列，其次是第二系列，括号内的模数尽量不用。

2. 标准直齿圆柱齿轮各部分名称及尺寸计算

1）各部分名称

标准直齿圆柱齿轮各部分名称如图 13-3-5 所示。

2）标准齿轮

通过几何尺寸的计算将具有标准参数且分度圆齿厚与齿槽宽相等的齿轮称为标准齿轮，标准直齿圆柱齿轮几何要素的名称、代号、定义和计算公式如表 13-3-2 所示。

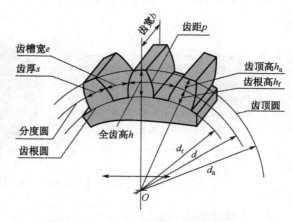

图 13-3-5　标准直齿圆柱齿轮各部分名称

表 13-3-2　标准直齿圆柱齿轮几何要素的名称、代号、定义和计算公式

名　称	代　号	定　义	计　算　公　式
模数	m	齿距除以圆周率 π 所得到的商	$m=p/\pi=d/z$　取标准值
齿形角	α	基本齿条的法向压力角	$\alpha=20°$
齿数	z	齿轮的轮齿的总数	由传动比计算确定，一般约为 20
分度圆直径	d	分度圆柱面和分度圆的直径	$d=mz$
顶圆直径	d_a	齿顶圆柱面和分度圆的直径	$d_a=d+2h_a=m(z+2)$
根圆直径	d_f	齿根圆柱面和齿根圆的直径	$d_f=d-2h_f=m(z-2.5)$
基圆直径	d_b	基圆柱面和基圆的直径	$d_b=d\cos\alpha=mz\cos\alpha$
齿距	p	两个相邻而同侧的端面齿廓之间的分度圆弧长	$p=\pi m$
齿厚	s	一个齿的两侧端面齿廓之间的分度圆弧长	$s=p/2=\pi m/2$
槽宽	e	一个齿槽的两侧端面齿廓之间的分度圆弧长	$e=p/2=\pi m/2=s$
齿顶高	h_a	齿顶圆与分度圆之间的径向距离	$h_a=h_a^*m=m$
齿根高	h_f	齿根圆与分度圆之间的径向距离	$h_f=(h_a^*+c^*)m=1.25m$
齿高	h	齿顶圆与齿根圆之间的径向距离	$h=h_a+h_f=2.25m$
齿宽	b	齿轮的有齿部位沿分度圆柱面的直母线方向量度的宽度	$b=(6\sim10)m$
中心距	a	齿轮副的两轴线之间的最短距离	$a=d_1/2+d_2/2=m(z_1+z_2)/2$

3）渐开线直齿圆柱齿轮的啮合

一对齿轮互相啮合正常传动必须满足的条件称为正确啮合条件。一对渐开线直齿圆柱齿的正确啮合条件：

$$m_1=m_2=m,\quad \alpha_1=\alpha_2=\alpha$$

四、齿轮加工的方法与变位齿轮的概念

1. 齿轮加工的方法

1）仿形法加工

指状铣刀铣齿如图 13-3-6 所示。

在铣床上采用与齿轮齿槽完全相同的成形铣刀进行齿轮加工的方法。特点是制造精度低，生产效率低，适用于单件、修配或少量生产及齿轮精度要求不高的齿轮加工。

图 13-3-6　指状铣刀铣齿

2）展成法加工

常用的展成法加工有插齿、滚齿和磨齿等。插齿如图 13-3-7 所示。

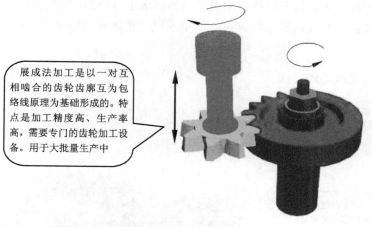

> 展成法加工是以一对互相啮合的齿轮齿廓互为包络线原理为基础形成的。特点是加工精度高、生产率高，需要专门的齿轮加工设备。用于大批量生产中

图 13-3-7 插齿

五、齿轮的失效与预防

齿轮失去正常工作的能力称为失效。齿轮常见的失效形式主要有断齿、齿面点蚀、齿面胶合、齿面磨损和齿轮塑性变形五种，如图 13-3-8 所示。

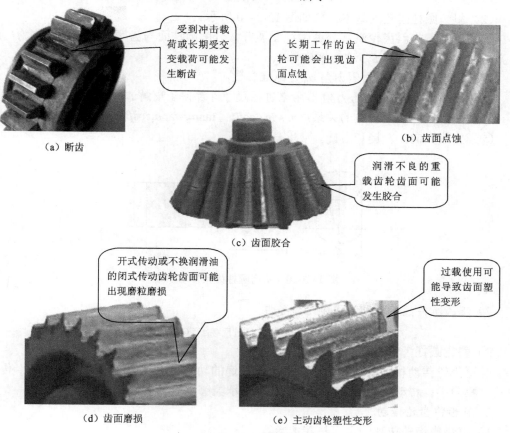

> 受到冲击载荷或长期受交变载荷可能发生断齿

> 长期工作的齿轮可能会出现齿面点蚀

（a）断齿

（b）齿面点蚀

> 润滑不良的重载齿轮齿面可能发生胶合

（c）齿面胶合

> 开式传动或不换润滑油的闭式传动齿轮齿面可能出现磨粒磨损

> 过载使用可能导致齿面塑性变形

（d）齿面磨损

（e）主动齿轮塑性变形

图 13-3-8 齿轮的失效形式

预防失效的办法主要是严格按使用说明书的要求正确使用，加强平时维护和定期保养，加强润滑，不超载，发现问题及时解决。如果发现一个齿轮已经失效，应及时更换这对齿轮副。

六、其他齿轮传动的特点

1. 斜齿轮传动

1）斜齿轮传动的定义与基本参数

（1）斜齿圆柱齿轮传动如图 13-3-9 所示。

斜齿圆柱齿轮传动是指用齿向与轴线有倾斜角度的齿轮完成平行轴传动的一种齿轮传动

图 13-3-9　斜齿圆柱齿轮传动

（2）斜齿圆柱齿轮的基本参数如图 13-3-10 所示。

①螺旋角：将斜齿轮沿其分度圆柱面展开，分度圆柱面与齿廓曲面的交线称为齿线，展开后与轴线的夹角为 β，称为螺旋角。

②法面模数 m_n 和法面压力角 α_n 是标准参数。

③端面模数 m_t 和端面压力角 α_t 用来进行尺寸计算便于理解。

④法面参数与端面参数的关系：$m_n = m_t \cos\beta$，　$\tan\alpha_n = \tan\alpha_t \cos\beta$。

⑤螺旋线方向：左旋和右旋。

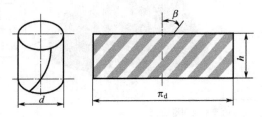

图 13-3-10　斜齿圆柱齿轮传动参数

2）斜齿圆柱齿轮传动的正确啮合条件

$$m_{n1} = m_{n2} = m; \quad \alpha_{n1} = \alpha_{n2} = \alpha; \quad \beta_1 = -\beta_2$$

3）斜齿圆柱齿轮的传动特点

与直齿轮传动相同条件下比较，斜齿轮传递的功率可以更大；转速可以更高；传动更平稳、噪声小；传动时会产生轴向力，要求轴承能够承受轴向力。

2. 直齿锥齿轮传动

1）直齿锥齿轮传动的定义与基本参数

（1）锥齿轮传动如图 13-3-11 所示。

图 13-3-11　锥齿轮传动

（2）直齿锥齿轮传动的基本参数。

直齿锥齿轮传动的基本参数有模数 m，齿数 z_1、z_2，压力角 α，分度圆锥角 δ_1、δ_2 等。国家标准规定锥齿轮的大端参数为标准值。

2）直齿锥齿轮传动的正确啮合条件和两轴交角

（1）正确啮合条件：大端模数相等，压力角相等，即

$$m_1=m_2=m，\quad \alpha_1=\alpha_2=\alpha$$

（2）两轴交角：互相啮合的一对锥齿轮，两轴交角等于两个分度圆锥角 δ_1、δ_2 之和，即 $\Sigma=\delta_1+\delta_2$。最常用的是 $\Sigma=90°$。

3．蜗轮蜗杆传动

1）组成

蜗杆传动是由蜗轮、蜗杆和机架组成的传动动装置，用于传递空间两交错轴间的运动和动力。一般蜗杆与蜗轮的轴线在空间互相垂直交错成 90°。蜗轮减速机构如图 13-3-12 所示。蜗轮蜗杆传动机构如图 13-3-13 所示。

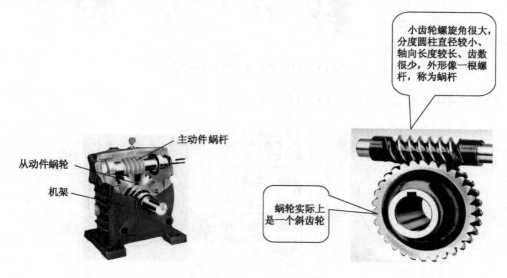

图 13-3-12　蜗轮减速机构　　　　图 13-3-13　蜗轮蜗杆传动机构

普通圆柱蜗杆机构中最简单的阿基米德蜗杆传动，阿基米德蜗杆的端面齿形为阿基米德螺旋线，轴向齿廓为直线。

2）蜗杆传动的传动比、旋转方向的判定及应用特点

（1）蜗杆传动的传动比。如图13-3-14所示。

在蜗杆传动中，是用蜗杆带动蜗轮传递运动和动力的，它们的传动比为

$$i = \frac{n_1}{n_2} = \frac{z_2}{z_1}$$

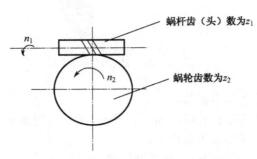

图 13-3-14　蜗杆传动的传动比

（2）蜗杆传动旋转方向的判定。

①蜗杆旋转方向的判定如图13-3-15所示。

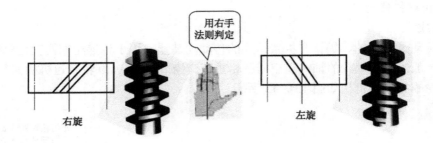

图 13-3-15　蜗杆旋转方向的判定

②蜗轮旋转方向的判定如图13-3-16所示。

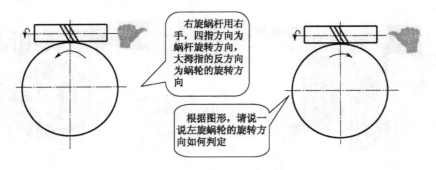

图 13-3-16　蜗轮旋转方向

（3）蜗杆传动的应用特点如图 13-3-17 所示。

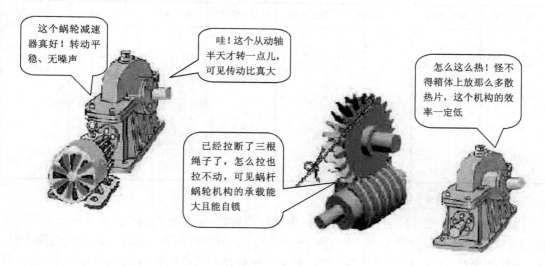

图 13-3-17　蜗杆传动的特点

3）蜗杆传动的基本参数

在蜗杆传动动中，中间平面是指通过蜗杆轴线并与蜗轮轴线垂直的平面。蜗杆传动的基本参数和主要几何尺寸在中间平面内确定。

（1）蜗杆传动的基本参数如图 13-3-18 所示。

①模数 m 和压力角 α。

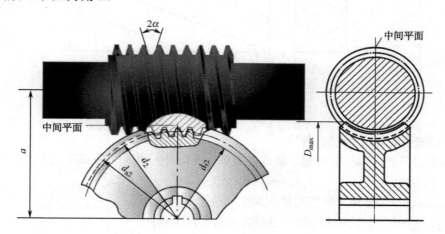

图 13-3-18　蜗杆传动的基本参数

如图 13-3-18 所示，在中间平面内，蜗杆和蜗轮的啮合就相当于渐开线齿轮与齿条的啮合。为加工方便，规定在中间平面内的几何参数应是标准值。所以，蜗杆的轴向模数和蜗轮的端面模数应相等，并为标准值，分别用 m_{x1} 和 m_{t2} 表示，即 $m_{x1}=m_{t2}=m$。

同时，蜗杆的压力角 α_{x1}，等于蜗轮的端面压力角 α_{t2}，并为标准值，即 $\alpha_{x1}=\alpha_{t2}=\alpha=20°$。标准模数值如表 13-3-3 所示。

表 13-3-3　普通蜗杆模数

第一系列	第二系列	第一系列	第二系列	第一系列	第二系列	第一系列	第二系列
0.1		0.8			3.5		12
0.12			0.9	4		12.5	
0.16		1			4.5		14
0.2			1.25	5		16	
0.25			1.5		5.5	20	
0.3		1.6			6	25	
0.4		2		6.3		31.5	
0.5		2.5			7	40	
0.6			3	8			
	0.7	3.15		10			

②蜗杆分度圆直径和导程角。

蜗杆展开图如图 13-3-19 所示。设 z_1 为蜗杆的头数，γ 为蜗杆的导程角（所谓导程角是指圆柱螺旋线的切线与端平面之间所夹的锐角）。p_{x1} 为蜗杆的轴向齿距，d_1 为分度圆直径，m_{x1} 为轴向模数，$z_1 p_{x1}$ 称为蜗杆的导程。所谓导程是指在圆柱蜗杆的轴平面上，同一条螺纹的两个相邻的同侧齿廓之间的轴向距离。在分度圆柱上，导程角和导程的关系为：

$$\tan \gamma = \frac{z_1 p_{x1}}{\pi d_1} = \frac{z_1 \pi m_{x1}}{\pi d_1} \frac{z_1 m}{d_1}$$

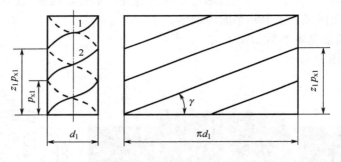

图 13-3-19　蜗杆展开图

（2）蜗杆传动地正确啮合条件

因为中间平面为蜗杆的轴面、蜗轮的端面，所以蜗杆传动的正确啮合条件：

$$m_{x1} = m_{t2} = m, \quad \alpha_{x1} = \alpha_{t2} = \alpha, \quad \gamma = \beta$$

式中　m_{x1}、α_{x1}——分别为蜗杆的轴面模数和轴面压力角；

　　　m_{t2}、α_{t2}——分别为蜗轮的端面模数和端面压力角；

　　　γ——蜗杆的导程角；

　　　β——蜗轮的螺旋角。

任务实施

（1）用测量和计算的方法，可以算出模数的大小，比照标准模数表确认损坏的齿轮的模数，再根据相应公式计算基本几何尺寸填入下表中。

名称	代号	公式	结果
齿数			
模数			
分度圆直径			
齿顶圆直径			
齿根圆直径			
齿顶高			
齿根高			
全齿高			
齿距			
齿厚			
槽宽			

注：若为测量值，在公式一栏中填写测量，结果一栏填写测量结果。

（2）齿轮的主要失效形式有哪些？

_____

_____

_____

_____

【任务内容小结】

（1）渐开线的性质主要有以下几点。

①发生线在基圆上滚过的线段长等于基圆上被滚过的弧长。

②渐开线上任一点的法线必切于基圆，越接近基圆，曲率半径越小。

③渐开线的形状取决于基圆的大小，当基圆半径无穷大时，渐开线趋为一直线，基圆内无渐开线。

（2）齿轮几何尺寸计算主要参数有压力角、模数、和齿数。

（3）斜齿轮的轮齿在圆柱面上偏斜了一个角度，即螺旋角 β，其几何尺寸和参数有端面和法面之分，通常标准参数是在法面上，尺寸计算时用端面参数。斜齿轮传动的特点有承载能力大，适用于大功率传动；传动平稳，冲击、噪声和振动小，适用于高速传动；使用寿命长；不能当作变速滑移齿轮使用；传动时产生轴向力，需要安装能承受轴向力的轴承，会使支座结构复杂。

（4）圆锥齿轮常用于传递垂直相交轴之间的运动和动力。圆锥齿轮的轮齿有大端和小端之分，几何尺寸计算是以大端几何尺寸为标准，以大端模数和大端齿形角作为标准值。

（5）一对渐开线直齿圆柱齿轮传动的正确啮合条件为：两齿轮的模数和压力角必须相等。一对斜齿圆柱齿轮传动的正确啮合条件为：两轮的法面模数法向压力角必须相等，螺旋角大小相等，方向相反。一对直齿圆锥齿轮传动的正确啮合条件为：两齿轮的大端模数大端齿形角必须相等。

（6）当用展成法加工渐开线标准齿轮时，如被加工齿轮的轮齿太少，会出现刀具的顶部切入轮齿的根部，切去了轮齿根部的渐开线齿廓。这种现象称为切齿干涉，又称根切。为了避免发生根切现象，被切齿轮的最少齿数应大于某值。对于标准直齿圆柱齿轮 $z_{min}=17$。

（7）齿轮传动的失效，主要是轮齿的失效。在传动过程中，如果轮齿发生折断、齿面损坏等现象，则齿轮就失去了正常的工作能力，称为失效。常见的轮齿失效形式有轮齿折断、齿面点蚀、齿面胶合、齿面磨损和塑性变形。

（8）蜗杆传动用于传递两交错轴成 90° 的回转运动。一般蜗杆为主动件，蜗轮为从动件。其主要特点是传动平稳、噪声小，承载能力大，传动比大，具有自锁作用，但效率较低，成本较高。

（9）普通蜗杆传动正确啮合条件为：蜗杆的轴面模数和压力角应分别等于蜗轮的端面模数和压力角，蜗杆的导程角应等于蜗轮的螺旋角，且螺旋方向一致。

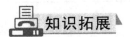**知识拓展**

轮　系

在实际应用的机械中，当主动轴与从动轴的距离较远，或要求传动比较大，或需实现变速和换向要求时可应用轮系来实现这种传动要求；减速器多用于连接原动机和工作机，能实现降低转速、增大扭矩，以满足工作机对转速和转矩的要求。

一、轮系的分类和应用

1. 轮系的概念
轮系：由一系列相互啮合的齿轮组成的传动系统。
2. 轮系的分类
根据轮系传动时各齿轮轴线在空间的相对位置是否固定，轮系可分为定轴轮系和周转轮系。

1）定轴轮系
轮系运转时，所有齿轮（包括蜗杆、蜗轮）的几何轴线位置均固定，这种轮系称为定轴轮系，如图 13-3-20 所示。

图 13-3-20　定轴轮系

2）周转轮系

轮系运转时，轮系中至少有一个齿轮的几何轴线绕另一齿轮的几何轴线转动，这种轮系称为周转轮系，如图 13-3-21 所示。

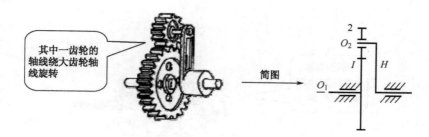

其中一齿轮的轴线绕大齿轮轴线旋转

简图

图 13-3-21　周转轮系

3. 轮系的应用特点

（1）轮系可获得很大传动比。分度头如图 13-3-22 所示。

轮系的传动比较大，分度头可以进行精确的分度

图 13-3-22　分度头

（2）轮系可进行较远距离的传动。汽车传动轴如图 13-3-23 所示。

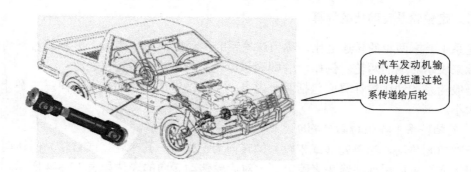

汽车发动机输出的转矩通过轮系传递给后轮

图 13-3-23　汽车传动轴

（3）轮系可实现变速、换向要求。变速箱如图 13-2-24 所示。

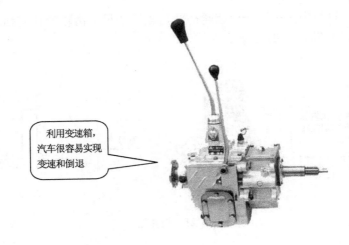

利用变速箱，汽车很容易实现变速和倒退

图 13-3-24　变速箱

（4）轮系可合成或分解运动。差速器如图 13-3-25 所示。

采用周转轮系可将两个独立运动合成为一个运动，或将一个独立运动分解成两个独立的运动

图 13-3-25　差速器

二、定轴轮系传动比的计算

轮系中首末两轮的转速之比，称为该轮系的传动比，用 i 表示，并在其右下角附注两个角标来表示对应的两轮。例如，i_{15} 即表示齿轮 1 与齿轮 5 的转速之比。

一般轮系传动比的计算应包括两个内容：一是确定从动轮的转动方向；二是计算传动比的大小。

1. 定轴轮系中各轮转向的判断

一对齿轮传动，当首轮（或末轮）的转向为已知时，其末轮（或首轮）的转向就确定了，表示方法可以用标注箭头来确定。一对齿轮传动转向的表达如表 13-3-4 所示。

轮系中各齿轮轴线互相平行时，其任意一个从动齿轮的转向可以通过在图上依次画箭头的方式来确定，也可以通过计算外啮合齿轮的对数来确定。若外啮合齿轮对数是偶数，则首轮与末轮的转向相同；若为奇数，则转向相反。

对于轮系中含有圆锥齿轮、蜗轮蜗杆、齿轮齿条，只能用画箭头的方法来表示。

表 13-3-4　一对齿轮传动转向的表达

	运动机构简图	转向表达
圆柱齿轮啮合传动	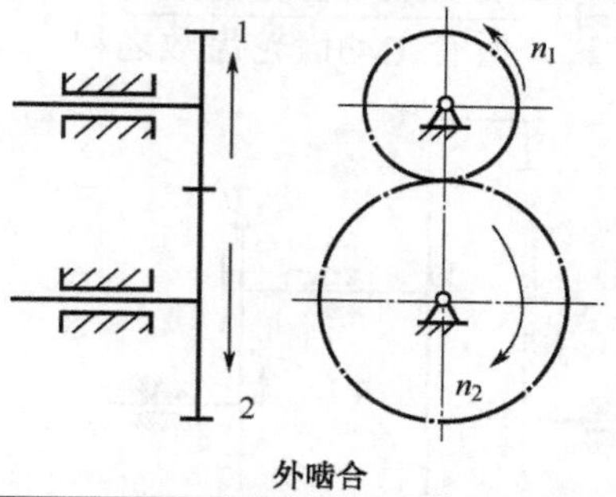 外啮合	转向用画箭头的方法表示，主、从动齿轮转向相反时，两箭头指向相反
	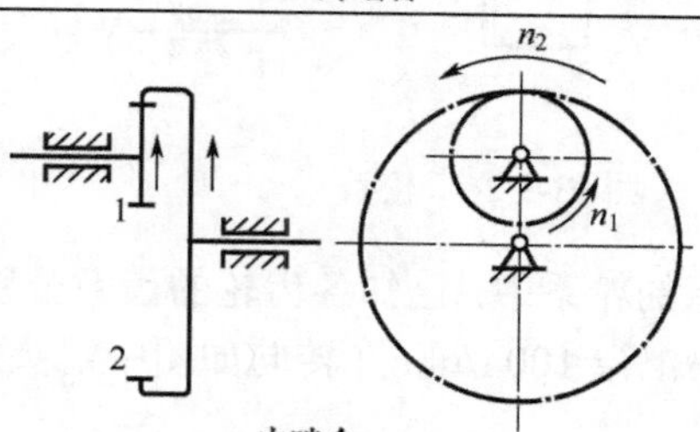 内啮合	主、从动齿轮转向相同时，两箭头方向相同
锥齿轮啮合传动	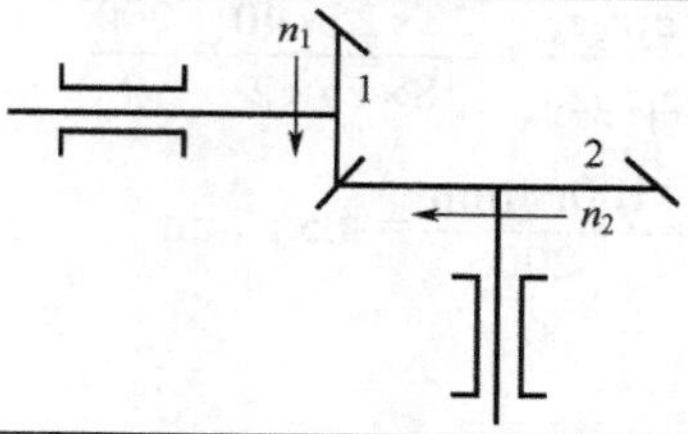	两箭头同进指向可背离啮合点
蜗杆啮合传动	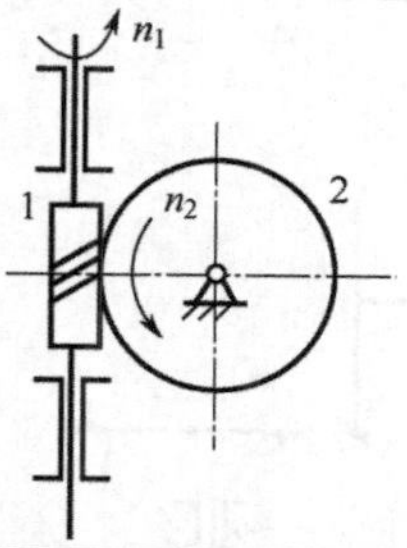	两箭头指向按左（右）手法则确定

2. 定轴轮系传动比的计算

计算如图 13-3-26 所示定轴轮系的传动比。

该定轴轮系的传动比计算如下：

$$i_{15} = \frac{n_1}{n_5} = \frac{n_1 n_2 n_3 n_4}{n_2 n_3 n_4 n_5}$$

$$= (\frac{-z_2}{z_1})(\frac{z_3}{z_{2'}})(\frac{z_3}{z_{2'}})(\frac{z_3}{z_{2'}})$$

$$= (-1)^3 \frac{z_2 z_3 z_5}{z_1 z_{2'} z_{3'}}$$

此式说明任意轮的转速，等于首轮的转速乘以该轮与首轮传动比的倒数，也等于首轮

转速乘以首轮和该轮间主动齿轮齿数连乘积与从动齿轮齿数连乘积之比，即

$$i_{1k} = \frac{n_1}{n_k} = (-1)^3 \frac{\text{所有从动齿轮齿数之积}}{\text{所有主动齿轮齿数之积}}$$

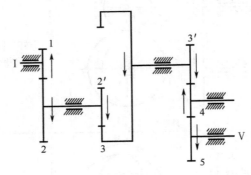

图 13-3-26　轮系

例 13-3-1：在如图 13-3-27 所示的轮系中，已知各齿轮的齿数分别为 z_1=18、z_2=20、z_2=z_3=25，z_3=2（右旋）、z_4=40，且已知 n_1=100 r/min（转向如图中箭头所示），求轮 4 的转速及转向。

解：

$$i_{14} = \frac{n_1}{n_4} = \frac{z_2 z_3 z_4}{z_1 z_{2'} z_{3'}} = \frac{20 \times 25 \times 40}{18 \times 25 \times 2} = \frac{200}{9}$$

$$n_4 = \frac{n_1}{i_{14}} = \frac{100 \text{r}/\min}{\frac{200}{9}} = 4.5 \text{ r/min}$$

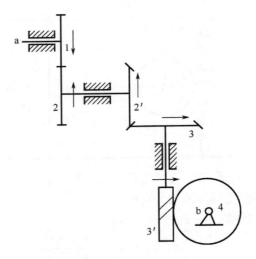

图 13-3-27　例 13-3-1 轮系

3. 减速器的应用和分类

减速器是原动机和工作机之间独立的闭式传动装置，用来降低转速，以适应工作机的需要。它一般由封闭在箱体内的齿轮传动或蜗杆传动所组成。由于减速器使用维护方便，在现代机械中应用十分广泛。运输机如图 13-3-28 所示。

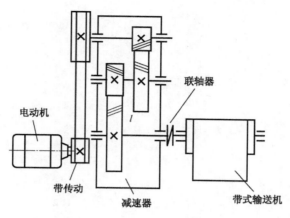

图 13-3-28　运输机

　　减速器的类型很多，常用的减速器有圆柱齿轮减速器、锥齿轮减速器、蜗轮蜗杆减速器、行星齿轮减速器及与电动机装在一起的电动机减速器等，如图 13-3-29 所示。

（a）单级圆柱齿轮减速器

（b）锥齿轮减速器

（c）蜗轮蜗杆减速器

（d）行星齿轮减速器

（e）电动机减速器

图 13-3-29　常用的减速器